电脑组装、维护、维修

全能一本通 全彩版

互联网＋计算机教育研究院 编著

U0202708

人民邮电出版社

北京

图书在版编目（ＣＩＰ）数据

电脑组装、维护、维修全能一本通：全彩版 / 互联
网+计算机教育研究院编著. -- 北京：人民邮电出版社，
2018.2
  ISBN 978-7-115-46770-6

  Ⅰ. ①电… Ⅱ. ①互… Ⅲ. ①电子计算机－组装②计
算机维护③电子计算机－维修 Ⅳ. ①TP30

中国版本图书馆CIP数据核字(2017)第210332号

内 容 提 要

　　本书主要讲解多核电脑组装、维护、维修的基础知识和相关操作，包括认识多核电脑系统、认识和选购多核电脑的配件、认识和选购多核电脑周边设备、组装一台多核电脑、设置最新 UEFI BIOS、超大容量硬盘分区与格式化、安装 32/64 位 Windows 7/10 操作系统、安装常用软件并测试电脑性能、对操作系统进行备份与优化、对多核电脑进行日常维护、保护多核电脑的安全、恢复硬盘中丢失的数据、多核电脑维修基础和多核电脑维修实操等内容。

　　本书适合作为电脑从业人员提高技能的参考用书，也可作为各类社会培训班的教材和辅导书，同时还可供电脑初学者自学使用。

　◆　编　　著　互联网+计算机教育研究院
　　　　责任编辑　刘海溧
　　　　责任印制　彭志环

　◆　人民邮电出版社出版发行　　北京市丰台区成寿寺路 11 号
　　　邮编　100164　　电子邮件　315@ptpress.com.cn
　　　网址　http://www.ptpress.com.cn
　　　三河市君旺印务有限公司印刷

　◆　开本：700×1000　1/16
　　　印张：20　　　　　　　　　2018 年 2 月第 1 版
　　　字数：493 千字　　　　　2025 年 4 月河北第 38 次印刷

定价：49.80 元
读者服务热线：(010)81055256　印装质量热线：(010)81055316
反盗版热线：(010)81055315

前言
PREFACE

现今，电脑已经成为人们工作、学习和生活中不可缺少的工具，除了组装电脑外，在使用电脑的过程中，还会遇到病毒破坏、黑客攻击，甚至硬件损坏等各种问题，通过简单的学习和培训后，这些问题都可以自行解决。所以，本书的写作目的就是让普通用户了解电脑组装、维护、维修的基础知识，掌握电脑组装、维护、维修的基本操作，解决日常使用电脑时遇到的各种问题。

■ 本书内容及特色

本书从电脑基础、组装、维护与维修4个方面出发，全面、详细地讲解了电脑组装与维护的相关知识，从全面性和实用性出发，达到让读者在最短的时间内提升电脑组装与维护水平的目的。

本书具有以下几个特色。

（1）本书每章的内容安排和结构设计，都考虑了读者的实际需要，具有实用性和条理性。

（2）本书除了介绍如何组装、维护与维修电脑外，还介绍了多核电脑硬件设备和多核电脑配件的选购技巧等，以全方位地解决读者的选购难题。

（3）在讲解多核电脑组装与维护时，所有操作均同步配有视频讲解，让读者更加清楚组装与维护的操作过程。

（4）为帮助读者更好地学习，本书正文讲解中穿插有"知识提示"和"多学一招"小栏目，每章末还提供有"前沿知识与流行技巧"栏目，不仅解决了读者学习电脑组装、维护、维修过程中可能遇到的各种疑问，还能让读者学到的知识更加全面、新颖。

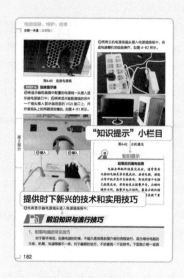

■ 本书配套资源

  本书配有丰富多样的教学资源，读者可以登录 http://www.ryjiaoyu.com 人邮教育社区下载，以使学习更加方便、快捷，具体内容如下。

  图片或视频演示：本书提供了图片或视频演示，并以二维码形式提供给读者，在看书的过程中，读者只需扫描书中的二维码，即可观看高清大图或操作视频，轻轻松松学技能。

  海量相关资料：本书提供配套教学演示视频、Windows 7基础操作视频、组装电脑的高清彩色图片和高清视频。

■ 鸣谢

  本书由互联网＋计算机教育研究院编著，参与编写的主要人员有蔡飓、李星、罗勤等，参与资料收集、视频录制及书稿校对、排版等工作的人员有肖庆、李秋菊、黄晓宇、蔡长兵、牟春花、熊春、李凤、曾勤、廖宵、何晓琴、蔡雪梅、张程程、李巧英等，在此一并致谢！

编者

2017 年 9 月

CONTENTS 目录

第 1 部分
电脑基础

第1章
认识多核电脑系统 1

1.1 认识目前主流的电脑类型 2
  1.1.1 性能卓越的台式机 2
  1.1.2 商务便捷的笔记本电脑 3
  1.1.3 美观实用的一体机 5
  1.1.4 移动便携的平板电脑 6
1.2 认识电脑的硬件组成 7
  1.2.1 电脑主机中的硬件组成 7
  1.2.2 电脑的主要外部设备 10
  1.2.3 常见的电脑周边设备 11
1.3 认识电脑的软件组成 14
  1.3.1 32/64 位 Windows 操作系统 14
  1.3.2 其他操作系统 15
  1.3.3 各种应用软件 16
  ◇ 前沿知识与流行技巧 18

第2章
认识和选购多核电脑的配件 ... 21

2.1 认识和选购多核 CPU 22
  2.1.1 通过外观认识多核 CPU 22
  2.1.2 确认 CPU 的基本信息 23

2.1.3 利用处理器号区分 CPU
      的性能 24
2.1.4 睿频技术提升 CPU 的频率 25
2.1.5 8 核 CPU 的性能优势 26
2.1.6 纳米 CPU 的制作工艺 27
2.1.7 缓存对 CPU 的重要意义 28
2.1.8 不同的 CPU 接口类型 29
2.1.9 处理器显卡增强显示性能 29
2.1.10 内存控制器与虚拟化技术 30
2.1.11 选购 CPU 的 4 大原则 30
2.1.12 如何验证 CPU 的真伪 31
2.1.13 多核 CPU 的产品规格对比 33
2.1.14 多核 CPU 产品推荐 34
2.2 认识和选购多核电脑的主板 .. 36
  2.2.1 通过外观简单认识主板 37
  2.2.2 确认主板的基本信息 37
  2.2.3 主板上的重要芯片 38
  2.2.4 主板上的各种扩展槽 40
  2.2.5 主板上的动力供应与系统
       安全部件 44
  2.2.6 主板上丰富的对外接口 45
  2.2.7 芯片组与多核 CPU 47
  2.2.8 主板的多通道内存模式 48
  2.2.9 利用板型控制主板的物理规格 ... 49

2.2.10 选购主板的 4 大注意事项......51

2.2.11 多核电脑主板的品牌和产品
推荐......52

2.3 认识和选购 DDR4 内存......55

2.3.1 通过外观认识 DDR4 内存......55

2.3.2 确认内存的基本信息......56

2.3.3 DDR4 内存的性能提升......56

2.3.4 套装内存好不好......57

2.3.5 频率对内存性能的影响......58

2.3.6 其他影响内存性能的重要参数...58

2.3.7 选购内存的注意事项......59

2.3.8 DDR4 内存的品牌
和产品推荐......60

2.4 认识和选购大容量机械硬盘...62

2.4.1 通过外观和内部结构认识
机械硬盘......62

2.4.2 确认机械硬盘的基本信息......63

2.4.3 12TB 硬盘的性能......64

2.4.4 接口、缓存、转速和平均寻道
时间对硬盘性能的影响......64

2.4.5 选购机械硬盘的注意事项......65

2.4.6 机械硬盘的品牌和产品推荐......65

**2.5 认识和选购秒开电脑的
固态硬盘......67**

2.5.1 通过外观和内部结构认识
固态硬盘......67

2.5.2 闪存颗粒的构架决定固态
硬盘的性能......69

2.5.3 选择 PCI-E 接口还是 SATA
接口......70

2.5.4 固态硬盘能否代替机械硬盘...71

2.5.5 固态硬盘的品牌和产品推荐......72

2.6 认识和选购 4K 画质的显卡...75

2.6.1 通过外观认识显卡......75

2.6.2 确认显卡的基本信息......77

2.6.3 显示芯片与显卡性能的关系......78

2.6.4 显存选 HBM 还是 GDDR......79

2.6.5 水冷是显卡的最佳散热方式......80

2.6.6 终极提升显示性能——
SLI 和 CF......81

2.6.7 轻松解读显卡流处理器......82

2.6.8 处理器显卡和独立显卡的选择...82

2.6.9 选购显卡的注意事项......83

2.6.10 4K 显卡的品牌和产品推荐......83

2.7 认识和选购极致画质的显示器...86

2.7.1 通过外观认识显示器......86

2.7.2 画质清晰的 LED 和
4K 显示器......87

2.7.3 技术先进的 3D 和曲面显示器...88

2.7.4 显示器面板的主流选择——
IPS......89

2.7.5 显示器的其他性能指标......90

2.7.6 选购显示器的注意事项......91

2.7.7 显示器的品牌和产品推荐......91

2.8 认识和选购机箱与电源......94

2.8.1 机箱与电源的外观结构......94

2.8.2 HTPC 使用哪种结构类型的
机箱......96

2.8.3 机箱的功能与样式......98

2.8.4 电源的主要性能指标......98

2.8.5 常见电源的安规认证......99

2.8.6 通过计算电脑的耗电量来
选购电源......100

2.8.7 选购机箱和电源的注意事项...101

2.8.8 机箱的品牌和产品推荐......101

2.8.9 电源的品牌和产品推荐......103

2.9 认识和选购鼠标与键盘 105

2.9.1 鼠标与键盘的外观结构 105

2.9.2 鼠标的主要性能指标 105

2.9.3 键盘的主要性能指标 107

2.9.4 选购鼠标与键盘的注意事项 ...108

2.9.5 鼠标的品牌和产品推荐 109

2.9.6 键盘的品牌和产品推荐 110

2.9.7 键鼠套装的品牌和产品推荐 ...111

◈ 前沿知识与流行技巧 113

第 3 章

认识和选购多核电脑周边设备 ...115

3.1 认识和选购打印机 116

3.1.1 认识喷墨打印机和激光打印机...116

3.1.2 其他类型的打印机 117

3.1.3 打印机的共有性能指标 118

3.1.4 喷墨打印机的特有性能指标 ...119

3.1.5 激光打印机的特有性能指标 ...119

3.1.6 选购打印机的注意事项 120

3.1.7 打印机的品牌和产品推荐 120

3.2 认识和选购扫描仪 122

3.2.1 扫描仪的常见类型 122

3.2.2 平板扫描仪的性能指标 124

3.2.3 选购平板扫描仪的注意事项 ...125

3.2.4 平板扫描仪的品牌和
产品推荐 125

3.3 认识和选购投影仪 126

3.3.1 投影仪的常见类型 126

3.3.2 投影仪的性能指标 128

3.3.3 家用与商用投影仪的不同
选购策略 131

3.3.4 投影仪的品牌和产品推荐 131

3.4 认识和选购网卡 134

3.4.1 有线网卡和无线网卡 134

3.4.2 选购网卡的注意事项 135

3.4.3 网卡的品牌和产品推荐 136

3.5 认识和选购声卡 137

3.5.1 内置声卡和外置声卡 137

3.5.2 选购声卡的注意事项 138

3.5.3 声卡的品牌和产品推荐 138

3.6 认识和选购音箱与耳机 139

3.6.1 认识音箱和耳机 139

3.6.2 选购音箱和耳机的注意事项 ...141

3.6.3 音箱的品牌和产品推荐 143

3.6.4 耳机的品牌和产品推荐 144

3.7 认识和选购路由器 146

3.7.1 路由器的 WAN 口和 LAN 口...146

3.7.2 路由器的性能指标 146

3.7.3 选购路由器的注意事项 147

3.7.4 路由器的品牌和产品推荐 147

3.8 认识和选购移动存储设备 149

3.8.1 U 盘的容量和接口类型 149

3.8.2 TB 级移动硬盘成为主流 149

3.8.3 手机标配的移动存储设备
——闪存卡 150

3.8.4 移动存储设备的品牌和产品
推荐 151

3.9 认识和选购其他设备 152

3.9.1 电脑视频工具——摄像头 152

3.9.2 电脑数据存储工具——
光盘驱动器 154

3.9.3 电脑图像绘制工具——
数位板 155

◈ 前沿知识与流行技巧 157

CONTENTS 目录

第 **2** 部分
电脑组装

第 **4** 章

组装一台多核电脑 159

4.1 设计多核电脑装机方案 160

4.1.1 在网络中模拟装机配置 160

4.1.2 注意硬件配置的木桶效应 162

4.1.3 经济实惠型电脑配置方案 162

4.1.4 疯狂游戏型电脑配置方案 163

4.1.5 图形音像型电脑配置方案 165

4.1.6 豪华发烧型电脑配置方案 166

4.2 组装电脑前的准备工作 167

4.2.1 组装电脑的常用工具 167

4.2.2 电脑的组装流程 168

4.2.3 组装电脑的注意事项 169

4.3 组装一台多核电脑 169

4.3.1 拆卸机箱并安装电源 169

4.3.2 安装 CPU 与散热风扇 171

4.3.3 安装内存 174

4.3.4 安装主板 175

4.3.5 安装硬盘 177

4.3.6 安装显卡、声卡和网卡 178

4.3.7 连接机箱中各种内部线缆 179

4.3.8 连接周边设备 181

◇ 前沿知识与流行技巧 182

第 **5** 章

设置最新 UEFI BIOS ... 185

5.1 认识 BIOS 186

5.1.1 了解 BIOS 的基本功能 186

5.1.2 认识 UEFI BIOS 和传统
BIOS 186

5.1.3 如何进入 BIOS 设置程序 187

5.1.4 学习 BIOS 的基本操作 188

5.2 设置 UEFI BIOS 188

5.2.1 认识 UEFI BIOS 中的主要
设置项 188

5.2.2 设置电脑启动顺序 190

5.2.3 设置 BIOS 管理员密码 191

5.2.4 设置意外断电后恢复状态 192

5.2.5 升级 BIOS 来兼容
最新硬件 193

5.3 设置传统的 BIOS 194

5.3.1 认识传统 BIOS 的主要
设置项 194

5.3.2 设置电脑启动顺序 197

5.3.3 设置超级用户密码 198

5.3.4 保存并退出 BIOS 199

◇ 前沿知识与流行技巧 200

第6章

超大容量硬盘分区与格式化.....201

6.1 认识 TB 级大容量硬盘分区...202

6.1.1 硬盘分区的原因、原则和类型...202

6.1.2 传统的 MBR 分区格式..........203

6.1.3 2TB 以上容量的硬盘使用

GPT 分区格式....................203

6.2 制作 U 盘启动盘 203

6.2.1 制作 U 盘 Windows PE

启动盘 203

6.2.2 使用 U 盘启动电脑 205

6.3 对不同容量的硬盘进行分区...206

6.3.1 使用 DiskGenius 为

60GB 硬盘分区 206

6.3.2 使用 DiskGenius 为

6TB 硬盘分区 209

6.4 格式化硬盘....................210

6.4.1 格式化硬盘的类型 210

6.4.2 使用 DiskGenius

格式化硬盘 210

◇ 前沿知识与流行技巧........................212

第7章

**安装 32/64 位 Windows 7/10
操作系统 213**

7.1 光盘安装 32/64 位 Windows 7

操作系统...................214

7.1.1 操作系统的安装方式..............214

7.1.2 Windows 7 操作系统对

硬件配置的要求 214

7.1.3 选择 Windows 7 操作

系统版本........................215

7.1.4 安装 32/64 位 Windows 7

操作系统........................215

7.2 VM 虚拟机安装 32/64 位

Windows 10 操作系统.....221

7.2.1 VM 的基本概念..............221

7.2.2 VM 对系统和主机硬件的

基本要求.....................221

7.2.3 VM 的常用快捷键.............222

7.2.4 创建一个安装 Windows 10

的虚拟机....................222

7.2.5 使用 VM 安装 32/64 位

Windows 10 操作系统 225

7.3 安装硬件的驱动程序.........226

7.3.1 从光盘和网上获取

驱动程序....................227

7.3.2 通过光盘安装驱动程序..........228

7.3.3 安装网上下载的驱动程序.......229

◇ 前沿知识与流行技巧........................231

第8章

**安装常用软件并测试电脑
性能...........................233**

8.1 在多核电脑中安装常用软件...234

8.1.1 获取和安装软件的方式..........234

8.1.2 应该选择哪个版本.................234

8.1.3 安装常用软件...................235

8.1.4 卸载不需要的软件.................236

8.2 利用软件给电脑跑分.........237

8.2.1 Windows 体验指数............237

8.2.2 使用鲁人师跑分..................239

8.2.3 使用 3DMark 跑分 240

◇ 前沿知识与流行技巧........................242

CONTENTS 目录

第**3**部分
电脑维护

── 第**9**章 ──
对操作系统进行备份与优化... 243

9.1 操作系统的备份与还原...... 244

9.1.1 利用 Ghost 备份系统.............244

9.1.2 利用 Ghost 还原系统.............246

9.2 优化操作系统................. 248

9.2.1 使用 Windows 优化大师
优化系统...................248

9.2.2 减少系统启动加载项.............250

9.2.3 备份注册表.....................251

9.2.4 还原注册表.....................252

9.2.5 优化系统服务...................253

◈ 前沿知识与流行技巧..........................254

── 第**10**章 ──
对多核电脑进行日常维护 ...255

10.1 多核电脑的日常维护事项... 256

10.1.1 保持良好的工作环境...........256

10.1.2 注意电脑的安放位置...........257

10.1.3 电脑软件维护的主要项目.......257

10.1.4 整理系统盘的文件和碎片.......258

10.2 多核电脑硬件的日常维护 ... 260

10.2.1 维护多核 CPU.................260

10.2.2 维护主板.....................261

10.2.3 维护硬盘.....................261

10.2.4 维护显卡和显示器.............262

10.2.5 维护机箱和电源...............262

10.2.6 维护鼠标和键盘...............262

◈ 前沿知识与流行技巧..........................263

── 第**11**章 ──
保护多核电脑的安全 265

11.1 查杀各种电脑病毒.......... 266

11.1.1 电脑感染病毒的各种表现......266

11.1.2 电脑病毒的防治方法...........267

11.1.3 使用杀毒软件查杀电脑病毒...268

11.2 防御黑客攻击............... 270

11.2.1 黑客攻击的 5 种常用手段......270

11.2.2 6 招预防黑客攻击.............270

11.2.3 启动防火墙来防御黑客攻击...271

11.3 修复操作系统漏洞.......... 272

11.3.1 3 个因素导致系统漏洞产生 ...272

11.3.2 使用 360 安全卫士修复
系统漏洞...................272

11.4 为多核电脑进行安全加密...273

11.4.1 操作系统登录加密.............274

11.4.2 文件夹加密...................274

11.4.3 隐藏硬盘驱动器...............275

◈ 前沿知识与流行技巧..........................276

CONTENTS 目录

第 **4** 部分
电脑维修

—— 第 **12** 章 ——

恢复硬盘中丢失的数据 ... 277

12.1 数据恢复的必备知识 278

12.1.1 造成数据丢失的 4 大
原因 278

12.1.2 哪些硬盘数据可以
恢复 278

12.1.3 6 大常用数据恢复
软件 279

12.2 恢复丢失的硬盘数据 280

12.2.1 使用 FinalData 恢复
删除的文件 280

12.2.2 使用 DiskGenius 修复
硬盘的主引导记录扇区 281

12.2.3 使用 EasyRecovery
修复 Office 文档 282

12.2.4 使用 EasyRecovery
恢复被格式化的文件 283

◇ 前沿知识与流行技巧 284

—— 第 **13** 章 ——

多核电脑维修基础 285

**13.1 导致电脑故障产生的
5 大因素 286**

13.1.1 硬件质量问题 286

13.1.2 兼容性问题 287

13.1.3 工作环境的影响 287

13.1.4 使用和维护不当 288

13.1.5 电脑病毒破坏 289

13.2 确认电脑故障的常用方法 ... 289

13.2.1 直接观察法 289

13.2.2 POST 卡测试法 290

13.2.3 清洁灰尘法 291

13.2.4 拔插法 291

13.2.5 对比法 291

13.2.6 万用表测量法 291

13.2.7 替换法 291

13.2.8 最小系统法 292

13.3 电脑维修基础 292

13.3.1 电脑维修的 8 大基本原则 292

13.3.2 判断电脑故障的一般
步骤 293

13.3.3 电脑维修的注意事项 293

◇ 前沿知识与流行技巧 294

—— 第 **14** 章 ——

多核电脑维修实操 295

14.1 认识多核电脑 3 大常见故障 ... 296

14.1.1 死机故障.............................296

14.1.2 蓝屏故障.............................298

14.1.3 自动重启故障.....................299

14.2 多核电脑故障维修实例 300

14.2.1 CPU 故障维修
实例....................................300

14.2.2 主板故障维修
实例....................................301

14.2.3 内存故障维修
实例....................................302

14.2.4 硬盘故障维修
实例....................................302

14.2.5 显卡故障维修
实例....................................303

14.2.6 鼠标故障维修
实例....................................304

14.2.7 键盘故障维修
实例....................................304

14.2.8 操作系统故障维修
实例....................................305

◈ 前沿知识与流行技巧.......................306

第1部分

第1章

认识多核电脑系统

/ 本章导读

经过多年的发展，电脑已经进入了多核心时代，要学习组装、维护、数据恢复、故障处理等知识，首先需要认识多核电脑的相关组成等内容。本章将详细介绍多核电脑的主流类型及各种硬件和软件组成等基础知识。

1.1 认识目前主流的电脑类型

电脑现在作为办公和家庭的必备用品，早已经和人们的生活紧密地联系在一起，目前主流的电脑类型有台式机、笔记本电脑、一体机和平板电脑。

1.1.1 性能卓越的台式机

台式电脑简称为台式机，相对于其他类型的电脑，台式机体积较大，主机、显示器等设备都是相对独立的，一般需要放置在桌子或者专门的工作台上，因此命名为台式机。多数家用和办公用的电脑都是台式机，如图 1-1 所示。

图1-1　台式电脑

1. 特性

台式机具有以下一些特性。

◎ 散热性：台式机的机箱具有空间大、通风条件好的特点，因此具有良好的散热性，这是笔记本电脑所不具备的。

◎ 扩展性：台式机的机箱方便硬件升级。如台式机机箱的光驱驱动器插槽是 4 ~ 5 个，硬盘驱动器插槽是 4 ~ 5 个，非常方便用户日后的硬件升级。

◎ 保护性：台式机机箱可以全面保护硬件不

受灰尘的侵害，而且具有一定的防水性。

◎ 明确性：台式机机箱的开、关键和重启键，以及 USB 和音频接口都在机箱前置面板上，方便使用。

 知识提示

电脑 = 台式机？

通常情况下所说的电脑就是指台式机，在本书中没有明确标注的情况下，所有电脑也都是指台式机。

2. 区分品牌机和兼容机

品牌机是指有注册商标的整机，是专业的电脑生产公司将电脑配件组装好后进行整体销售，并提供技术支持及售后服务的电脑。兼容机则是指按用户要求选择配件，由用户或第三方电脑公司组装而成的电脑，具有较高的性价比。下面对两种机型进行比较，方便不同的用户选购。

◎ 兼容性与稳定性：每一台品牌机的出厂都经过严格测试（通过严格和规范的工序和手段进行检测），因此其稳定性和兼容性都有保障，很少出现硬件不兼容的现象。而兼容机是在成百上千种的配件中选取其中的几个来组成，无法保证足够的兼容性。所以在兼容性和稳定性方面品牌机占优势。

◎ 产品搭配灵活性：产品搭配灵活性指配件选择的自由程度，兼容机具有品牌机不可比拟的优势。不少用户装机有特殊要求，可能是根据专业应用要突出电脑某一方面的性能，用户就可以自行选件或者由经销商帮助，根据自己的喜好和要求来组装。而品牌机的生产数量往往都是数以万计，绝对不可能因为个别用户的要求而专门为其变更配置生产一台电脑。因此在产品搭配灵活性方面兼容机占优势。

◎ 价格比较：价格上，同配置的兼容机往往要比品牌机便宜几百元，主要是由于品牌机的价格包含了正版软件捆绑费用和厂商的售后服务费用。另外，购买兼容机可以"砍价"，比购买品牌机要灵活得多。

◎ 售后服务：多数消费者最关心的往往不是该产品的性能，而是该产品的售后服务。品牌机的服务质量毋庸质疑，一般厂商都提供 1 年上门，3 年质保的服务，并且有 800 免费技术支持电话，以及 12/24 小时紧急上门服务。而兼容机一般只有 1 年的质保期，且键盘、鼠标和光驱这类易损产品质保期只有 3 个月，也不提供上门服务。

1.1.2　商务便捷的笔记本电脑

笔记本电脑（Notebook）也称手提电脑或膝上型电脑，是一种小型、可携带的电脑，通常重 1~3 千克。在目前的市场上，有很多类型的笔记本电脑，如游戏本、2 合 1 电脑、超极本、时尚轻薄本、商务办公本、影音娱乐本、校园学生本和 IPS 硬屏笔记本等，这些都是根据笔记本电脑的市场定位进行命名的。

◎ 游戏本：游戏本是为了细分市场而推出的产品，即主打游戏性能的笔记本电脑。并没有一家公司或者一个机构针对游戏本推出一套标准，但一般来说，硬件配置能够达到一定的游戏性能的笔记本电脑才能算是游戏本。通常情况下，游戏本需要拥有与台式机相媲美的强悍性能，但机身比台式机更便携，外观比台式机更美观，价格也比台式机（甚至其他种类的笔记本电脑）昂贵，如图 1-2 所示。

图1-2　游戏本

◎ 2合1电脑：兼具传统笔记本电脑与平板电脑二者综合功能的产品，既可以当做平板电脑，也可以当作笔记本电脑使用，如图1-3所示。

图1-3　2合1电脑

◎ 超极本：超极本（Ultrabook）是Intel公司定义的又一全新品类的笔记本电脑产品，Ultra的意思是极端的，Ultrabook指极致轻薄的笔记本电脑产品，即我们常说的超轻薄笔记本电脑，中文翻译为超极本，其集成了平板电脑的应用特性与电脑的性能，如图1-4所示。

图1-4　超极本

◎ 时尚轻薄本：主要特点为外观时尚轻薄，性能同样出色，让用户的办公学习、影音娱乐都能有出色体验，使用更随心，如图1-5所示。

知识提示

2合1电脑与超极本的区别

超极本有可能是2合1电脑，2合1电脑一定是超极本。2合1电脑是超极本的进阶版，但配置比超极本低一点，可以触控和变形。用于办公或普通游戏可以买超极本，如果只是进行看电影、浏览网页、听音乐等基本娱乐，购买2合1即可。

图1-5　时尚轻薄本

◎ 商务办公本：顾名思义就是专门为商务应用设计的笔记本电脑，特点为移动性强、电池续航时间长、商务软件多，如图1-6所示。

图1-6　商务办公本

◎ 影音娱乐本：这类笔记本电脑在游戏、影音等方面的画面效果和流畅度比较突出，有较强的图形图像处理能力和多媒体应用

第1部分

能力，为享受型产品，而且多媒体应用型多拥有较为强劲的独立显卡和声卡（均支持高清），并有较大的屏幕，如图1-7所示。

图1-7　影音娱乐本

◎ 校园学生本：其性能与普通台式机相差不大，主要针对校园的学生使用，几乎拥有笔记本电脑的所有功能，各方面都比较平均，且价格更加便宜，如图1-8所示。

图1-8　校园学生本

◎ IPS硬屏笔记本：IPS（In-Plane Switching）就是平面转换硬屏技术，是目前世界上非常先进的液晶面板技术，已经广泛使用于液晶显示器与手机屏幕等显示面板中。IPS屏幕相比于普通的显示屏幕，拥有更加清晰细腻的动态显示效果，视觉效果更为出众。液晶显示或智能手机屏幕使用IPS屏幕的表现会更出色，不过价格可能也会更高一些。采用IPS硬屏技术的笔记本，具有稳定的屏幕、超强广视角、准确的色彩表现三大技术优势。图1-9所示为采用了IPS硬屏的笔记本电脑。

图1-9　IPS硬屏笔记本

 知识提示

特殊用途的笔记本电脑

　　这种类型的笔记本电脑通常服务于专业人士，如科学考察、部队等，可在酷暑、严寒、低气压、高海拔、强辐射或战争等恶劣环境下使用，有的较笨重。

1.1.3　美观实用的一体机

　　一体机是由一台显示器、一个键盘和一个鼠标组成的一体式电脑。一体机的芯片和主板与显示器集成在一起，只要将键盘和鼠标连接到显示器上，机器就能使用，如图1-10所示。一体机具有以下优缺点。

图1-10　一体机

◎ 简约无线：最简洁优化的线路连接方式，只需要一根电源线，减少了音箱线、摄像头线、视频线、网线、键盘线和鼠标线的使用。

◎ 节省空间：比传统分体台式机更纤细，一体机可节省最多 70% 的桌面空间。

◎ 超值整合：同价位拥有更多功能部件，集摄像头、无线网卡、音箱、蓝牙和耳麦等于一身。

◎ 节能环保：一体机更节能环保，耗电仅为传统台式机的 1/3，且电磁辐射更小。

◎ 潮流外观：一体机简约、时尚的实体化设计，更符合现代人节约家居空间和追求美观的宗旨。

同时，一体机也具有以下一些缺点。

◎ 维修不方便：若有接触不良或者其他问题，必须拆开显示器后盖进行检查。

◎ 使用寿命较短：由于把硬件都集中到了显示器中，导致散热较慢，元件在高温下容易老化，因而寿命会缩短。

◎ 实用性不强：多数配置不高，而且不方便升级。

1.1.4 | 移动便携的平板电脑

平板电脑是一款无需翻盖、没有键盘、功能完整的电脑，如图 1-11 所示。其构成组件与笔记本电脑基本相同，以触摸屏作为基本的输入设备，允许用户通过触控笔、数字笔或手指来进行操作，而不是通过传统的键盘或鼠标。

图1-11　平板电脑

平板电脑具有以下一些特点。

◎ **便携移动**：它比笔记本电脑体积更小，重量更轻，并可随时转移它的使用场所，具有移动灵活性。

◎ **功能强大**：具备数字墨水和手写识别输入功能，以及强大的笔写输入识别、语音识别和手势识别能力。

◎ **特有的操作系统**：不仅具有普通操作系统

的功能，且普通电脑兼容的应用程序都可以在平板电脑上运行，并增加了手写输入。同时，平板电脑也具有以下一些缺点。

◎ **译码**：编程语言不便使用手写识别。

◎ **打字（学生写作业、编写 E-mail）**：手写输入速度较慢，一般只能达到 30 字 / 分钟，不适合大量的文字录入工作。

1.2 认识电脑的硬件组成

广义上的电脑是由硬件系统和软件系统两部分组成的。硬件系统是软件系统工作的基础，而软件系统又控制着硬件系统的运行，两者相辅相成，缺一不可。从外观上看，电脑的硬件包括主机、外部设备和周边设备 3 个部分，主机是指机箱及其中的各种硬件，外部设备是指显示器、鼠标和键盘，周边设备则是指打印机、音箱、移动存储设备等，下面分别进行介绍。

1.2.1 电脑主机中的硬件组成

主机是机箱以及安装在机箱内的电脑硬件的集合，主要由 CPU（包括 CPU 和散热器）、主板、内存、显卡（包括显卡和散热器）、硬盘（机械硬盘或固态硬盘，有时是两种硬盘都有）、主机电源和机箱等部件组成，如图 1-12 所示。

微课：电脑主机中的硬件组成

CPU
CPU 散热器
显卡
电源
内存
固态硬盘
机械硬盘
主板

图1-12　主机

知识提示

主机机箱上的按钮和指示灯

　　不同主机机箱上的按钮和指示灯的形状及位置可能不同，复位按钮一般有"Reset"字样；电源开关一般都有"⏻"标记或"Power"字样；电源指示灯在开机后一直显示为绿色；硬盘工作指示灯只有在对硬盘进行读写操作时才会亮起。

◎　CPU：中央处理器（CPU）是电脑的数据处理中心和最高执行单位，它具体负责电脑内数据的运算和处理，与主板一起控制协调其他设备的工作，图1-13所示为Core i7 CPU。

图1-13　CPU

多学一招

CPU散热器

　　CPU在工作时会产生大量的热，如果散热不及时，会导致电脑死机，甚至烧毁CPU。为了保证电脑的正常工作，具有良好的散热条件，就需要为CPU安装散热器。通常正品盒装的CPU会标配风冷散热器，而散片CPU则需要单独购买散热器，图1-14所示为一款CPU散热器。

图1-14　CPU散热器

◎　主板：从外观上看，主板是一块方形的电路板，其上布满了各种电子元器件、插座、插槽和各种外部接口，它可以为电脑的所有部件提供插槽和接口，并通过其中的线路统一协调所有部件的工作，如图1-15所示。

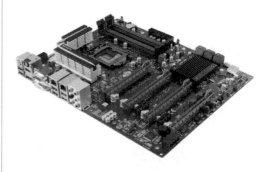

图1-15　主板

多学一招

主板上的集成硬件

　　随着主板制板技术的发展，主板上已经能够集成很多的电脑硬件，比如CPU、显卡、声卡和网卡等。这些硬件都可以以芯片的形式集成到主板上。

◎　内存：内存是电脑的内部存储器，也叫主存储器，是电脑用来临时存放数据的地方，也是CPU处理数据的中转站。内存的容量和存取速度直接影响CPU处理数据的速度，图1-16所示为最新一代的DDR4

第1部分

内存条。

图1-16　内存

◎ 显卡：显卡又称为显示适配器或图形加速卡，其功能主要是将电脑中的数字信号转换成显示器能够识别的信号（模拟信号或数字信号），并将其处理和输出，可分担CPU的图形处理工作。如图1-17所示，图中显卡的外面覆盖了一层散热装置，通常由散热片和散热风扇组成。

图1-17　显卡

◎ 硬盘：它是电脑中最大的存储设备，通常用于存放永久性的数据和程序，如图1-18所示。需要注意的是，这里所说的硬盘是指机械硬盘，也是使用最广和最普通的硬盘类型。另外，还有一种目前最热门的硬盘类型——固态硬盘（Solid State Drives，SSD）简称固盘，是用固态电子存储芯片阵列而制成的硬盘，如图1-19所示。

图1-18　机械硬盘

图1-19　固态硬盘

◎ 主机电源：也称电源供应器，为电脑正常运行提供所需要的动力，电源能够通过不同的接口为主板、硬盘和光驱等电脑部件提供所需动力，如图1-20所示。

图1-20　电源

◎ 机箱：安装和放置各种电脑部件的装置，它将主机部件整合在一起，并起到防止损坏的作用，如图1-21所示。

图1-21　机箱

知识提示

机箱对电脑的重要作用

电脑机箱的好坏直接影响主机部件的正常工作，且机箱还能屏蔽主机内的电磁辐射，对使用者也能起到一定的保护作用。

第1部分

多学一招

电脑主机中消失的硬件——光盘驱动器

光盘驱动器简称光驱，是一种读取光盘存储信息的设备，过去的光驱通常安装在机箱中，因此也被划分为电脑的主机硬件。光驱存储数据的介质为光盘，其特点是容量大、成本低和保存时间长。光驱可以通过光盘来启动电脑、安装操作系统和应用软件，还可以通过刻录光盘来保存数据。但现在的电脑可以通过移动存储设备（如USB闪存盘或移动硬盘）进行光驱可以完成的所有工作，现在市面上存在的光驱也以不安装在机箱内的外置光驱为主，如图1-22所示。

图1-22　外置光驱

1.2.2　电脑的主要外部设备

对于普通电脑用户来说，电脑的组成其实只有电脑主机和外部设备两部分，这里的外部设备是指显示器、键盘和鼠标这3个硬件，外部设备加上电脑主机，就可以进行绝大部分的电脑操作。所以，除主机外，显示器、键盘和鼠标也是组装电脑必须要选购和安装的硬件，下面就简单介绍这3个外部设备的相关知识。

◎ 显示器：显示器是电脑的主要输出设备，它的作用是将显卡输出的信号（模拟信号或数字信号）以肉眼可识别的形式表现出来。目前，主要使用的显示器类型是液晶显示器（也就是通常所说的LCD），如图1-23所示。

CRT显示器

CRT显示器是过去常用的阴极射线管显示器，如图1-24所示，现在已经很少使用，只有在二手市场还能看到。

图1-23　液晶显示器

图1-25　鼠标

◎ 键盘: 键盘是电脑的另一种主要输入设备，是和电脑进行交流的工具，如图1-26所示。用户通过键盘可直接向电脑输入各种字符和命令，简化电脑的操作。另外，即使不用鼠标而只用键盘，也能完成电脑的基本操作。

图1-24　CRT显示器

◎ 鼠标: 鼠标是电脑的主要输入设备之一，是随着图形操作界面而产生的，因为其外形与老鼠类似，所以称为鼠标，如图 1-25 所示。

图1-26　键盘

1.2.3 | 常见的电脑周边设备

电脑的周边设备属于可选装硬件，也就是说，不安装这些硬件，并不会影响电脑的正常工作；但在安装和连接这些设备后，将提升电脑的某些方面的功能。电脑的周边设备都是通过主机上的接口（主板或机箱上面的接口）连接到电脑上的。在常见的周边设备中，某些类型的声卡和网卡也可以直接安装到主机的主板上。

◎ 声卡: 在电脑的音频设备中的作用类似于显卡，用于声音的数字信号处理，并输出到音箱或其他的声音输出设备。大多数电脑的声卡已经以芯片的形式集成到了主板中（也被称为集成声卡），并且具有很高的性能，只有对音效有特殊要求的用户才会购买独立声卡。图 1-27 所示为独立声卡。

图1-27　独立声卡

◎　网卡：也称为网络适配器，其功能是连接电脑和网络。同声卡一样，通常主板中都有集成网卡，只有在网络端口不够用或连接无线网络的情况下，才会安装独立的网卡。图 1-28 所示为独立的无线网卡。

图1-28　无线网卡

◎　音箱：在电脑的音频设备中的作用类似于显示器，可直接连接到声卡的音频输出接口，并将声卡传输的音频信号输出为人们可以听到的声音，如图 1-29 所示。

知识提示

音箱与音响的区别

　　音箱是整个音响系统的终端，只负责声音输出。音响通常是指声音产生和输出的一整套系统，音箱是音响的一个部分。

图1-29　音箱

◎　耳机：一种将音频输出为声音的电脑周边设备，一般用于个人用户，如图 1-30 所示。

图1-30　耳机

◎　打印机：主要功能是文字和图像的打印输出，它是一种负责输出的周边设备。图 1-31 所示为最常用的彩色喷墨打印机。

图1-31　打印机

◎ 扫描仪：主要功能是文字和图像的扫描输入，它是负责输入的一种常见的电脑周边设备，如图 1-32 所示。

图1-32　扫描仪

◎ 投影仪：又称投影机，是一种可以将图像或视频投射到幕布上的设备，可以通过专业的接口与电脑相连接并播放相应的视频信号，是一种负责输出的电脑周边设备，如图 1-33 所示。

图1-33　投影仪

◎ U 盘：全称 USB 闪存盘，它是一种使用 USB 接口的微型高容量移动存储设备，在电脑上可以实现即插即用，如图 1-34 所示。

图1-34　U盘

◎ 移动硬盘：它是一种采用硬盘作为存储介质，可以即插即用的移动存储设备，如图 1-35 所示。

图1-35　移动硬盘

◎ 数码摄像头：它是一种常见的电脑周边设备，主要功能是为电脑提供实时的视频图像，实现视频信息交流，如图 1-36 所示。

图1-36　数码摄像头

◎ 路由器：它是一种连接互联网和局域网的电脑周边设备，是家庭和办公局域网的必备设备，如图 1-37 所示。

图1-37　路由器

1.3 认识电脑的软件组成

软件是编制在电脑中使用的程序，而控制电脑所有硬件工作的程序集合就是软件系统。软件系统的作用主要是管理和维护电脑的正常运行，并充分发挥电脑性能。按功能的不同通常可将软件分为系统软件和应用软件。

1.3.1 32/64 位 Windows 操作系统

从广义上讲，系统软件包括汇编程序、编译程序、操作系统和数据库管理软件等，但我们通常所说的系统软件就是指操作系统软件，而操作系统的功能是管理电脑的全部硬件和软件，方便用户对电脑进行操作。

1. Windows 操作系统的版本

Microsoft 公司的 Windows 系列系统软件是目前使用最广泛的系统软件，它采用图形化操作界面，支持网络和多媒体，以及多用户和多任务；在支持多种硬件设备的同时，还兼容多种应用程序，可满足用户在各方面的需求。

Windows 操作系统经历了 Windows 1.0 到 Windows 95、Windows 98、Windows ME、Windows 2000、Windows 2003、Windows XP、Windows Vista、Windows 7、Windows 8、Windows 10 和 Windows Server 服务器企业级操作系统等多个版本，图 1-38 所示为目前使用最多的 Windows 7 操作系统桌面展示。

图1-38　Windows 7操作系统

2. Windows 操作系统的位数

Windows 操作系统的位数是与 CPU 的位数相关的。从 CPU 的发展史来看，从以前的 8 位到现在的 64 位，8 位也就是 CPU 在一个时钟周期内可并行处理 8 位二进字符 0 或是 1，以此类推，16 位即 16 位二进制，32 位就是 32 位二进制，64 位就是 64 位二进制。

因为电脑是软硬件相配合才能发挥最佳性能，所以操作系统也必须从 32 位提高到 64 位，且系统的硬件驱动也必须是 64 位。在 64 位 CPU 的电脑上要安装 64 位操作系统和 64 位的硬件驱动，32 位的硬件驱动是不能用的，只有这样才能发挥电脑的最佳性能。

操作系统只是硬件和应用软件中间的一个平台，32 位操作系统针对 32 位 CPU 设计，64 位操作系统针对 64 位 CPU 设计。图 1-39 所示为 64 位的 Windows 10 操作系统。

知识提示

32 位操作系统与 64 位操作系统的兼容性

目前，64位的操作系统只能安装应用于64位CPU的电脑中，辅以基于64位操作系统开发的软件才能发挥出最佳的性能；而32位的操作系统则既能安装应用于32位CPU的电脑上，也能安装在64位CPU的电脑上，只不过在64位CPU的电脑中安装32位操作系统会显得有些大材小用，无法最大限度发挥出64位CPU的性能。

图1-39　Windows 10操作系统

1.3.2 其他操作系统

除了使用最广泛的 Windows 系列外，市场上还存在 UNIX、Linux 和 Mac OS 等操作系统，它们也有各自不同的应用领域。

◎ UNIX 操作系统：它是一种强大的多用户、多任务操作系统，支持多种处理器架构，按照操作系统的分类，属于分时操作系统。UNIX 操作系统是商业版，需要收费，价格比 Windows 操作系统要贵一些。不过 UNIX 也有免费版，例如 NetBSD 等类 UNIX 版本。

◎ Linux 操作系统：Linux 是一套免费使用和自由传播的类 UNIX 操作系统，是一个多用户、多任务、支持多线程和多 CPU 的操作系统。它支持 32 位和 64 位电脑硬件，是一个性能稳定的多用户网络操作系统。很多品牌电脑为了节约成本，通常都会预先安装Linux操作系统，如图 1-40 所示。

图1-40　Linux操作系统

◎ Mac OS 操作系统：Mac OS 是一套基于 UNIX 内核的图形化操作系统，也是运行于苹果 Macintosh 系列电脑上的操作系统。Mac OS 操作系统由苹果公司自行开发，一般情况下在普通电脑上无法安装，如图 1-41 所示。

知识提示

Linux 和 Mac OS 的版本

Linux操作系统的常用版本包括Ubuntu、Redhat和Fedora 3种；Mac OS操作系统的常用版本主要包括最初的10.0到现在的10.12。

图1-41　Mac OS操作系统

1.3.3　各种应用软件

应用软件是指一些具有特定功能的软件，如压缩软件 WinRAR、图像处理软件 Photoshop 等，这些软件能够帮助用户完成特定的任务。通常可以把常用的应用软件分为以下几种类型，每个大类下面还分有很多小的类别，装机时可以根据需要进行选择。

◎ 网络工具软件：网络工具软件就是用来为网络提供各种各样的辅助工具，增强网络功能的软件，如百度浏览器、迅雷下载、腾讯 QQ、Dreamweaver、Foxmail 等，图 1-42 所示为目前网络工具软件的基本类别。

网络工具

网页制作	其他工具	上网管理	微信营销	广告过滤	游戏浏览器
远程控制	网络加速	网络电话	邮件工具	聊天工具	下载工具
网络辅助	FTP工具	站长工具	外观插件	书签工具	离线浏览
搜索引擎	拨号计时	IP工具	QQ辅助	浏览辅助	网络杂志
文件分享	网络监测	网页浏览器	网络共享	MSN辅助	建站源码
新闻阅读	服务器类	传真工具			

图1-42　网络工具软件

◎ 应用工具软件：应用工具软件就是用来辅助电脑操作，提升工作效率的软件，如 Office、数据恢复精灵、WinRAR、精灵虚拟光驱、完美卸载等，图 1-43 所示为目前应用工具软件的基本类别。

应用工具

加密工具	PDF转换	PDF阅读器	五笔输入	数据恢复	办公工具
字典翻译	压缩解压	文本处理	小说阅读器	剪贴工具	键盘鼠标
时钟日历	光盘刻录	其它工具	文件改名	字体工具	文件修复
打印扫描	日程管理	拼音辅入法	加密工具	文件修复	虚拟光驱
卸载清理	文件分割	文件管理			

图1-43　应用工具软件

◎ 影音工具软件：影音工具软件就是用来编辑和处理多媒体文件的软件，如会声会影、狸窝全能视频转换器、迅雷看看播放器、QQ 音乐等，图 1-44 所示为目前影音工具软件的基本分类。

影音工具

网络电视	其他工具	电子相册	摄像头工具	录像工具	k歌工具
解码器	视频编辑	音频转换	视频转换	网络电台	视频制作
录音工具	视频播放	音频播放	媒体管理	音频编辑	

图1-44　影音工具软件

◎ 系统工具软件：系统工具软件就是为操作系统提供辅助工具的软件，如硬盘分区魔术师、DiskGenius、Windows 优化大师、一键 Ghost 等，图 1-45 所示为目前系统工具软件的基本分类。

系统工具

磁盘工具	其他工具	万能驱动	碎片整理	磁盘修复	硬盘分区
DLL文件	开关定时	系统辅助	系统检测	系统补丁	桌面工具
优化设置	硬件工具	备份还原	启动盘制作		

图1-45　系统工具软件

◎ 行业软件：行业软件就是为各种行业设计的符合该行业要求的软件，如饿了么商家版、里诺客户管理软件、期货行情即时看、ERP 生产管理系统等，图 1-46 所示为目前行业软件的基本分类。

行业软件

彩票工具	餐饮管理	CRM软件	期货软件	ERP软件	仓库管理
工程建设	财务管理	数码电子	纺织服装	机械交通	行政管理
网络营销	进销存管理	教育管理	其他行业	健康医药	

图1-46　行业软件

◎ 图形图像软件：图形图像软件就是专门编辑和处理图形图像的软件，如 AutoCAD、ACDSee、Photoshop 等，图 1-47 所示为目前图形图像软件的基本分类。

图形图像

图像转换	其他工具	OCR工具	FLV工具	3D制作	图像管理
截图工具	看图工具	动画制作	图标工具	CAD图形	图像处理
图片压缩					

图1-47　图形图像工具软件

◎ 游戏娱乐软件：游戏娱乐软件就是各种与游戏娱乐相关的软件，如 QQ 游戏大厅、游戏修改大师等，图 1-48 所示为目前游戏娱乐软件的基本分类。

游戏娱乐

| 修改器 | 游戏工具 | 免费游戏 | 趣味工具 | 趣味动画 |

图1-48　游戏娱乐软件

◎ 教育软件：教育软件就是各种学习软件，

如金山打字通、乐教乐学、驾考宝典、星火英语四级算分器等，图1-49所示为目前教育软件的基本分类。

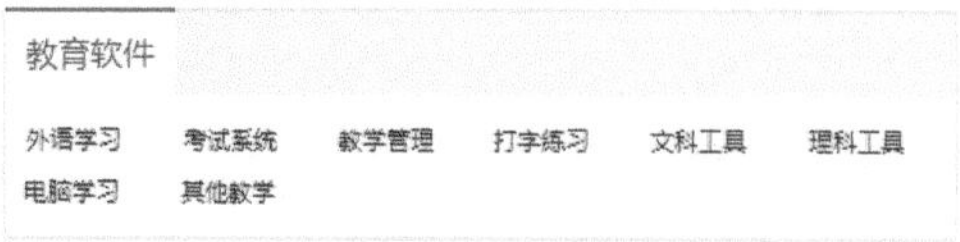

教育软件

| 外语学习 | 考试系统 | 教学管理 | 打字练习 | 文科工具 | 理科工具 |
| 电脑学习 | 其他教学 |

图1-49　教育软件

◎ 病毒安全软件：病毒安全软件就是为电脑进行安全防护的软件，如360安全卫士、百度杀毒软件、腾讯电脑管家等，图1-50所示为目前病毒安全软件的基本分类。

病毒安全

| 杀毒工具 | 专杀工具 | 网络防火墙 | 系统安全 |

图1-50　病毒安全软件

◎ 其他工具软件：如网易MuMu、360抢票

浏览器、iTunes For Windows、同花顺免费炒股软件等，图1-51所示为其他一些工具软件的类型。

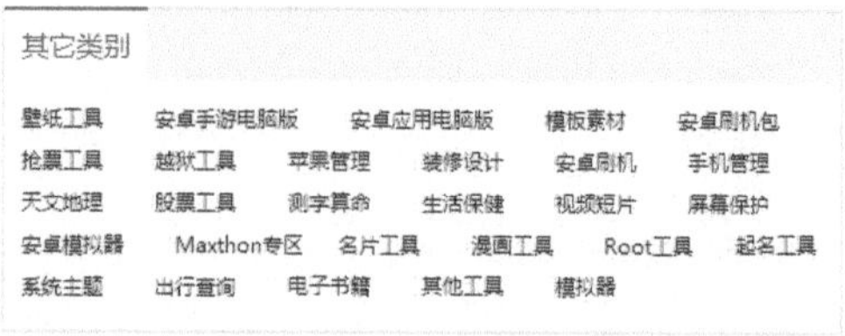

其它类别

壁纸工具	安卓手游电脑版	安卓应用电脑版	模板素材	安卓刷机包
抢票工具	越狱工具	苹果管理	装修设计	安卓刷机	手机管理
天文地理	股票工具	测字算命	生活保健	视频短片	屏幕保护
安卓模拟器	Maxthon专区	名片工具	漫画工具	Root工具	起名工具
系统主题	出行查询	电子书籍	其他工具	模拟器

图1-51　其他工具软件

多学一招

使用应用软件

通常情况下要使用某个软件，必须先得到它的安装程序，将其安装到电脑中后才能使用，安装程序通常可以在网上进行下载。

前沿知识与流行技巧

1. 什么是DIY电脑

组装电脑是每一个喜欢电脑的人都希望学会的一项技能，通常也把这个过程称为DIY电脑。DIY是英文Do It Yourself的缩写，又译为自己动手做，DIY原本是个名词短语，往往被当作形容词使用，意指"自助的"。在DIY的概念形成之后，也渐渐兴起一股与其相关的周边产业，越来越多的人开始思考如何让DIY融入生活。DIY的电脑从一定程度上为用户节省了一些费用，并帮助用户进一步了解电脑的组成，真正认识和深入了解电脑。

2. 组装电脑的必购硬件

组装电脑必须要选购的硬件有主板、CPU、内存、硬盘（或者固态硬盘）、机箱、电源、显示器、鼠标和键盘。另外，显卡、声卡和网卡也属于必购硬件，但是，这三个硬件除了可以单独选购外，也可以选购集成了显卡、声卡和网卡的主板。

3. 组装电脑可用的软件

下面介绍电脑可用的应用软件的主要类型和代表软件，以便于组装电脑时进行选择。

◎ 办公软件：是电脑办公中必不可少的软件之一，用于处理文字、制作电子表格、创建演示文档和表单等，如Office、WPS等。

◎ 图形图像编辑软件：主要用于处理图形和图像，制作各种图画、动画和三维图像等，如Photoshop、Flash、3ds Max和AutoCAD等。

◎ **程序编辑软件**：是由专门的软件公司用来编写系统软件和应用软件的电脑语言，如汇编语言、C语言、Basic语言和Java等。

◎ **文件管理软件**：主要用于对电脑中各种文件进行管理，包括压缩、解压缩、重命名和加解密等，如WinRAR、拖把更名器和高强度文件夹加密大师等。

◎ **图文浏览软件**：主要用于浏览电脑和网络中的图片以及阅读各种电子文档，如ACD-See、Adobe Reader、超星图书阅览器和ReadBook等。

◎ **翻译与学习软件**：主要用于查阅外文单词的意思，对整篇文档进行翻译，以及电脑日常学习，如金山词霸、金山快译和金山打字等。

◎ **多媒体播放软件**：主要用于播放电脑和网络中的各种多媒体文件，如Windows自带的播放软件Windows Media Player和超级解霸、Real Player、千千静听等。

◎ **多媒体处理软件**：主要用于制作和编辑各种多媒体文件，轻松完成家庭录像、结婚庆典，以及产品宣传等后期处理，如会声会影、豪杰视频通和Cool Edit Pro等。

◎ **抓图与录屏软件**：主要用于电脑和网络中各种图像的抓取以及视频的录制，如屏幕抓图软件Snagit和屏幕录像软件屏幕录像专家等。

◎ **文字编辑软件**：主要用于编辑与处理照片、图像和电脑中的文字，如Turbo Photo、Ulead Cool 3D和Crystal Button等。

◎ **光盘刻录软件**：主要用于将电脑中重要数据存储到CD或DVD光盘中，如光盘刻录软件Nero、光盘映像制作软件UltraISO和虚拟光驱软件Daemon等。

◎ **操作系统维护与优化软件**：主要用于处理电脑的日常问题，提高电脑的性能，如Si-Software Sandra、Windows优化大师、超级兔子魔法设置和VoptXP等。

◎ **磁盘分区软件**：主要用于对电脑中存储数据的硬盘进行分区，如DOS分区软件Fdisk和Windows分区软件PartitionMagic等。

◎ **数据备份与恢复软件**：主要用于对电脑中的数据进行复制备份，以及操作系统的备份与恢复，如Norton Ghost、驱动精灵和FinalData等。

◎ **网络通信软件**：主要用于网络中电脑间的数据交流，如腾讯QQ、Foxmail等。

◎ **上传与下载软件**：主要用于将网络中的数据下载到电脑或者将电脑中的数据上传到网络，如CuteFTP、FlashGet和迅雷等。

◎ **病毒防护软件**：主要用于对电脑中的数据进行保护，防止各种恶意破坏，常见软件有金山毒霸、360杀毒和木马克星等。

4. 掌上电脑——PDA

掌上电脑（Personal Digital Assistant，PDA）有个人数字助手的意思，顾名思义就是辅助个人工作的数字工具，主要提供记事、通信录、名片交换及行程安排等功能，可以让用户在移动中工作、学习、娱乐等。按使用领域来分类，可将 PDA 分为工业级 PDA 和消费品 PDA 两种类型。工业级 PDA 主要应用在工业领域，常见的有条码扫描器、RFID 读写器、

POS 机等；消费品 PDA 包括的种类比较多，如智能手机、平板电脑、手持游戏机等，由于智能手机的迅速发展与普及，现在反而把 PDA 直接划分到智能手机的范围。

5. 未来电脑的发展趋势

这是一个数字技术时代，电脑不但能对人们的生活和工作提供帮助，它们甚至能够在游戏节目中胜过真人，且电脑代替人驾驶汽车或者进行远程医疗诊断已经逐步在现实中实现。下面介绍一下未来电脑发展的趋势。

◎ 非接触式人机界面：现在的电脑是需要用户用手来操作的机器，无论是使用键盘、鼠标还是触摸屏，未来电脑则很有可能会使用非接触式人机界面。从Microsoft的Cortana到苹果公司的Siri，再到谷歌眼镜，然后到现在的3D Touch，世界上各大电脑公司都在研究与发展电脑的非接触式人机界面。基础的模式识别技术已经前进了几代，现在已经可以预期，在未来10年里，电脑非接触式人机交互将逐步实现。

◎ 人工智能电脑：这里的人工智能是指使电脑来模拟人的某些思维过程和智能行为（如学习、推理、思考、规划等）的学科，主要包括电脑实现智能的原理、制造类似于人脑智能的电脑，使电脑能实现更高层次的应用。谷歌和Microsoft等公司都在为将自然语言处理与大数据系统在云中结合起来而努力，这些大数据系统不但包含人类的所有知识，而且将与整个物联网相连接，其目的是提升产能，并在日常生活中帮助人类。

◎ 物联网：物联网可能是当前最有可能实现的未来电脑类型，它意味着人类接触的几乎任何物体都变成一个电脑终端，住房、汽车，甚至在大街上的物体都将能够与平板电脑、笔记本电脑，或者智能手机实现无缝连接。目前，有两种互补的技术在促进物联网电脑的发展，一个是近场通信（NFC）技术，另一个是超低功率芯片。近场通信可以让互相靠近的电子设备进行双向数据通信；超低功率芯片可以从周围环境中获得能量，它将能够让电脑终端变得无处不在。现在已经广泛普及且经常使用的移动支付也属于物联网电脑的一个重要功能，因为它的终端还是需要电脑来处理的。

◎ 智能手机与电脑的融合：随着智能手机成为大多数人的标准计算设备，智能手机代替电脑这一趋势似乎不可避免，比如，Chromebooks电脑大部分的处理和存储任务均通过云端实现，这意味着大多数电脑应用的UI设计和后端工程将逐渐变得更类似于手机应用；此外，如果类似于Microsoft的Continuum功能能够进一步发展，电脑甚至能够变为智能手机，反之亦然。届时智能手机、可穿戴设备、虚拟现实等新技术将会迅速发展，电脑和智能手机合二为一，完美融合在一起。

第1部分

第2章

认识和选购多核电脑的配件

/ 本章导读

　　本章主要学习组装电脑所需的相关硬件设备的选购知识，组装电脑前，用户还需要了解和认识电脑的各种硬件设备，包括 CPU、主板、内存、硬盘、固态硬盘、显卡、显示器、机箱、电源、鼠标和键盘。

2.1 认识和选购多核 CPU

CPU 在电脑系统中就像人的大脑一样，是整个电脑系统的指挥中心，电脑的所有工作都由 CPU 进行控制和计算。它的主要功能是负责执行系统指令，包括数据存储、逻辑运算、传输控制、输入/输出等操作指令。CPU 的内部分为控制、存储和逻辑 3 大单元，各个单元的分工不同，但组合起来紧密协作，所以其具有强大的数据运算和处理能力。

2.1.1 通过外观认识多核 CPU

中央处理器（Central Processing Unit，CPU）既是电脑的指令中枢，也是系统的最高执行单位。CPU 主要负责指令的执行，作为电脑系统的核心组件，在电脑系统中占有举足轻重的地位，是影响电脑系统运算速度的重要部件。图 2-1 所示为 Intel CPU 的外观。

微课：查看 CPU 高清大图

图2-1　Intel CPU的外观

从外观上看，CPU 主要分为正面和背面两个部分，由于 CPU 的正面刻有各种产品参数，所以也称为参数面；CPU 的背面主要是与主板上的 CPU 插槽接触的触点，所以也被称为安装面。

◎ 防误插缺口：防误插缺口是 CPU 边缘上的半圆形缺口，它的功能是防止在安装 CPU 时，由于方向错误造成损坏。

◎ 防误插标记：防误插标记是 CPU 一个角上的小三角形标记，功能与防误插缺口一样，在 CPU 的两面通常都有防误插标记。

◎ 产品二维码：CPU 上的产品二维码是

Datamatrix 二维码，它是一种矩阵式二维条码，其最小尺寸是目前所有条码中最小的，可以直接印刷在实体上，主要用于 CPU 的防伪和产品统筹。图 2-2 所示为 AMD CPU 参数面上的产品二维码。

图2-2　产品二维码

2.1.2 | 确认 CPU 的基本信息

确认 CPU 的信息对于认识和选购 CPU 产品非常重要，通过查看 CPU 的基本信息，可以了解 CPU 的品牌、型号、频率、核心、缓存等详细的产品规格参数，有助于选购 CPU 和辨别 CPU 的真伪。CPU 的基本信息通常是通过软件进行检测并确认的，也可以通过 Windows 操作系统检测并确认。

◎ 通过 Windows 操作系统确认：Windows 操作系统安装后需要检测电脑系统的硬件，可以查看 CPU 的基本信息。方法是单击"开始"按钮，在弹出的"开始"菜单的"电脑"选项上单击鼠标右键，在弹出的快捷菜单中选择"属性"命令，打开"系统"窗口，在"系统"栏中即可查看 CPU 的基本信息，如图 2-3 所示。但这种方式只显示 CPU 的处理器号和频率信息。

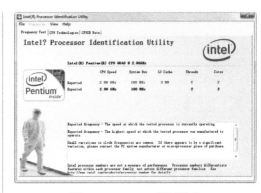

图2-4　Intel CPU测试软件

图2-3　操作系统中的CPU信息

◎ 通过 CPU 专业测试软件确认：目前市面上 CPU 产品主要有 Intel（英特尔）和 AMD（超威）两大品牌，针对这两个品牌的 CPU 产品都有专业的产品信息检测软件。检测 Intel 的 CPU 产品通常使用 Intel（R）Processor Identification Utility 软件，如图 2-4 所示。检测 AMD 的 CPU 产品通常使用 CPU-Z 软件，如图 2-5 所示。另外，CPU-Z 软件同样可以对 Intel 的 CPU 产品进行检测，如图 2-6 所示。

图2-5　AMD CPU测试软件

图2-6　CPU-Z测试Intel CPU

◎ 通过专业电脑硬件防护软件确认：确认CPU信息的软件还可利用专业电脑硬件防护软件。这类软件可以检测电脑中的各种硬件，显示详细的产品信息，并按照产品规格安装对应的驱动程序；还可以对这些硬件进行性能测试，在硬件运行过程中对其运行状态进行实时监控。最具代表性的软件就是鲁大师，如图2-7所示。

图2-7　鲁大师确认CPU信息

2.1.3　利用处理器号区分 CPU 的性能

处理器号就是 CPU 的生产厂商为其进行的编号和命名，通过不同的处理器号，就可以区分 CPU 的性能高低。CPU 的生产厂商主要有 Intel、AMD、VIA（威盛）和龙芯（Loongson），市场上销售的主要是 Intel 和 AMD 的产品，所以，CPU 的处理器号主要分为两种类型。

微课：常见 CPU 理论性能对比

◎ Intel（英特尔）：全球最大的半导体芯片制造商，从 1968 年成立至今已有 40 多年的历史，目前主要有奔腾（Pentium）双核、酷睿（Core）i3、i5、i7、凌动（移动 CPU）等系列的 CPU 产品。图 2-8 所示为 Intel 公司生产的 CPU，其处理器号为"Intel 酷睿 i5-3570K"，其中的"Intel"代表公司名称；"酷睿 i5"代表 CPU 系列；"3570K"中，"3"代表它是该系列 CPU 的第三代产品，"570"代表 CPU 的处理主频和酷睿超频后的主频高低，也有可能代表了 CPU 内部集成的显卡芯片的等级高低，"K"代表该 CPU 没有锁住倍频。

图2-8　Intel 酷睿 i5-3570K

◎ AMD（超威）：成立于 1969 年，是全球第二大微处理器芯片供应商，多年来，AMD 公司一直是 Intel 公司的强劲对手。目前主要产品有闪龙（Sempron）、速龙（Athlon）、速龙 II、羿龙（Phenom），APU A4、A6、A8、A10 和 A12 系列，以及推土机（AMD FX）系列等，图 2-9 所示为 AMD 公司生产的 CPU，其处理器号为"AMD 速龙 II X4 730"，其中的"AMD"代表公司名称；"速龙 II"代表 CPU 系列；"X4"代表它是 4 核心的产品；"730"代表 CPU 的型号。

图2-9　AMD 速龙 II X4 730

根据 Intel 和 AMD CPU 处理器号的命名规则，通常情况下，在同一厂商的处理器号中，后面代表主频的数字越大，频率越高，集成显卡的芯片等级越高，图 2-10 为目前常见的 CPU 默认频率的性能对比图，也是平常所说的性能天梯图。

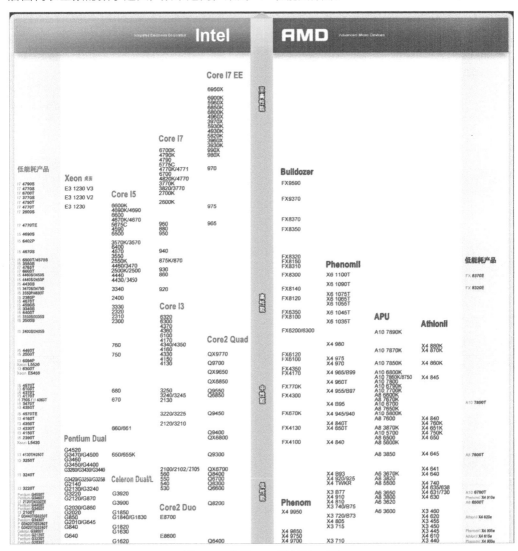

图2-10　常见CPU理论性能对比

2.1.4 睿频技术提升 CPU 的频率

CPU 频率是指 CPU 的时钟频率，简单地说就是 CPU 运算时的工作频率（1 秒内发生的同步脉冲数）的简称。CPU 的频率代表了 CPU 的实际运算速度，单位有 Hz 、kHz、MHz 和 GHz。理论上，CPU 的频率越高，在一个时钟周期内处理的指令数就越多，CPU 的运算速度也就越快，CPU 的性能也就越高。

CPU 实际运行的频率与 CPU 的外频和倍频有关，其计算公式为：实际频率＝外频×倍频，这个频率通常也被称为主频。

◎ 外频：外频是 CPU 与主板之间同步运行的速度，即 CPU 的基准频率。外频速度高，CPU 就可以同时接收更多来自外设的数据，从而使整个系统的运行速度提高。

◎ 倍频：倍频是 CPU 运行频率与系统外频之间的差距参数，也称为倍频系数，在相同的外频条件下，倍频越高，CPU 的频率就越高。

◎ 睿频：这是一种智能提升 CPU 频率的技术，是指当启动一个运行程序后，处理器会自动加速到合适的频率，而原来的运行速度会提升 10%~20% 以保证程序流畅运行的技术。Intel 品牌 CPU 的睿频技术叫做 TB（Turbo Boost），AMD 品牌 CPU 的睿频技术叫做 TC（Turbo Core），图 2-11 所示为 Intel CPU 的睿频广告，该 CPU 基本频率为 4.0GHz，但最大睿频率为 4.2GHz。

图2-11　CPU睿频广告

2.1.5 | 8 核 CPU 的性能优势

CPU 的核心又称为内核，是 CPU 最重要的组成部分，CPU 中心那块隆起的芯片就是核心，是由单晶硅以一定的生产工艺制造出来的，CPU 所有的计算、接收/存储命令和处理数据都由核心完成，所以，核心产品的规格会显示出 CPU 的性能高低。8 核 CPU 是指具有 8 个核心的 CPU，体现 CPU 性能的且与核心相关的参数主要有以下几种。

◎ 核心数量：过去的 CPU 只有一个核心，现在则有 2 个、3 个、4 个、6 个或 8 个核心，这归功于 CPU 多核心技术的发展。多核心是指基于单个半导体的一个 CPU 上拥有多个一样功能的处理器核心，即是将多个物理处理器核心整合入一个核心中。并不是说核心数量决定了 CPU 的性能，多核心 CPU 的性能优势主要体现在多任务的并行处理，即同一时间处理两个或多个任务，但这个优势需要软件优化才能体现出来。例如，如果某软件支持类似多任务处理技术，双核心 CPU（假设主频是 2.0GHz）可以在处理单个任务时，两个核心同时工作，一个核心只需处理一半任务就可以完成工作，这样的效率可以等同于是一个 4.0G 主频的单核心 CPU 的效率。

知识提示

多核心 CPU 的性能对比

目前，Intel CPU的核心数量最多为6核，AMD CPU的核心数量最多为8核。可以说在同一个品牌的CPU中，在相同主频的情况下，核心越多，CPU性能越强。

◎ 线程数：线程是 CPU 运行中的程序的调度单位，通常所说的多线程是指可通过复制 CPU 上的结构状态，让同一个 CPU 上的多个线程同步执行并共享 CPU 的执行资源，可最大限度提高 CPU 运算部件的利用率。线程数越多，CPU 的性能也就越高。但需要注意的是，线程这个性能指标通常只用在 Intel 的 CPU 产品中，如 Intel

酷睿三代 i7 系列的 CPU 基本上都是 8 线程和 12 线程的产品。

◎ **核心代号**：核心代号也可以看成 CPU 的产品代号，即使是同一系列的 CPU，其核心代号也可能不同。比如 Intel 的就有 Trinity、Sandy Bridge、Ivy Bridge、Haswell、Broadwell 和 Skylake 等；AMD 的有 Richland、Trinity、Zambezi 和 Llano 等。

◎ **热设计功耗（TDP）**：TDP（Thermal Design Power）是指 CPU 的最终版本在满负荷（CPU 利用率为理论设计的 100%）可能会达到的最高散热量。在 TDP 最大的时候，散热器必须保证 CPU 的温度仍然在设计范围之内。随着现在

多核心技术的发展，同样核心数量下，TDP 越小，性能越好。目前的主流 CPU 的 TDP 值有 15W、35W、45W、55W、65W、77W、95W、100W 和 125W。

知识提示

TDP 值与实际功耗的关系

CPU 的核心电压与核心电流时刻都处于变化之中，因而 CPU 的实际功耗（功率 P＝电流 A×电压 V）也会不断变化，因此 TDP 值并不等同于 CPU 的实际功耗，更没有算术关系。由于厂商提供的 TDP 数值肯定留有一定的余地，对于具体的 CPU 而言，TDP 应该大于 CPU 的峰值功耗。

2.1.6 纳米 CPU 的制作工艺

CPU 的制作工艺（也叫做 CPU 制程）直接关系到 CPU 的电气性能，密度愈高，意味着在同样大小面积的电路板中具有更复杂的电路设计。现在主流 CPU 的制作工艺为 45nm（纳米）、32nm、22nm 和 14nm。

CPU 的制作工艺是指 CPU 内电路与电路之间的距离，趋势是向密度更高的方向发展，密度愈高的电路设计，意味着在同样大小面积的产品中，可以拥有密度更高、功能更复杂的电路设计。CPU 制作工艺的纳米数越小，同等面积下晶体管数量越多，工作能力越强大，相对功耗越低，更适合在较高的频率下运行，所以也更适合超频。

下面简单介绍一下 CPU 制作工艺的流程。

❶ 硅提纯：生产 CPU 等芯片的材料是半导体——硅 Si。在硅提纯的过程中，原材料硅将被熔化，并放进一个巨大的石英熔炉。这时向熔炉里放入一颗晶种，以便硅晶体围着这颗晶种生长，直到形成一个几近完美的单晶硅。

❷ 切割晶圆：硅锭被整型成一个完美的圆柱体，接下来将被切割成片状，称为晶圆。晶圆才真正用于 CPU 的制造，通常晶圆切得越薄，相

同量的硅材料能够制造的 CPU 成品就越多。

❸ 影印：在经过热处理得到的硅氧化物层上面涂敷一种光阻物质，紫外线通过印制着 CPU 复杂电路结构图样的模板照射硅基片，被紫外线照射的位置光阻物质溶解。

❹ 蚀刻：使用短波长的紫外光透过石英遮罩的孔照在光敏抗蚀膜上，使之曝光；然后停止光照并移除遮罩，使用特定的化学溶液清洗掉被曝光的光敏抗蚀膜，以及在下面紧贴着抗蚀膜的一层硅；最后，曝光的硅将被原子轰击，使得暴露的硅基片局部掺杂，从而改变这些区域的导电状态，以制造出 CPU 的门电路。这一步是 CPU 生产过程中的重要操作。

❺ 重复、分层：为加工新的一层电路，再次生长硅氧化物，然后沉积一层多晶硅，涂敷光阻物质，重复影印、蚀刻过程，得到含多晶硅和硅氧化物的沟槽结构。重复多遍，形成一个 3D

第
1
部
分

的结构，这才是最终的 CPU 的核心。每几层中间都要填上金属作为导体，层数决定于设计时 CPU 的布局以及通过的电流大小。

❻封装：将晶圆封入一个陶瓷或塑料的封壳中，越高级的 CPU 封装越复杂，也能带来芯片电气性能和稳定性的提升，并能间接地为主频的提升提供坚实可靠的基础。

❼多次测试：测试是 CPU 制作的重要环节，也是一块 CPU 出厂前必要的考验。这一步将测试晶圆的电气性能，以检查是否出了什么差错以及这些差错出现在哪个步骤，通常每个

CPU 核心都将被分开测试，在将 CPU 放入包装盒前都还要进行最后一步测试。图 2-12 所示为 CPU 的晶圆和晶圆中的 CPU 核心。

图2-12　CPU晶圆

2.1.7 缓存对 CPU 的重要意义

缓存是指可进行高速数据交换的存储器，它先于内存与 CPU 进行交换数据，速度极快，所以又称为高速缓存。缓存大小是 CPU 的重要性能指标之一，而且缓存的结构和大小对 CPU 速度的影响非常大。CPU 缓存的运行频率极高，一般是和处理器同频运作，工作效率远远大于系统内存和硬盘。

CPU缓存一般分为L1、L2和L3。当CPU要读取一个数据时，首先从L1缓存中查找，若没有找到再从L2缓存中查找，若还是没有则从L3缓存或内存中查找。一般来说，每级缓存的命中率都在80%左右，也就是说全部数据量的80%都可以在一级缓存中找到，由此可见L1缓存是整个CPU缓存架构中最为重要的部分。

◎ L1 缓存(Level 1 Cache)：也叫一级缓存，位于 CPU 内核的旁边，是与 CPU 结合最为紧密的 CPU 缓存，也是历史上最早出现的 CPU 缓存。由于制造一级缓存的技术难度和制造成本最高，提高容量所带来的技术难度和成本增加非常大，所带来的性能提升却不明显，性价比很低，因此一级缓存是所有缓存中容量最小的。

◎ L2 缓存：也叫二级缓存，主要用来存放电脑运行时操作系统的指令、程序数据和地址指针等数据。L2缓存容量越大，系统的速度越快，因此Intel与AMD公司都尽最大可能加大L2缓存的容量，并使其与CPU在

相同频率下工作。

◎ L3 缓存：也叫三级缓存，分为早期的外置和现在的内置，实际作用是进一步降低内存延迟，同时提升大数据量计算时处理器的性能。降低内存延迟和提升大数据量计算能力对运行大型场景文件很有帮助。

L1、L2、L3缓存的性能比较

在理论上，三种缓存对于CPU性能的影响是L1>L2>L3，但由于L1缓存的容量在现有技术条件下已经无法增加，所以以L2和L3缓存才是CPU性能表现的关键，在CPU核心不变化的情况下，增加L2或L3缓存容量，能使CPU性能大幅度提高。现在，在选购CPU时，标准的高速缓存通常是指该CPU具有的最高级缓存的容量，如具有L3缓存就是L3缓存的容量。图2-13所示的"8MB处理器高速缓存"是指该款CPU的L3缓存的容量。

图2-13　CPU的高速缓存

2.1.8 | 不同的 CPU 接口类型

CPU 需要通过某个接口与主板连接才能进行工作，经过这么多年的发展，CPU 采用的接口类型有引脚式、卡式、触点式、针脚式等。而目前 CPU 的接口类型都是针脚式接口，对应到主板上有相应的插槽。

微课：查看 CPU 接口类型

CPU 接口类型不同，其插孔数、体积、形状都有变化，所以不能互相插接。目前常见的 CPU 接口类型分为 Intel 和 AMD 两个系列。

◎ Intel CPU：包括 LGA 2011-v3、LGA 2011、LGA 1151、LGA 1150、LGA 1155，图 2-14 所示为不同类型的 Intel CPU 接口。

◎ AMD CPU：其接口类型多为插针式，与 Intel 的触点式有区别，包括 Socket AM3+、Socket AM3、Socket FM2+、Socket FM2、Socket FM1，图 2-15 所示为不同类型的 AMD CPU 接口。

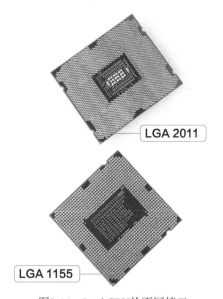

图2-14　Intel CPU的不同接口

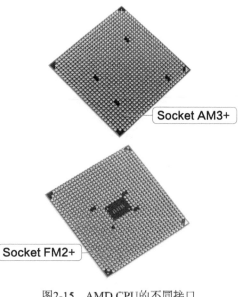

图2-15　AMD CPU的不同接口

2.1.9 | 处理器显卡增强显示性能

处理器显卡（也称为核心显卡）技术是新一代的智能图形核心技术，它把显示芯片整合在智能 CPU 当中，依托 CPU 强大的运算能力和智能能效调节设计，在更低功耗下实现同样出色的图形处理性能。

在处理器中整合显卡，大大缩短了处理核心、图形核心、内存及内存控制器间数据的周转时间，有效提升了处理效能，并大幅降低了芯片组的整体功耗，有助于缩小核心组件的尺寸。通常情况下，Intel 的处理器显卡会在安装独立显卡时自动停止工作；AMD 的 APU 在 Windows 7 及更高版本操作系统中，如果安装了适合型号的 AMD 独立显卡，经过设置，可以实现处理器显卡与独立显卡混合交火（意思是电脑进行自动分工，小事让能力小的处理器显卡处理，大事让能力大的独立显卡去处理）。目前 Intel 的各种系统的 CPU 和 AMD 的 APU 系列中都有整合了处理器显卡的产品。

2.1.10 内存控制器与虚拟化技术

内存控制器（Memory Controller）是电脑系统内部控制内存，并且通过内存控制器使内存与 CPU 之间交换数据的重要组成部分。虚拟化技术（Virtualization Technology, VT）是指将单台电脑软件环境分割为多个独立分区，每个分区均可以按照需要模拟电脑的一项技术。这两个因素都将影响 CPU 的工作性能。

◎ 内存控制器：决定了电脑系统所能使用的最大内存容量、内存 Bank 数、内存类型和速度、内存颗粒数据深度和数据宽度等等重要参数，也就是决定了电脑系统的内存性能，也会对电脑系统的整体性能产生较大影响。所以，CPU 的产品规格应该包括该 CPU 所支持的内存类型。图 2-16 所示为一款 i7 CPU 支持的内存类型。

◎ 虚拟化技术：虚拟化方式有传统的纯软件虚拟化（无需 CPU 支持 VT 技术）和硬件辅助虚拟化（需 CPU 支持 VT 技术）两种。纯软件虚拟化运行时的开销会造成系统运行速度减慢，所以，支持 VT 技术的 CPU 在基于虚拟化技术的应用中，效率将会明显比不支持硬件 VT 技术的 CPU 的效率高出许多。目前 CPU 产品的虚拟化技术主要有 Intel VT-x、Intel VT 和 AMD VT 3 种。

图2-16　CPU支持的内存

多学一招

在Windows 7/10中运用VT技术的意义

　　CPU的VT技术用于提升Windows 7/10的兼容性，可以让用户运行基于Windows XP等以前操作系统开发的软件。

2.1.11 选购 CPU 的 4 大原则

选购 CPU 时，需要根据 CPU 的性价比及用途等因素进行选择。由于 CPU 市场主要是以 Intel 和 AMD 两大厂商为主，而且它们各自生产的产品性能和价格也不完全相同，因此在选购 CPU 时，可以考虑以下 4 点原则。

◎ 原则一：对于电脑性能要求不高的用户可以选择一些较低端的CPU产品，如Intel的赛扬双核或奔腾双核系列，或者AMD的速龙双核系列。

◎ 原则二：对电脑性能有一定要求的用户可以选择一些中低端的CPU产品，如Intel的酷睿i3系列、AMD生产的速龙Ⅱ和羿龙Ⅱ系列等。

◎ 原则三：游戏玩家、图形图像设计等对电脑有较高要求的用户应该选择高端的CPU产品，如Intel生产的酷睿i5系列、AMD生产的4核心产品等。

◎ 原则四：发烧游戏玩家则应该选择最先进的CPU产品，如Intel公司生产的酷睿i7系列、AMD公司生产的6或8核心产品以及推土机FX系列。

2.1.12 | 如何验证 CPU 的真伪

不同厂商生产的 CPU 防伪设置是不同的，但基本上大同小异。由于 CPU 的主要生产厂商有 Intel 和 AMD 两家，所以本小节对于验证其 CPU 产品真伪的方式也按两个不同的厂商进行介绍。

1. Intel CPU 的验证方法

对于 Intel 生产的 CPU，其验证真伪的方式有以下 4 种。

◎ 通过网站验证：访问 Intel 的产品验证网站进行验证，如图 2-17 所示。

◎ 通过微信验证：通过手机微信查找公众号

"英特尔客户支持"或添加微信公众号"IntelCustomerSupport"，然后通过自助服务里的"盒装处理器验证"或"扫描验证处理器"功能，扫描序列号条形码进行验证。

图2-17　Intel 产品验证网站

◎ 验证产品序列号：正品 CPU 的产品序列号通常打印在包装盒的产品标签上，如图 2-18 所示，该序列号应该与盒内保修卡中的序列号一致。

◎ 查看封口标签：正品 CPU 包装盒的封口标签仅在包装的一侧，标签为透明色，字体为白色，颜色深且清晰，如图 2-19 所示。

图2-18　Intel CPU的产品标签

图2-19　Intel CPU的封口标签

2. AMD CPU 的验证方法

对于 AMD 生产的 CPU，其验证真伪的方式有以下 3 种。

◎ 通过电话验证：通过拨打官方电话（400-898-5643）进行人工验证。

◎ 验证产品序列号：正品 CPU 的产品序列号通常打印在包装盒的原装封条上，该序列号应该与 CPU 参数面激光刻入的序列号一致，如图 2-20 和图 2-21 所示。

图2-20　AMD CPU包装盒封条上的序列号

图2-21　AMD CPU参数面激光刻入的序列号

◎ 通过网站验证：访问 AMD 的产品验证网站进行验证，如图 2-22 所示。

图2-22　AMD产品验证网站

网站验证注意事项

通过网站验证AMD CPU产品真伪时，最好使用Windows操作系统自带的Internet Explorer浏览器，使用其他浏览器可能出现网站无法打开或者网页乱码的情况。

知识提示

质保问题

只要是在国内购买的盒装正品CPU，不但提供了原装散热风扇，通常还提供3年的质量保证服务，在3年的质保期内，Intel还提供以换代修的服务。

2.1.13 多核 CPU 的产品规格对比

选购 CPU，应将 CPU 的各项性能指标进行对比，购买符合自己需求的产品。下面就以 CPU 的核心代号为主要条件，列举目前主流的 CPU 产品规格，如表 2-1 所示。

表 2-1　CPU 的产品规格对比

	Skylake	Broad-well	Haswell	Ivy Bridge	Sandy Bridge	Rich-land	Trinity	Zambezi	Llano
品牌	Intel	Intel	Intel	Intel	Intel	AMD	Intel、AMD	AMD	AMD
系列	i7/i5/i3、奔腾	i7/i5/i3、奔腾	i7/i5/i3、奔腾	i7/i5/i3、奔腾	i7/i5/i3、奔腾	APU、速龙II	凌动、APU、推土机FX、速龙II	推土机FX	APU、速龙II
核心数量	2、4	2	2、4、8	2、4	2、4	2、4	4、8	4、6、8	2、4
接口类型（LGA 和 Socket）	1151	2011	1150、1155	2011、1155	1155	FM2+、FM2	AM3+、FM2+、FM2	AM3+	
制作工艺（nm）	14、22	14	14、22、32	22	32	32	22、32	32	32
主频（GHz）	全部	全部	全部	全部	全部	3.0以上	3.0以上、2.8~3.0、1.8以下	3.0以上、2.8~3.0、2.4~2.8	除 3.0 以上的全部

续表

	Skylake	Broad-well	Haswell	Ivy Bridge	Sandy Bridge	Rich-land	Trinity	Zambezi	Llano
线程数	2、4、8	2、4	2、4、8	2、4、8	2、4、8	4	4、8	8	2、4
TDP（W）	15、35、45、65	15	15、35、45、55、65	35、45、55、65、77、95	35、45、55、65、95	65、95	65、95、100、125	95、125	35、65、100
核心显卡	有	有	有	有	有、没有	有	有、没有		有
VT 技术	Intel VT-x	Intel VT-x	Intel VT-x、Intel VT、不支持VT	Intel VT-x、Intel VT、不支持VT	Intel VT-x、Intel VT		Intel VT-x、AMD VT		

2.1.14 多核 CPU 产品推荐

在选购多核 CPU 产品时，应该根据实际的用途、资金预算，选择适合自己的 CPU。下面就把 CPU 分为入门、主流、专业和发烧 4 个级别，按照 Intel 和 AMD 两个品牌，分别推荐目前最热门的多核 CPU 产品。

1. Intel CPU 产品推荐

Intel 的 CPU 产品在市场的占有率上远远超过了 AMD，下面介绍市场上最热门的 Intel CPU。

◎ 入门——奔腾 G4400：这款 CPU 主频为 3.3GHz，接口类型为 LGA 1151，核心代号为 Skylake，核心数量为 2，线程数为 2，制作工艺为 14nm，TDP 为 54W，三级缓存为 3MB，内存控制器为双通道 DDR4-1866/2133、DDR3L-1333/1600，支持最大 64GB 内存，支持 VT 技术，是 64 位处理器，有处理器显卡，型号为 Intel HD Graphics 510，如图 2-23 所示。

图2-23　Intel奔腾G4400

◎ **主流——酷睿 i3 6100**：这款 CPU 主频为 3.7GHz，接口类型为 LGA 1151，核心代号为 Skylake，核心数量为 2，线程数为 4，制作工艺为 14nm，TDP 为 51W，三级缓存为 3MB，内存控制器为双通道 DDR4-1866/2133、DDR3L-1333/1600，支持最大 64GB 内存，支持 Intel VT-x 技术，是 64 位处理器，有处理器显卡，型号为 Intel HD Graphics 530，如图 2-24 所示。

图2-24　Intel酷睿i3 6100

知识提示

酷睿 i3、i5 和 i7 的区别

　　酷睿CPU采用根据级别定位命名的方式，即数字越大，代表相应产品价格越贵、性能越好。i7系列定位为发烧级、高性能用户专属，性能是最强的，当然价格也是最贵的；i5系列则可以看作i7的降低规格版本，日常使用中，i5和i7的运行效率差异不大，选择i5更加有性价比；i3系列的定位则更加贴近主流用户，它的规格可以看作是i7的一半，i3处理器完全可以满足日常的需求。

◎ **专业——酷睿 i5 6600K**：这款 CPU 主频为 3.5GHz，接口类型为 LGA 1151，核心代号为 Skylake，核心数量为 4，线程数为 4，制作工艺为 14nm，TDP 为

91W，三级缓存为 6MB，内存控制器为双通道 DDR4-2133、DDR3L-1600，支持 Intel VT-x 技术，是 64 位处理器，有处理器显卡，型号为 Intel HD Graphics 530，如图 2-25 所示。

图2-25　Intel酷睿i5 6600K

◎ **发烧——酷睿 i7 6950X**：这款 CPU 主频为 3GHz，接口类型为 LGA 2011-v3，核心代号为 Broadwell-E，核心数量为 10，线程数为 20，制作工艺为 14nm，TDP 为 140W，三级缓存为 25MB，内存控制器为四通道 DDR4-2400/2133，支持最大 128GB 内存，是 64 位处理器，如图 2-26 所示。

图2-26　Intel酷睿i7 6950X

2. AMD CPU 产品推荐

由于 AMD 目前没有推出发烧级别的 CPU，所以下面介绍市场上最热门的 AMD CPU，包括入门、主流和专业 3 种级别。

◎ 入门——速龙 X4 860K：这款 CPU 主频为 3.7GHz，接口类型为 Socket FM2+，核心代号为 Kaveri，核心数量为 4，线程数为 4，制作工艺为 28nm，TDP 为 95W，二级缓存为 4MB，内存控制器为 DDR3-2133，是 64 位处理器，如图 2-27 所示。

图2-27　AMD速龙 X4 860K

◎ 主流——FX-8300：这款 CPU 主频为 3.3GHz，接口类型为 Socket AM3+，核心代号为 Trinity，核心数量为 8，线程数为 8，制作工艺为 32nm，TDP 为 95W，三级缓存为 8MB，内存控制器为双通道DDR3-1866，支持 AMD VT 技术，是 64 位处理器，如图 2-28 所示。

图2-28　AMD FX-8300

◎ 专业——FX-8370：这款 CPU 主频为 4GHz，接口类型为 Socket AM3+，核心代号为 Vishera，核心数量为 8，线程数为 8，制作工艺为 32nm，TDP 为 125W，三级缓存为 8MB，内存控制器为双通道DDR3-1866，是 64 位处理器，如图 2-29 所示。

图2-29　AMD FX-8370

2.2　认识和选购多核电脑的主板

主板的主要功能是为电脑中的其他部件提供插槽和接口，电脑中的所有硬件通过主板直接或间接地组成了一个工作的平台。通过这个平台，用户才能进行相关操作。下面将介绍认识和选购多核电脑的主板的相关知识。

2.2.1　通过外观简单认识主板

主板也称为 Mother Board（母板）或 System Board（系统板），它是机箱中最重要的一块电路板。图 2-30 所示为华硕 ROG RAMPAGE V EDITION 10 主板。

微课：通过外观简单认识主板

集成声卡 / 网卡

PCI-E 插槽

BIOS 芯片
CMOS 电池

外接 USB 插槽

芯片组

前面板控制跳线
SATA 插槽

对外接口

安装螺丝孔

内存插槽

CPU 插槽
CPU 供电插槽

CPU 风扇插槽
主电源插槽

图2-30　华硕ROG RAMPAGE V EDITION 10主板外观

主板上安装了组成电脑的主要电路系统，包括各种芯片、各种控制开关接口、各种直流电源供接插件以及各种插槽等元件。图 2-30 中标记的是普通主板都拥有的基本元件，还有一些未标记的元件，如检测卡、BIOS 开关等，并不一定集成在所有主板上。

从外观上看，主板是电脑中最复杂的部件，且几乎所有电脑硬件都通过主板与系统软件进行连接，所以主板是机箱中最重要的一块电路板。在选购电脑硬件时应先选购主板，这样就能为选购其他硬件设备制定一个标准，在该标准的基础上进行选择。

2.2.2　确认主板的基本信息

和 CPU 一样，我们可以通过软件进行检测和确认主板的基本信息，了解主板的品牌、型号、芯片组和 BIOS 等详细的产品规格参数，有助于选购需要的主板和辨别主板的真伪。

◎ 使用鲁大师确认主板信息：鲁大师是一款专业的硬件检测软件，可以检测电脑硬件，并确认主板的相关信息，如图 2-31 所示。

◎ 使用EVEREST确认主板信息：EVEREST

是一款专业的硬件检测软件，它可以详细地显示硬件每一个方面的信息，图 2-32 所示为使用 EVEREST 检测的主板 BIOS 信息。

第 **2** 章　认识和选购多核电脑的配件

图2-31　使用鲁大师确认主板信息

图2-32　使用EVEREST检测的主板BIOS信息

2.2.3　主板上的重要芯片

主板上的重要芯片很多，包括芯片组、BIOS芯片、I/O控制芯片、集成声卡芯片和集成网卡芯片等，下面分别进行介绍。

◎　芯片组：芯片组（Chipset）是主板的核心组成部分，通常由南桥（South Bridge）芯片和北桥（North Bridge）芯片组成，以北桥芯片为核心。北桥芯片主要负责处理CPU、内存和显卡三者间的数据交流，南桥芯片则负责硬盘等存储设备和PCI总线之间的数据流通。现在大部分主板都将南北桥芯片封装到一起形成一个芯片，提高了芯片的能力。图2-33所示为封装的芯片组（这里的芯片组拆卸了上面的散热器，图2-30中的芯片组带有散热器）。

多学一招

以芯片组命名主板

很多时候，主板是以芯片组的核心名称命名的，如Z170主板就是使用Z170芯片组的主板。

◎　BIOS芯片：它是一块矩形的存储器，里面存有与该主板搭配的基本输入/输出系统程序，能够让主板识别各种硬件，还可以设置引导系统的设备和调整CPU外频等。BIOS芯片是可以写入的，可方便用户更新BIOS的版本，如图2-34所示。

图2-33　主板上的南北桥芯片

图2-34　主板上的双BIOS芯片

知识提示

双 BIOS

这里的双BIOS就是指主板上设计两个BIOS芯片，当一个BIOS被破坏时启用另一个BIOS，系统也可以正常工作的作用。图2-34所示的是华硕ROG RAMPAGE V EDITION 10主板上的双BIOS芯片（本节涉及的主板元件图都以华硕ROG RAMPAGE V EDITION 10主板为例）。

◎ I/O 控制芯片：主要实现硬件监控功能，能将硬件的健康状况、风扇转速、CPU 核心电压等情况显示在 BIOS 信息里面，如图2-35 所示。

图2-35　主板上的I/O控制芯片

知识提示

CMOS 电池

CMOS电池的主要作用是在电脑关机的时候保持BIOS设置不丢失。当电池电力不足的时候，BIOS里面的设置会自动还原回出厂设置。图2-36所示为CMOS电池。

◎ 集成声卡芯片：如图 2-37 所示，芯片中集成了声音的主处理芯片和解码芯片，代替声卡处理电脑音频。

图2-36　主板上的CMOS电池

图2-37　主板上集成声卡芯片

◎ 集成网卡芯片：指整合了网络功能的主板所集成的网卡芯片，如图 2-38 所示。不占用独立网卡需要占用的 PCI 插槽或 USB 接口，能够实现良好的兼容性和稳定性，不容易出现独立网卡与主板兼容不好或与其他设备资源冲突的问题。

图2-38　主板上集成网卡芯片

知识提示

板载显卡和处理器显卡的区别

有些主板上还集成有显示芯片，这种芯片也就是板载显卡。板载显卡是把GPU显示芯片焊接在主板上，而处理器显卡则是把GPU显示芯片和CPU芯片一起封装到CPU模块里。板载显卡由于性能局限，现在已经被淘汰了，取而代之的就是处理器显卡。现在很多主板都带有显示接口，但这些显示接口都需要处理器显卡的支持，图2-39所示为主板的集成显示芯片和主板上的显示接口。

图2-39　主板上的板载显卡和显示接口

2.2.4　主板上的各种扩展槽

扩展槽也称为插槽，有时也叫做插座或者接口，主要是指主板上用于拔插配件的部件，主板上常见的扩展槽主要有以下几种。

◎　**CPU 插槽**：用于安装和固定 CPU 的专用扩展槽，根据主板支持的 CPU 不同而不同，其主要表现在 CPU 背面各电子元件的不同布局。CPU 的插槽通常由固定罩、固定杆和 CPU 插座 3 个部分组成，在安装 CPU 前需通过固定杆将固定罩打开，将 CPU 放置在 CPU 插座上后再合上固定罩，并用固定杆固定 CPU，然后再安装 CPU 的散热片或散热风扇。另外，CPU 插槽的型号与前面介绍的 CPU 接口类型一致，比如 LGA 1151 接口的 CPU 需要对应安装在主板的 LGA 1151 插槽上。图 2-40 所示为 Intel LGA 2011-v3 的 CPU 插槽关闭和打开的两种状态。

图2-40　主板上的CPU插槽

◎　PCI-E 插槽：PCI-Express 指图形显卡接口技术规范（简称 PCI-E），PCI-E 插槽即显卡插槽，目前的主板上大都配备 3.0 版本。插槽越多，其支持的模式也就可能不同，能够充分发挥显卡的性能，目前PCI-E 的规格包括 x1、x4、x8 和 x16。X16 代表的是 16 条 PCI 总线，PCI 总线直接可以协同工作，X16 表示 16 条总线同时传输数据，简单理解就是数越大性能越好。图 2-41 所示为主板上的 PCI-E插槽。

图2-41　主板上的PCI-E插槽

多学一招

通过引脚分辨PCI-E插槽

　　通过主板背面的PCI-E插槽引脚的长短可以判断PCI-E插槽的规格，针脚越长，性能越强，如图2-42所示。

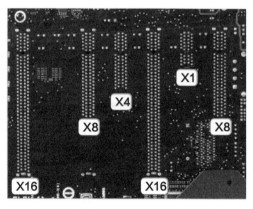

图2-42　主板背面PCI-E插槽的引脚

多学一招

显卡应该安装哪一种规格的PCI-E插槽

　　现阶段来说，X4规格就基本可以让显卡发挥出全部性能了，虽然X16规格下性能会有提升，但并不是非常明显。也就是说，各种规格的插槽都有的情况下，尽量插入高规格的插槽中；如果实在没有，稍微降低一些也无损显卡的性能。

◎　内存插槽（DIMM 插槽）：它是主板上用来安装内存的部件。由于主板芯片组不同，其支持的内存类型也不同，不同的内存插槽在引脚数量、额定电压和性能方面都有很大的区别，如图 2-43 所示。

图2-43　主板上的内存插槽

多学一招

区分DDR3和DDR4内存插槽

　　通常在主板的内存插槽附近会标注内存的工作电压，通过不同的电压可以区分不同的内存插槽，一般1.35V低压对应DDR3L插槽，1.5V标压对应DDR3插槽，1.2V对应DDR4插槽。

◎　SATA 插槽：SATA 插槽又称为串行插槽，SATA 以连续串行的方式传送数据，减少了插槽的针脚数目，主要用于连接机械硬盘和固态硬盘等设备，能够在电脑运行过程中进行拔插。图 2-44 所示为目前主流的 SATA 3.0 插槽，目前大多数机械硬盘和一些 SSD 都使用这个插槽，与 USB 设备一起通过南桥芯片与 CPU 通信，带宽为 6Gbit/s（bit 代表位，折算成传输速度大约 750MB/s，B 代表字节）。

图2-44　主板上的SATA插槽

知识提示

U.2 插槽

图2-44中的U.2插槽是另一种形式的高速硬盘接口，可以看作4通道的SATA-E插槽，传输带宽理论上会达到32Gbit/s。

◎　M.2 插槽（NGFF 插槽）：是最近比较热门的一种存储设备插槽，由于其带宽大（M.2 socket 3 可达到 PCI-E X4 带宽32Gbit/s，折算成传输速度大约 4GB/s），可以更快速地传输数据，并且占用空间小，厚度非常薄，主要用于连接比较高端的固态硬盘产品，如图 2-45 所示。

图2-45　主板上的M.2插槽

◎　主电源插槽：主电源插槽的功能是提供主板电能供应，通过将电源的供电插头插入主电源插槽，为主板上的设备提供正常运行所需要的电能。主板目前都是通用的20pin+4pin 供电，通常位于主板长边的中部，如图 2-46 所示。

图2-46　主板上的主电源插槽

◎　辅助电源插槽：辅助电源插槽的功能是为CPU 提供辅助电源，所以也称为 CPU 供电插槽。目前的 CPU 供电都是由 8pin 插槽提供的，也可能会采用比较老的 4pin 接口，这两种接口是兼容的。如图 2-47 所示为主板上的两种辅助电源插槽。

图2-47　主板上的辅助电源插槽

◎　CPU 风扇供电插槽：顾名思义，这种插槽的功能是为 CPU 散热风扇提供电源，有些主板在开机时如果检测不到这个插槽就不允许启动电脑。通常这个插槽在主板上都会被标记为 CPU_FAN，如图 2-48所示。

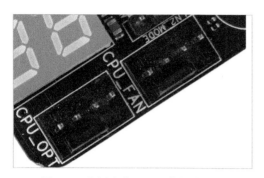

图2-48　主板上的CPU风扇供电插槽

　知识提示

CPU_OPT 插槽和 CPU_PUMP 插槽

图2-48中还有一个CPU_OPT插槽，它和另外一种CPU_PUMP插槽一样，都是CPU散热供电插槽，它们的共同点就是不会调速，直接输出最大值，通常是为水冷散热系统的水泵准备的供电插槽。

◎ 机箱风扇供电插槽：这种插槽的功能是为机箱上的散热风扇提供电源，通常这个插槽都会在主板上被标记为 CHA_FAN，如图 2-49 所示。

图2-49　主板上的机箱风扇供电插槽

　知识提示

PCI-E 额外供电插槽

为了弥补主板存在多显卡工作时供电不够的情况，这种插槽用于为PCI-E插槽提供额外电力支持。一般这种插槽常见于高端主板，通常是D型4pin插槽，如图2-50所示。

图2-50　主板上的PCI-E额外供电插槽

◎ USB 插槽：它的主要用途是为机箱上的 USB 接口提供数据连接，目前主板上主要有 3.0 和 2.0 两种规格的 USB 插槽。USB 3.0 插槽中共有 19 枚针脚，右上角部位有一个缺针，下方中部有防呆缺口，与插头对应，如图 2-51 所示。USB 2.0 插槽中只有 9 枚针脚，右下方的针脚缺失，如图 2-52 所示。

图2-51　主板上的USB 3.0插槽

图2-52　主板上的USB 2.0插槽

◎ 机箱前置音频插槽：许多机箱的前面板都会有耳机和话筒的接口，使用起来更加方便，它在主板上有对应的跳线插槽。这种插槽中有 9 枚针脚，上排右二缺失，既为防呆设计，又可以与 USB 2.0 插槽区分开来。机箱前置音频插槽一般标记为 AAFP，位于主板集成声卡芯片附近，如图 2-53 所示。

图2-53　主板上的机箱前置音频插槽

◎ **主板跳线插槽**：主要用途是为机箱面板的指示灯和按钮提供控制连接，一般是双行针脚，包括电源开关（PWR-SW，两个针脚，通常无正负之分）、复位开关（RESET，两个针脚，通常无正负之分）、电源指示灯（PWR-LED，两个针脚，通常为左正右负）、硬盘指示灯（HDD-LED，两个针脚，通常为左正右负）、扬声器（SPEAK，4 个针脚），如图 2-54 所示。

图2-54　主板上的跳线插槽

知识提示

主板的其他插槽

主板上可能还有其他插槽类型，如灯带供电插槽、可信平台模块插槽、雷电拓展插槽等，这些插槽通常在特定主板出现。

2.2.5 │ 主板上的动力供应与系统安全部件

电脑主板的供电部分也是非常重要的。另外，随着主板制作技术的发展，主板上也增加了一些可以控制系统安全的电子元件，如故障检测卡、电源开关、BIOS 开关等。下面就简单介绍一下主板上的供电部分和系统安全相关部件。

◎ **供电部分**：是指 CPU 的供电部分，它是整块主板中最为重要的单元，直接关系到系统是否可以稳定运作。供电部分通常在离 CPU 最近的地方，由电容、电感和控制芯片等器件组成，如图 2-55 所示。

◎ **启动和重启按钮**：很多主板现在都集成了一个启动按钮和一个重启按钮，其功能和作用与主机箱面板上的启动和重启按钮一样，方便在进行主板测试和故障维修时使用，如图 2-56 所示。

图2-55　主板上的供电部分

图2-56　主板上的启动和重启按钮

第1部分

◎ 恢复 BIOS 开关：现在很多主板上都集成了一个恢复 BIOS 开关，通常标记为 BIOS_SWITCH。其功能是当升级主板 BIOS 失败或出错时，将主板 BIOS 恢复到过去的正常状态，为 BIOS 提供一个补救备份，如图 2-57 所示。

◎ 检测卡：全称是主板故障诊断卡，可以利用主板中的 BIOS 内部自检程序进行检测，并将检测结果通过代码一一显示出来，结合代码含义速查表就能很快地知道电脑的故障所在。现在很多主板上都集成了这种检测卡，如图 2-58 所示。

图2-57　主板上的恢复BIOS开关

图2-58　主板上的检测卡

2.2.6　主板上丰富的对外接口

对外接口也是主板上非常重要的组成部分，它通常位于主板的侧面，通过对外接口可以将电脑的外部设备和周边设备与主机连接起来。对外接口越多，可以连接的设备也就越多。下面详细介绍主板的对外接口，如图 2-59 所示。

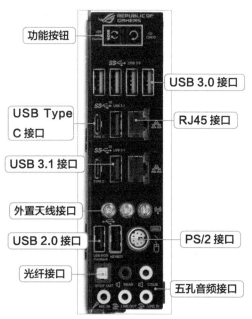

功能按钮　USB Type C 接口　USB 3.1 接口　外置天线接口　USB 2.0 接口　光纤接口

USB 3.0 接口　RJ45 接口　PS/2 接口　五孔音频接口

图2-59　主板上的对外接口

◎ 功能按钮：有些主板的对外接口存在功能按钮，如图 2-60 所示，左边是刷写 BIOS 按钮（BIOS Flashback），按下后重启电脑就会自动进入 BIOS 刷写界面；右边是清除 CMOS 按钮（Clr CMOS），有时候由于更换硬件或者设置错误造成的无法开机都可以通过按清除 CMOS 按钮来修复。

图2-60　主板上的功能按钮

◎ USB 接口：USB 接口的专业名称为"通用串行总线"，连接该接口最常见的设备就是 USB 键盘、鼠标以及 U 盘等。当前很多主板都有 3 个规格的 USB 接口。通常情况下可以通过颜色来区分，黑色一般为 USB 2.0 接口，蓝色为 USB 3.0 接口，红色为 USB 3.1 接口这 3 种。

◎ Type USB 接口：除 Type A 型接口外，还有 Type B 型接口，有些打印机或扫描仪等输出输入设备常采用这种 USB 接口。目前流行的 Type C 型接口，最大的特色是正反都可以插，传输速度也非常不错，许多智能手机都采用了这种 USB 接口，如图 2-61 所示。

图2-61　主板上的Type C USB接口

◎ RJ45 接口：也就是网络接口，俗称的水晶头接口，主要用来连接网线，有的主板为了体现用到的是 Intel 千兆网卡或 Killer 网卡，通常会将 RJ45 接口设置为蓝色或红色。

◎ 外置天线接口：这种接口就是专门为了连接外置 Wi-Fi 天线准备的，有些主板可能只有几个圆孔，并没有金色接口，这样的主板表示可以安装无线网卡模块，并且专门预留了 Wi-Fi 天线的接口，自行安装即可。无线天线接口在连接好无线天线后，可以通过主板预装的无线模块支持 Wi-Fi 和蓝牙，如图 2-62 所示。

图2-62　主板上的外置天线接口和无线天线

◎ PS/2 接口：这种接口若单一支持键盘或者鼠标时会呈现单色（键盘为紫色，鼠标为绿色）。图 2-59 所示的这种双色并且伴有键鼠 Logo 的就是键鼠两用接口。一定要注意的是这个接口不支持热插拔，开机状态下插拔很容易损坏硬件。

◎ 音频接口：图 2-63 所示的是一组主板上比较常见的五孔一光纤的音频接口。上排的 SPDIF OUT 就是光纤输出端口，可以将音频信号以光信号的形式传输到声卡等设备；REAR 为 5.1 或者 7.1 声道的后置环绕左右声道接口；C/SUB 为 5.1 或者 7.1 多声道音箱的中置声道和低音声道。下排的 MIC IN 为话筒接口，通常为粉色；LINE OUT 为音响或者耳机接口，通常为浅绿色；LINE IN 为音频设备的输入接口，通常为浅蓝色。

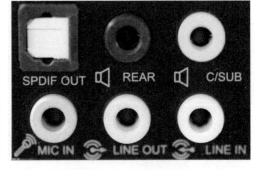

图2-63　主板上的音频接口

2.2.7 芯片组与多核 CPU

主板芯片组是衡量主板性能的重要依据，一旦了解了主板的芯片组型号，就能清楚了解该主板所支持的 CPU 规格。主板多以芯片组命名型号，对应多核 CPU 接口类型，包括 Intel 和 AMD 两个系列，如表 2-2 和表 2-3 所示。

表 2-2　Intel 芯片组

	Z170	B150	H170	H110	C232	X99	Z97	B85	H81
接口类型（LGA）	1151	1151	1151	1151	1151	2011-v3	1150	1150	1150
内存类型	DDR3；DDR4	DDR3；DDR4	DDR3；DDR4	DDR3；DDR4	DDR4	DDR4	DDR3	DDR3	DDR3
特性	SLI；Cross Fire；超频；Type C；显示接口；无线天线	SLI；Cross Fire；超频；Type C；显示接口；无线天线	超频；Type C；显示接口；无线天线	超频；显示接口	Cross Fire；Type C	SLI；Cross Fire；超频；Type C；显示接口；无线天线	SLI；Cross Fire；超频；Type C；显示接口；无线天线	Cross Fire；超频；Type C；显示接口；无线天线	超频；显示接口
集成显卡	非	非	非	非	非	非	非	是、非	非
内容容量	32GB；64GB	16GB；32GB；64GB	16GB；32GB；64GB	32GB；64GB	32GB；64GB	32GB；64GB	16GB；32GB；64GB	16GB；32GB	16GB
存储接口	U.2；M.2；SATA-E；SATA 2.0；SATA 3.0	U.2；M.2；SATA-E；SATA 3.0	U.2；M.2；SATA-E；SATA 3.0	M.2；SATA 3.0	M.2；SATA-E；SATA 3.0	U.2；M.2；SATA-E；SATA 3.0	U.2；M.2；SATA-E；SATA 3.0	M.2；SATA 2.0；SATA 3.0	SATA 2.0；SATA 3.0

注意：这里的 SLI 和 CrossFire 是指两种多显卡技术，主板中并不是安装的显卡越多，显示性能就越好，还需要主板支持多显卡技术，具体的内容将在后面的 2.6.7 小节中详细讲解。另外，目前的市面上，Intel 还有一些其他芯片组，其接口类型为 LGA 1155，内存类型为 DDR3，使用非集成显卡，内存容量为 8GB ～ 64GB。

表2-3　AMD 芯片组

	A88X	A85X	A68H	970	990FX	A78	A58
接口类型 （Socket）	FM2+	FM2+； FM2	FM2+	AM3+	AM3+	FM2+	FM2+
内存类型	DDR3	DDR3	DDR3	DDR3	DDR3	DDR3	DDR3
特性	SLI； Cross Fire； 超频； Type C； 显示接口 无线天线	显示接口； 无线天线	Cross Fire； 超频； 显示接口	SLI； 超频； Type C	Cross Fire； Type C	Cross Fire； 超频； 显示接口	显示接口
集成显卡	非	非	非	非	非	是、非	非
内容容量	16GB； 32GB； 64GB	32GB； 64GB	16GB； 32GB； 64GB	32GB； 64GB	32GB； 64GB	16GB； 32GB； 64GB	16GB； 32GB； 64GB
存储接口	SATA 2.0； SATA 3.0	SATA 2.0； SATA 3.0	SATA 3.0	M.2； SATA 3.0	M.2； SATA 2.0； SATA 3.0	SATA 2.0； SATA 3.0	SATA 2.0； SATA 3.0

2.2.8　主板的多通道内存模式

通道技术其实是一种内存控制和管理技术，在理论上能够使 N 条同等规格内存所提供的带宽增长 N 倍。主板的内存模式则是由安装的内存速度和是否支持多通道所决定的。

◎　双通道内存模式：此模式可提供更高的内存吞吐率，只有当主板的两个内存插槽中安装的内存容量相等时启用。当使用了不同速度的内存时，将采用速度最慢的内存时序，比如在内存插槽中安装两条 2GB 的 DDR4 内存组成双通道，一条内存的工作频率为 2133MHz，另一条内存的工作频率为 2666MHz，那么该双通道将采用工作频率 2133MHz 作为通道的时序。图 2-64 所示为支持双通道内存模式的主板内存插槽，其相同颜色的插槽即可组建双通道内存。

图2-64　主板上的双通道内存插槽

◎ **三通道内存模式**: 此模式被启用时,需要 3 个相同颜色的内存插槽中安装匹配的相同容量的内存模块,运行时同样采用速度最慢的内存时序。图 2-65 所示为支持三通道内存模式的主板内存插槽,其相同颜色的插槽即可组建三通道内存。

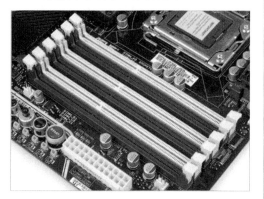

图2-65　主板上的三通道内存插槽

◎ **四通道内存模式**: 此模式被启用时,4 个(或 4 的倍数)内存插槽都具有相同的容量和速度,并将被放入四通道的插槽。四通道模式被启用时,需要 4 个相同颜色的内存插槽中安装匹配的相同容量的内存模块,运行时同样采用速度最慢的内存时序。

图 2-66 所示为支持四通道内存模式的主板内存插槽,其相同颜色的插槽即可组建四通道内存。

图2-66　主板上的四通道内存插槽

知识提示

四通道模式下如何实现双通道或三通道

在四通道模式的内存插槽中安装两个内存模块时,系统在双通道模式下运行;安装3个内存模块时,系统在三通道模式下运行。

2.2.9　利用板型控制主板的物理规格

主板的板型是指主板的尺寸及各种电器元件的布局与排列方式,这些不但能决定主机的大小,还能决定主板的用料、可发挥空间和可扩展性等各种物理规格。主板尺寸越大,它所能承载的东西也就越多,目前主板的板型主要有 ATX、E-ATX、M-ATX 和 Mini-ITX 4 种。

◎ **ATX(标准型)**: 它是目前主流的主板板型,也称大板或标准板,如果用量化的数据来表示,以背部 I/O 接口那一侧为"长",另一侧为"宽",那么 ATX 板型的尺寸就是长 305mm × 宽 244mm,特点是插槽较多、扩展性强。图 2-67 所示为一款标准的 ATX 板型主板。除尺寸数据外,还有一个 ATX 板型的量化数据——标准 ATX 板型的主板应该拥有 7 条扩展插槽,而其所占用槽位应为 8 条。图 2-67 所示的主板,虽然只有 7 条拓展插槽,但占用了 8 条槽位;有些主板可能只有 5 条或 6 条扩展插槽,但同样占用 8 条槽位,它也属于 ATX 板型。

图2-67　ATX板型的主板

知识提示

不规则的 ATX 板型主板

有些主板的长宽并不规则，如305mm×214mm、295mm×185mm，但其中扩展插槽仍然占用8条槽位，所以还是属于ATX板型。

◎ **M-ATX（紧凑型）**：它是 ATX 主板的简化版本，就是常说的"小板"，特点是扩展槽较少，PCI插槽数量在3个或3个以下，市场占有率极高。图 2-68 所示为一款标准的 M-ATX 板型主板。M-ATX 板型主板在宽度上同 ATX 板型主板保持一致，为244mm，而在长度上缩小为244mm，在形状上呈现一个正方形。同样，M-ATX板型的量化数据为标配 4 条扩展插槽，占据 5 条槽位。另外，有些主板的长宽为244mm×185mm、244mm×191mm、229mm×191mm、225mm×174mm、244mm×221mm、226mm×183mm、226mm×180mm、244mm×174mm等，其扩展插槽占用 5 条槽位，所以还是M-ATX 板型的主板。

图2-68　M-ATX板型的主板

◎ **Mini-ITX（迷你型）**：这种板型在体积上同其他板型没有任何联系，但依旧是基于 ATX 架构规范设计的，主要用来支持用于小空间的电脑，如用在汽车、置顶盒和网络设备的电脑中。图 2-69 所示为一款标准的 Mini-ITX 板型主板。Mini-ITX 板型主板尺寸为 170mm×170mm（在 ATX 构架下几乎已经做到最小），由于面积所限，只配备了 1 条扩展插槽，占据 2 条槽位，另外还提供了两条内存插槽，这 3 点就构成了 Mini-ITX 板型主板最明显的特征，同时也导致了 Mini-ITX 板型主板最多支持双通道内存和单显卡运行。

图2-69　Mini-ITX板型的主板

◎ E-ATX（加强型）：随着多通道内存模式
的发展，需要一些主板配备支持三通道 6
条内存插槽，或者配备支持四通道 8 条内
存插槽，这对于宽度最多 244mm 的 ATX
板型主板而言很吃力，所以需要增加 ATX
板型主板的宽度，这就产生了加强型 ATX
板型——E-ATX。图 2-70 所示为一款
标准的 E-ATX 板型主板。E-ATX 板型
主板的长度保持为 305mm，而宽度为
257mm、264mm、267mm、272mm、
330mm 等，这种板型的主板大多性能优
越，多用于服务器或工作站电脑。

图2-70　E-ATX板型的主板

2.2.10　选购主板的 4 大注意事项

主板在电脑中的作用相当重要，其性能关系着整台电脑工作的稳定性，因此，对主板的选购绝
不能马虎，需要注意以下 4 个方面的内容。

1. 考虑用途

选购主板的第一步是考虑用途，同时要注
意主板的扩充性和稳定性，如游戏发烧友或图
形图像设计人员，需要选择价格较高的高性能
主板；如果平常电脑主要用于文档编辑、编程
设计、上网、打字和看电影等，则可选购性价
比较高的中低端主板。

2. 注意扩展性

由于不需要主板的升级，所以应把扩展性
作为首要考虑的问题。扩展性也就是通常所说
的给电脑升级或增加部件，如增加内存、显卡
和更换速度更快的 CPU 等，这就要求主板上有
足够多的扩展插槽。

3. 对比各种产品规格

主板的产品规格非常容易获得，选购时可
以在同一价位下对比不同主板的产品规格，或在
同样的产品规格下对比不同价位的主板，这样
就能获得性价比较好的产品。

4. 鉴别真伪

现在假冒电子产品很多，下面介绍一些鉴
别假冒主板的方法。

◎ 芯片组：正品主板芯片上的标识清晰、整
齐、印刷规范，而假冒的主板一般由旧货
打磨而成，字体模糊，甚至有歪斜现象。

◎ 电容：正品主板为了保证产品质量，一般
采用名牌的大容量电容，而假冒主板采用
的是不知名的小容量电容。

◎ 产品标示：主板上的产品标识一般粘贴在
PCI插槽上，正品主板标识印刷清晰，会
有厂商名称的缩写和序列号等，而假冒主
板的产品标识印刷非常模糊。

◎ 输入/输出接口：每个主板都有输入/输出
（I/O）接口，正品主板接口上一般可看
到提供接口的厂商名称，而假冒的主板则
没有。

◎ 布线：正品主板上的布线都经过专门设
计，一般比较均匀、美观，不会出现一个
地方密集而另一个地方稀疏的情况，而假

冒的主板则布线凌乱。

◎ **焊接工艺**：正品主板焊接到位，不会有虚焊或焊锡过于饱满的情况，贴片电容是机械化自动焊接的，比较整齐。而假冒的主板则会出现焊接不到位、贴片电容排列不整齐等情况。

2.2.11 | 多核电脑主板的品牌和产品推荐

主板的品牌意味着做工、用料的优劣。下面先简单介绍主流的主板品牌，然后将主板分为入门、主流、专业和发烧 4 个级别，针对 Intel 和 AMD 两个系列的芯片组，分别推荐目前最热门的多核电脑主板产品。

1. 主板的主流品牌

主板的品牌很多，按照市场上的认可度，通常分为3种类别。

◎ **一类品牌**：主要包括华硕（ASUS）、微星（MSI）和技嘉（GIGABYTE），特点是研发能力强，推出新品速度快，产品线齐全，高端产品过硬，市场认可度较高。

◎ **二类品牌**：主要包括映泰（BIOSTAR）和梅捷（SOYO）等，特点是在某些方面略逊于一类品牌，但都具备相当的实力，也有各自的特色。

◎ **三类品牌**：主要包括华擎（ASROCK）和翔升（ASL）等，其中华擎就是华硕主板低端子品牌，特点是有制造能力，在保证稳定运行的前提下压低价格。

2. 基于 Intel 芯片组的主板产品推荐

由于 Intel 的芯片组数量较多，所以基于 Intel 芯片组的主板数量也较大，下面就分类别介绍目前最热门的主板产品。

◎ 入门——技嘉 GA-H81M-DS2：这款主板采用 Intel H81 芯片组，CPU 接口类型为 LGA 1150，集成 Realtek ALC887 8 声道音效芯片和千兆网卡，支持 CPU 内置显示芯片，板载两个内存插槽，支持双通道 DDR3 1600/1333MHz 内存，内存容量为 16GB，板型为 M-ATX，尺寸大

小为 226mm×170mm，板载 3×PCI-E 2.0 插槽，2×SATA 2.0 插槽，2×SATA 3.0 插槽，1×VGA 接口，如图 2-71 所示。

图2-71　技嘉GA-H81M-DS2

◎ 主流——微星 B150M MORTAR：这款主板采用 Intel B150 芯片组，CPU 接口类型为 LGA 1151，集成 Realtek ALC892 8 声道音效芯片和 Realtek RTL8111H 千兆网卡，支持 CPU 内置显示芯片，板载 4 个内存插槽，支持双通道 DDR4 2133MHz 内存，内存容量为 64GB，板型为 M-ATX，尺寸大小为 244mm×244mm，板载 4×PCI-E 3.0 插槽，1×SATA Express 插槽，6×SATA 3.0 插槽，1×VGA 接口，1×DVI 接口，1×HDMI 接口，支持 AMD CrossFireX 混合交火技术，如图 2-72 所示。

图2-72　微星B150M MORTAR

◎ 专业——技嘉 GA-Z170X-GAMING 3：
这款主板采用Intel Z170 芯片组，CPU
接口类型为 LGA 1151，集成 Realtek
ALC1150 8 声道音效芯片和 Atheros
Killer E2201 千兆网卡，支持 CPU 内置显
示芯片，板载 4 个内存插槽，支持双通道
DDR4 3200(OC)/2133MHz 内存，内存
容量为 64GB，板型为 ATX，尺寸大小为
305mm×235mm，板载 6×PCI-E 3.0 插
槽，3×SATA Express插槽，6×SATA 3.0
插槽，2×M.2插槽，1×Type C 型接口，
1×VGA接口，1×DVI接口，1×HDMI接
口，支持 AMD 3-Way CrossFireX 三路
交火技术和 CrossFireX 混合交火技术，支
持 NVIDIA SLI 双路交火技术，如图 2-73
所示。

图2-73　技嘉GA-Z170X-GAMING 3

◎ 发烧——华硕MAXIMUS VIII EXTREME/
ASSEMBLY：这款主板采用 Intel Z170
芯片组，CPU 接口类型为 LGA 1151，
集成 SupremeFX 2015 8 声道音效芯片
和 Intel I219V 千兆网卡，支持 CPU 内
置显示芯片，板载 4 个内存插槽，支持
双 通 道 DDR4 3866(OC)/3800(OC)/
3733(OC)/3600(OC)/3500(OC)/3466
(OC)/3400(OC)/3333(OC)/3300(OC)/
3200(OC)/3000(OC)/2800(OC)/2666
(OC)/2400(OC)/2133MHz 内存，内存容
量为 64GB，板型为 E-ATX，尺寸大小为
305mm×272mm，板载 6×PCI-E 3.0 插
槽，2×SATA Express 插槽，6×SATA 3.0
插槽，2×M.2 插槽，1×U.2 插槽，1×Type-
C 接口，1×HDMI 接口，1×Display Port
接口，支持 AMD 4-Way CrossFireX 四
路交火技术，支持 NVIDIA Quad-GPU
SLI 双卡四芯交火技术，如图 2-74 所示。

图2-74　华硕MAXIMUS VIII EXTREME/
ASSEMBLY

3. 基于 AMD 芯片组的主板产品推荐

　　AMD 目前没有推出发烧级别的 CPU，所
以下面介绍的市场上最热门的基于 AMD 芯片
组的主板只有入门、主流和高性能 3 种级别。

◎ 入门——华硕 A88XM-A：这款主板采用 AMD A88X（AMD K15）芯片组，CPU 接口类型为 Socket FM2/FM2+，集成 Realtek ALC887 8 声道音效芯片和 Realtek RTL8111G 千兆网卡，支持 APU 内置显示芯片，板载 4 个内存插槽，支持双通道 DDR3 2133/1866/1600/1333MHz 内存，内存容量为 64GB，板型为 M-ATX，尺寸大小为 236mm×208mm，板载 2×PCI-E 3.0 插槽，6×SATA 3.0 插槽，1×VGA 接口，1×DVI 接口，1×HDMI 接口，如图 2-75 所示。

图2-76　技嘉GA-970A-DS3P

图2-75　华硕A88XM-A

◎ 主流——技嘉 GA-970A-DS3P：这款主板采用 AMD 970 北桥 +SB950 南桥芯片组，CPU 接口类型为 Socket AM3/AM3+，集成 Realtek ALC887 8 声道音效芯片和 Realtek 千兆网卡，板载 4 个内存插槽，支持双通道 DDR3 2000(OC)/1866/1600/1333/1066MHz 内存，内存容量为 32GB，板型为 ATX，尺寸大小为 305mm×215mm，板载 5×PCI-E 2.0 插槽，6×SATA 3.0 插槽，支持 AMD CrossFireX 混合交火技术，如图 2-76 所示。

◎ 专业——技嘉 GA-990FXA-UD5 R5：这款主板采用 AMD 990FX 芯片组，CPU 接口类型为 Socket AM3+，集成 Realtek ALC1150 音效芯片和千兆网卡，支持 APU 内置显示芯片，板载 4 个内存插槽，支持四通道 DDR4 2000(OC)/1866/1600/1333MHz 内存，内存容量为 64GB，板型为 ATX，尺寸大小为 305mm×244mm，板载 6×PCI-E 3.0 插槽，8×SATA 3.0 插槽，支持 AMD 3-Way CrossFireX 三路交火技术和 CrossFireX 混合交火技术，支持 NVIDIA 3-Way SLI 三路交火技术和 SLI 双路交火技术，如图 2-77 所示。

图2-77　技嘉GA-990FXA-UD5 R5

2.3 认识和选购 DDR4 内存

内存又称为主存或内存储器，用于暂时存放 CPU 的运算数据和与硬盘等外部存储器交换的数据。在电脑工作过程中，CPU 会把需要运算的数据调到内存中进行运算，运算完成后再将结果传递到各个部件执行。

2.3.1 通过外观认识 DDR4 内存

内存主要由内存芯片、散热片和金手指等部分组成，如图 2-78 所示的内存结构图主要以目前主流的 DDR4 内存为例。

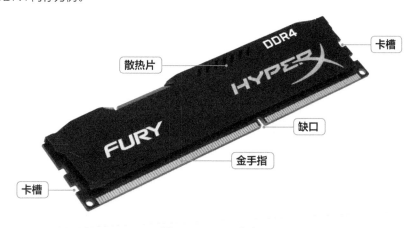

图2-78　DDR4内存

◎ 芯片和散热片：芯片用来临时存储数据，是内存上最重要的部件；散热片安装在芯片外面，帮助维持内存工作温度，提高工作性能，如图 2-79 所示。

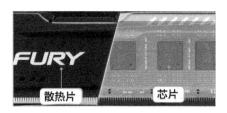

图2-79　内存的芯片和散热片

◎ 金手指：它是内存与主板进行连接的"桥梁"，目前很多 DDR4 内存的金手指采用曲线设计，接触更稳定，拔插更方便，如图 2-80 所示，可以明显看出 DDR4 内存

的金手指中间比两边要宽，呈现明显的曲线形状。

图2-80　内存的曲线金手指设计

◎ 卡槽：与主板上内存插槽上的塑料夹角配合，将内存固定在内存插槽中。

◎ 缺口：与内存插槽中的防凸起设计配对，防止内存插反，如图 2-81 所示。

图2-81　内存的缺口

2.3.2 确认内存的基本信息

通过软件可以检测和确认内存的基本信息，了解内存的品牌、类型、容量和频率等详细的产品规格参数，有助于选购合适的内存和辨别内存的真伪。

◎ 使用鲁大师确认内存信息：鲁大师是一款专业的硬件检测软件，可以检测电脑硬件，并确认内存的相关信息，如图2-82所示。

图2-82　使用鲁大师确认内存信息

◎ 使用 CPU-Z 确认内存信息：CPU-Z 是一款 CPU 检测软件，另外，它还能检测内存的相关信息，包括常用的内存双通道检测功能，如图 2-83 所示。

图2-83　使用CPU-Z检测内存信息

2.3.3 DDR4 内存的性能提升

DDR 全称是 DDR SDRAM（Double Data Rate SDRAM，双倍速率 SDRAM），也就是双倍速率同步动态随机存储器的意思。DDR 内存是目前主流的电脑存储器，现在市面上有 DDR2、DDR3 和 DDR4 这 3 种类型。

◎ DDR2 内存：DDR 是现在的主流内存规范，各大芯片组厂商的主流产品全部是支持它的。DDR2 内存其实是 DDR 内存的第二代产品，与第一代 DDR 内存相比，DDR2 内存拥有两倍以上的内存预读取能力，达到了 4bit 预读取。DDR2 内存能够在 100MHz 的发信频率基础上提供每插脚最少 400MB/s 的带宽，而且其接口将运行于 1.8V 电压上，从而进一步降低发热量，以便提高频率。DDR2 已经逐渐被淘汰，但在二手电脑市场可能还会看到，如图 2-84 所示。

图2-84　DDR2内存

◎ DDR3 内存：相比于 DDR2 有更低的工作电压，且性能更好、更为省电。从 DDR2

的 4bit 预读取升级为 8bit 预读取，DDR3 内存使用了 0.08 μm 制造工艺，其核心工作电压从 DDR2 的 1.8V 降至 1.5V，相关数据预测 DDR3 比 DDR2 节省 30% 的功耗。在目前的多数家用电脑中，都在使用 DDR3 内存，如图 2-85 所示。

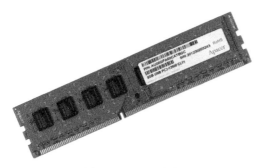

图2-85　DDR3内存

◎ DDR4 内存：DDR4 内存是目前最新一代的内存规格，DDR4 相比于 DDR3 最大的

性能提升有以下 3 点。16bit 预读取机制，相对于 DDR3 8bit 预读取，在同样内核频率下理论速度是 DDR3 的两倍；更可靠的传输规范，数据可靠性进一步提升；工作电压降为 1.2V，更节能。

知识提示

内存的其他分类方式

从工作原理上说，内存包括随机存储器（RAM）、只读存储器（ROM）和高速缓存（Cache）。平常所说的内存通常是指随机存储器，它既可以从中读取数据，也可以写入数据，当电脑电源关闭时，存于其中的数据会丢失；只读存储器的信息只能读出，一般不能写入，即使停电，这些数据也不会丢失，如BIOS ROM；高速缓存在电脑中通常指CPU的缓存。

2.3.4　套装内存好不好

内存套装就是指各内存厂商把同一型号的两条或多条内存搭配组成的套装产品，内存套装的价格通常不会比分别买两条内存价格高出很多，但组成的系统却比两条单内存组成的系统稳定许多，所以在很长一段时间内，受到了商业用户和超频玩家的青睐。

1. 套装内存的产生

从 DDR2 代产品开始，出现了需要两条内存组建双通道系统的需求，一般人们都会选择两条相同容量相同品牌的内存来组建，一方面大大避免了不兼容的可能，另一方面也加强了系统的稳定性。但是，即使同品牌同容量同型号，也可能因为生产批次的不同而造成系统兼容性不够完美的现象，为了避免这种情况的发生，也为了给追求完美的人士一些心理上的满足，内存套装应运而生。

2. 套装内存比单条内存的优势

套装内存比单条内存的优势主要体现在以下几个方面。

◎ 优良的兼容性：两条内存要组建双通道或单通道，首先要确保内存是同一品牌同一颗粒，这样才能保证内存的兼容性，保证系统稳定运行，否则可能出现蓝屏死机等一系列不兼容问题。

◎ 同批次同一颗粒：套装的内存条在出厂时都经过测试，兼容性良好，可以保证是同一批次同一内存颗粒。

◎ 优良的稳定性：从根本上说，套装和两根单条内存，关键在于内存颗粒是否能保证一致，一致就决定内存稳定，这点套装内存明显强过单条内存。

◎ 技术的支持：现在大多数的主板都支持多通道内存模式，既然主板支持，就可以用内存套装来组成多通道系统。

3. 普通用户是否需要套装内存

现在，很多组装电脑的普通用户对多通道系统的追求变得不再如从前那般狂热，基于以下两点原因，内存套装的消费对象渐渐地已经变成了超频发烧友的专属产品。

◎ 运行效果：从实际运行的效果来看，双通道内存并不比单通道快出很多，而如果使用单通道，也就是使用单条大容量内存，可以在价格上实惠不少。

◎ 兼容性：现在的很多主板随着技术水平的提升，对于通道内存组建的要求越来越低，不再限定相同容量，甚至不用同品牌，只要能够工作在同频率上的两条内存都可以

组成双通道。

图 2-86 所示为四通道的 DDR4 内存套装。

图2-86　四通道DDR4内存套装

2.3.5　频率对内存性能的影响

这里的频率是指内存的主频，也可以称为工作频率，和 CPU 主频一样，习惯上用来表示内存的速度，它代表着该内存所能达到的最高工作频率。内存主频越高，在一定程度上代表着内存所能达到的速度越快。

内存工作时的时钟信号是由主板芯片组或直接由主板的时钟发生器提供的，也就是说内存无法决定自身的工作频率，其实际工作频率是由主板来决定的。目前，市面上 3 种内存类型的主频如下。

◎ DDR2 内存主频：1333MHz 及以下。

◎ DDR3 内存主频：1333MHz 及以下、1600MHz、1866MHz、2133MHz、2400MHz、2666MHz、2800MHz 及以上。

◎ DDR4 内存主频：2133MHz、2400MHz、2666MHz、2800MHz 及以上。

2.3.6　其他影响内存性能的重要参数

组装电脑选购内存时，还有一些影响其性能的重要参数需要注意，比如容量、电压和 CL 值等。

◎ 容量：容量是选购内存时优先考虑的性能指标，因为它代表了内存可以存储数据的多少，通常以 GB 为单位。单根内存容量越大则越好。目前市面上主流的内存容量分为单条（容量为 2GB、4GB、8GB、16GB）和套装（容量为 2×2GB、2×4GB、2×8GB、8×4GB、4×4GB、16×2GB）两种。

◎ 工作电压：内存的工作电压是指内存正常

工作所需要的电压值，不同类型的内存电压不同，DDR2 内存的工作电压一般在 1.8V 左右；DDR3 内存的工作电压一般在 1.5V 左右；DDR4 内存的工作电压一般在 1.2V 左右。电压越低，对电能的消耗越少，也就更符合目前节能减排的要求。

◎ CL 值：CL（CAS Latency，列地址控制器延迟）是指从读命令有效（在时钟上

升沿发出）开始，到输出端可提供数据为止的这一段时间。对于普通用户来说，没必要太过在意 CL 值，只需要了解在同等工作频率下，CL 值低的内存更具有速度优势。

知识提示

内存超频

内存超频就是让内存外频运行在比它被设定的更高的速度下。一般情况下，CPU外频与内存外频是一致的，所以在提升CPU外频进行超频时，也必须相应提升内存外频，使之与CPU同频工作。内存超频技术目前在很多DDR4内存中应用，比如金士顿内存的PnP和XMP就是目前使用较多的内存自动超频技术。

多学一招

CL值的含义

内存CL值通常采用4个数字表示，中间用"-"隔开，以"5-4-4-12"为例，第一个数代表CAS(Column Address Strobe)延迟时间，也就是内存取数据所需的延迟时间，即通常说的CL值；第二个数代表RAS(Row Address Strobe)-to-CAS延迟，表示内存行地址传输到列地址的延迟时间；第三个数表示RAS Prechiarge延迟（内存行地址脉冲预充电时间）；最后一个数则是Act-to-Prechiarge延迟（内存行地址选择延迟）。其中最重要的指标是第一个参数CAS，它代表内存接收到一条指令后要等待多少个时间周期才能执行任务。

2.3.7 选购内存的注意事项

在选购内存时，除了需要考虑该内存的各种性能参数外，还需要注意其他硬件的支持和真伪两个方面的问题。

1. 其他硬件支持

内存的类型很多，不同类型的主板支持不同类型的内存，因此在选购内存时需要考虑主板支持哪种类型的内存。另外，CPU 的支持对内存也很重要，如在组建多通道内存时，一定要选购支持多通道技术的主板和 CPU。

2. 辨别真伪

用户在选购内存时，需要结合各种方法进行真伪辨别，避免购买到"水货"或者"返修货"。

◎ 网上验证：指到内存官方网站验证真伪，图2-87所示为金士顿内存的验证网页，用户可以通过官方微信验证内存真伪。

图2-87 金士顿内存的网上验证

◎ 售后：许多名牌内存都为用户提供1年包换3年保修的售后服务，有的甚至会提供终生包换的承诺，购买售后服务好的产品，可以为产品提供优质的质量保证。

◎ 价格：在购买内存时，价格也非常重要，一定要货比三家，并选择价格较便宜的，但价格过于低廉时，就应注意辨别其是否是打磨过的产品。

2.3.8 DDR4 内存的品牌和产品推荐

DDR4 内存是目前的主流类型，下面就介绍对应的主流品牌，并按照单条和套装来推荐 DDR4 内存产品。

1. 内存的主流品牌

品牌很重要，主流的内存品牌有金士顿、宇瞻、影驰、芝奇、三星、金邦、金泰克、海盗船及威刚等。

2. 单条 DDR4 内存推荐

由于单条内存的价格差距不大，下面就按照主流、专业和发烧 3 个级别来介绍目前最热门的单条 DDR4 内存产品。

◎ 主流——金士顿骇客神条 FURY 8GB DDR4 2133：这款内存的类型为 DDR4，容量为单条 8GB，主频为 2133MHz，有散热片，如图 2-88 所示。

图2-88　金士顿骇客神条FURY 8GB DDR4 2133

◎ 专业——海盗船 16GB DDR4 2133：这款内存的类型为 DDR4，容量为单条 16GB，主频为 2133MHz，有散热片，CL 值为 15-15-15-36，如图 2-89 所示。

图2-89　海盗船16GB DDR4 2133

◎ 发烧——芝奇 Ripjaws V 16GB DDR4 3000：这款内存的类型为 DDR4，容量为单条 16GB，主频为 3000MHz，有散热片，CL 值为 15-15-15-35，工作电压为 1.35V，如图 2-90 所示。

图2-90　芝奇Ripjaws V 16GB DDR4 3000

第1部分

3. 套装 DDR4 内存推荐

套装内存除了主流产品外，大多是发烧级的配置，下面就按照不同的套装类型，介绍目前较热门的套装 DDR4 内存产品。

◎ 主流——金士顿骇客神条 FURY 16GB DDR4 2133：这款内存的类型为 DDR4，容量为套装 2×8GB，主频为 2133MHz，有散热片，CL 值为 14-14-14-36，如图 2-91 所示。

图2-91　金士顿骇客神条FURY 16GB DDR4 2133

◎ 主流——芝奇 Ripjaws4 16GB DDR4 2666：这款内存的类型为 DDR4，容量为套装 4×4GB，主频为 2666MHz，有散热片，CL 值为 16-16-16-36，如图 2-92 所示。

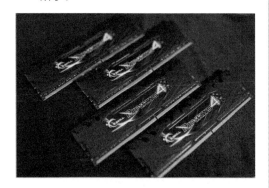

图2-92　芝奇Ripjaws4 16GB DDR4 2666

◎ 发烧——影驰 HOF 16GB DDR4 4000：这款内存的类型为 DDR4，容量为套装 2×8GB，主频为 4000MHz，有散热

片，CL 值为 19-25-25-45，工作电压为 1.4V，如图 2-93 所示。

图2-93　影驰HOF 16GB DDR4 4000

◎ 发烧——海盗船统治者铂金 32GB DDR4 3200：这款内存的类型为 DDR4，容量为套装 1×8GB，主频为 3200MHz，有散热片，CL 值为 14-16-16-36，工作电压为 1.35V，如图 2-94 所示。

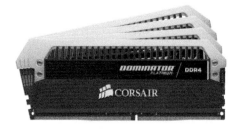

图2-94　海盗船统治者铂金 32GB DDR4 3200

◎ 发烧——芝奇 Trident Z 32GB DDR4 3200：这款内存的类型为 DDR4，容量为套装 2×16GB，主频为 3200MHz，有散热片，CL 值为 14-14-14-34，工作电压为 1.35V，如图 2-95 所示。

图2-95　芝奇Trident Z 32GB DDR4 3200

2.4 认识和选购大容量机械硬盘

硬盘是电脑硬件系统中最重要的外部存储设备，具有存储空间大、数据传输速度较快和安全系数较高等优点，因此电脑运行所必需的操作系统、应用程序与大量的数据等都可保存在硬盘中。

2.4.1 通过外观和内部结构认识机械硬盘

机械硬盘即是传统普通硬盘，主要由盘片、磁头、传动臂、主轴电机和外部接口等几个部分组成，硬盘的外形就是一个矩形的盒子，分为内外两部分。

◎ 外观：硬盘的外部结构较简单，其正面一般是一张记录了硬盘相关信息的铭牌，如图2-96所示。背面则是促使硬盘工作的主控芯片和集成电路，如图2-97所示。后侧则是硬盘的电源线和数据线接口，如图2-98所示。

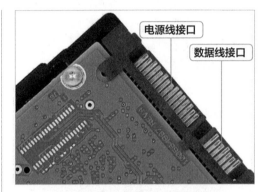

图2-98　硬盘的电源线和数据线接口

多学一招

认识硬盘的电源线和数据线接口

硬盘的电源线和数据线接口都是"L"型的，通常长一点的就是电源线接口，短一点的就是数据线接口，如图2-99所示，数据线接口通过SATA数据线与主板SATA插槽进行连接。

图2-96　硬盘正面

图2-99　硬盘的电源线和数据线接口

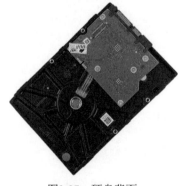

图2-97　硬盘背面

◎ 内部结构：硬盘的内部结构比较复杂，主要由主轴电机、盘片、磁头和传动臂等部件组成，如图 2-100 所示。在硬盘中通常将磁性物质附着在盘片上，并将盘片安装在主轴电机上。当硬盘开始工作时，主轴电机将带动盘片一起转动，在盘片表面的磁头将在电路和传动臂的控制下进行移动，并将指定位置的数据读取出来，或将数据存储到指定的位置。

知识提示

磁头

硬盘盘片的上下两面各有一个磁头，磁头与盘片有极其微小的间距。如果磁头碰到了高速旋转的盘片，会破坏其中存储的数据，磁头也会损坏。

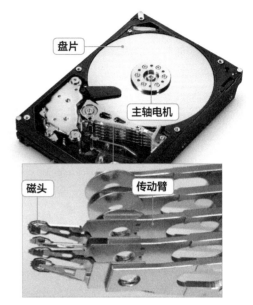

图2-100　硬盘的内部结构

2.4.2　确认机械硬盘的基本信息

通过软件可以检测和确认硬盘的基本信息，了解硬盘的品牌、类型、容量、缓存和转速等详细的产品规格参数，有助于选购合适的硬盘。

◎ 使用鲁大师确认硬盘信息：鲁大师是一款专业的硬件检测软件，可以检测电脑硬件，并确认硬盘的相关信息，如图 2-101 所示。

◎ 使用 HD Tune Pro 确认硬盘信息：HD Tune Pro 是一款小巧易用的硬盘工具软件，可以检测出硬盘的固件版本、序列号、容量、缓存大小以及当前的 Ultra DMA 模式等，如图 2-102 所示。

图2-101　使用鲁大师确认硬盘信息

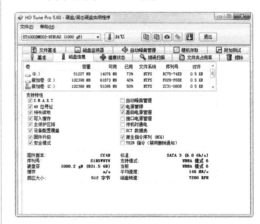

图2-102　HD Tune Pro检测硬盘信息

2.4.3 | 12TB 硬盘的性能

在选购硬盘时，最先考虑的问题就是硬盘的容量，而容量也是硬盘的主要性能指标之一。硬盘的容量越大，保存的数据就越多，目前市场上有最大容量为 12TB 的硬盘，那么是否这种硬盘的性能最优呢？答案是否定的，硬盘的性能由众多性能指标决定，即便是硬盘的容量，也包括总容量、单碟容量和盘片数 3 个参数。

◎ **总容量**：用于表示硬盘能够存储多少数据的一项重要指标，通常以 GB 和 TB 为单位，目前主流的硬盘容量从 250GB 到 10TB 不等。

◎ **单碟容量**：是指每张硬盘盘片的容量，硬盘的盘片数是有限的，单碟容量可以提升硬盘的数据传输速度，其记录密度同数据传输率成正比，因此单碟容量才是硬盘容量最重要的性能参数，目前最大的单碟容量为 1200GB。

◎ **盘片数**：硬盘的盘片数一般有 1~10 等几种，在相同总容量的条件下，盘片数越少，硬盘的性能越好。

◎ **容量单位**：硬盘容量单位包括字节（B，Byte）、千字节（kB，KiloByte）、兆字节（MB，MegaByte）、吉字节（GB，Gigabyte）、太字节（TB，TeraByte）、拍字节（PB，PetaByte）、艾字节（EB，ExaByte）、泽字节（ZB，ZettaByte）、尧字节（YB，YottaByte）和 BB（Bronto-Byte）、NB（NonaByte）及 DB（Dogga-Byte）等，它们之间的换算关系如下所示。

1DB=1024NB；　1NB=1024BB；
1BB=1024YB；　1YB=1024ZB；
1ZB=1024EB；　1EB=1024PB；
1PB=1024TB；　1TB=1024GB；
1GB=1024MB；　1MB=1024kB；
1kB=1024B。

2.4.4 | 接口、缓存、转速和平均寻道时间对硬盘性能的影响

在选购硬盘时，除了考虑硬盘的容量外，还有 4 个需要重点考查的性能指标——接口类型、缓存、转速和平均寻道时间。

◎ **接口类型**：目前硬盘的接口类型主要是 SATA，它是 Serial ATA 的缩写，即串行 ATA。SATA 接口提高了数据传输的可靠性，还具有结构简单、支持热插拔的优点。目前主要使用的 SATA 包含 2.0 和 3.0 两种标准接口，SATA 2.0 标准接口的数据传输速率可达到 300MB/s，SATA 3.0 标准接口的数据传输速率可达到 600MB/s。

◎ **缓存**：缓存的大小与速度是直接关系到硬盘传输速度的重要因素，当硬盘存取零碎数据时需要不断地在硬盘与内存之间进行数据交换，如果缓存较大，则可以将那些零碎数据暂存在缓存中，减小外系统的负荷，同时提高数据的传输速度。目前主流硬盘的缓存包括 8MB、16MB、32MB、64MB、128MB 和 256MB。

◎ **转速**：它是硬盘内电机主轴的旋转速度，也就是硬盘盘片在一分钟内所能完成的最大转数。转速的快慢是衡量硬盘档次和决定硬盘内部传输率的关键因素之一，硬盘的转速越快，硬盘寻找文件的速度也就越快，相对的硬盘的传输速度也就得到了提高。硬盘转速以每分钟多少转来表示，单位为r/min，值越大越好。目前主流硬盘转

速有5400r/min、5900r/min、7200r/min和10000r/min等4种。

◎ 平均寻道时间：平均寻道时间是指硬盘在接收到系统指令后，磁头从开始移动到移动至数据所在的磁道所花费时间的平均值，单位为毫秒（ms）。它在一定程度上体现了硬盘读取数据的能力，是影响硬盘内部数据传输率的重要参数。不同品牌、不同型号的硬盘产品平均寻道时间也不一样，但这个时间越短，则产品越好。

知识提示

深度了解平均寻道时间

平均寻道时间实际上是由转速、单碟容量等多个因素综合决定的一个硬盘性能参数。一般来说，硬盘的转速越高，其平均寻道时间就越低；单碟容量越大，其平均寻道时间就越短。

2.4.5 选购机械硬盘的注意事项

选购硬盘时，除了硬盘的各项产品规格外，还需要了解硬盘是否符合需求，如硬盘的性价比和售后服务等。

◎ 性价比：硬盘的性价比可以通过计算每款产品的"每GB的价格"得出衡量值，计算方法为用产品市场价格除以产品容量得出"每GB的价格"，值越低，性价比越高。

◎ 售后：硬盘中保存的都是相当重要的数据，因此硬盘的售后服务也就显得特别重要。目前，硬盘的质保期多在2年到3年，有些甚至长达5年。

2.4.6 机械硬盘的品牌和产品推荐

TB 级容量的硬盘是目前的主流，下面介绍对应的主流品牌，并按照硬盘的容量来推荐硬盘产品。

1. 硬盘的主流品牌

硬盘的品牌较少，市面上生产硬盘的厂商主要有希捷、西部数据、三星（主要产品为笔记本电脑硬盘）、东芝和 HGST。

2. 机械硬盘产品推荐

下面根据硬盘容量进行分类，介绍目前最热门的机械硬盘产品。

◎ 1TB 以下——西部数据 500GB 蓝盘：这款硬盘容量为 500CB，盘片数量为 1 片，缓存为 16MB，转速为 7200r/min，接口类型为 SATA 3.0，接口速率为 6Gbit/s，如图 2-103 所示。

图2-103　西部数据500GB蓝盘

◎ 1TB——希捷 Barracuda 1TB 硬盘：这款硬盘容量为 1000GB，盘片数量为 1 片，缓存为 64MB，转速为 7200r/min，接口

类型为 SATA 3.0，接口速率为 6Gbit/s，平均寻道时间读取 <8.5ms、写入 <9.5ms，如图 2-104 所示。

图2-104　希捷Barracuda 1TB硬盘

◎　2TB——西部数据 2TB 蓝盘：这款硬盘容量为 2000GB，盘片数量为两片，缓存为 64MB，转速为 5400r/min，接口类型为 SATA 3.0，接口速率为 6Gbit/s，如图 2-105 所示。

图2-105　西部数据2TB蓝盘

◎　3TB——希捷 Barracuda 3TB 硬盘：这款硬盘容量为 3000GB，盘片数量为 3 片，缓存为 64MB，转速为 7200r/min，接口类型为 SATA 3.0，接口速率为 6Gbit/s，平均寻道时间读取 <8.5ms、写入 <9.5ms，如图 2-106 所示。

图2-106　希捷Barracuda 3TB硬盘

◎　4TB——西部数据 4TB 红盘：这款硬盘容量为 4000GB，盘片数量为 4 片，缓存为 64MB，转速为 5400r/min，接口类型为 SATA 3.0，接口速率为 6Gbit/s，如图 2-107 所示。

图2-107　西部数据4TB红盘

◎　6TB——西部数据 6TB 紫盘：这款硬盘容量为 6000GB，盘片数量为 6 片，缓存为 64MB，转速为 5400r/min，接口类型为 SATA 3.0，接口速率为 6Gbit/s，如图 2-108 所示。

图2-108　西部数据6TB紫盘

◎ 8TB——希捷 8TB 硬盘：这款硬盘容量为 8000GB，盘片数量为 8 片，缓存为 256MB，转速为 7200r/min，接口类型为 SATA 3.0，接口速率为 6Gbit/s，如图 2-109 所示。

图2-109　希捷8TB硬盘

◎ 10TB——希捷 BarraCuda Pro 10TB 硬盘：这款硬盘容量为 10000GB，盘片数量为 10 片，缓存为 256MB，转速为 7200r/min，接口类型为 SATA 3.0，接口速率为 6Gbit/s，如图 2-110 所示。

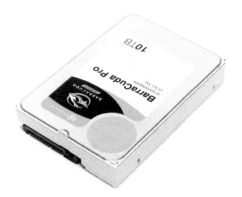

图2-110　希捷BarraCuda Pro 10TB硬盘

知识提示

硬盘 RAID

　　独立冗余磁盘阵列（Redundant Array of Independent Disks，RAID）是一种把多块独立的硬盘（物理硬盘）按不同的方式组合起来形成的一个硬盘组（逻辑硬盘），从而提供比单个硬盘更高的存储性能和数据备份技术。

2.5　认识和选购秒开电脑的固态硬盘

　　固态硬盘在接口的规范和定义、功能及使用方法上与普通硬盘完全相同，在产品外形和尺寸上也完全与普通硬盘一致。由于其读写速度远远高于普通硬盘，且功耗也比普通硬盘低，比普通硬盘轻便，具有防震抗摔等优点，目前通常作为电脑的系统盘进行选购和安装。

2.5.1　通过外观和内部结构认识固态硬盘

　　固态硬盘（Solid State Drives，SSD）是用固态电子存储芯片阵列而制成的硬盘，区别于由磁盘、磁头等机械部件构成的机械硬盘，整个固态硬盘结构无机械装置，全部是由电子芯片及电路板组成。

1. 外观

固态硬盘的外观就目前来看，主要有 3 种样式。

◎ 与机械硬盘类似的外观：这种固态硬盘比较常见，外面是一层保护壳，里面是安装了电子存储芯片阵列的电路板，后面是数据和电源接口，如图 2-111 所示。

图2-111　普通固态硬盘外观

◎ 裸电路板外观：这种固态硬盘直接在电路板上集成存储、控制和缓存芯片，再加上接口组成，如图 2-112 所示。

图2-112　裸电路板固态硬盘外观

◎ 类显卡式外观：这种固态硬盘的外观类似于显卡，接口也可以使用显卡的 PCI-E 接口，安装方式与显卡也相同，如图 2-113 所示。

图2-113　类显卡固态硬盘外观

2. 内部结构

固态硬盘的内部结构主要是指电路板上的结构，包括主控芯片、闪存颗粒和缓存单元，如图 2-114 所示。

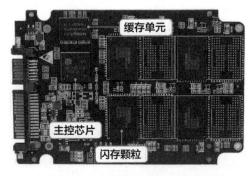

图2-114　固态硬盘的内部结构

◎ 主控芯片：主控芯片是整个固态硬盘的核心器件，其作用是合理调配数据在各个闪存芯片上的负荷，承担整个数据中转，连接闪存芯片和外部接口。当前主流的主控芯片厂商有 Marvell（俗称"马牌"）、

SandForce、Silicon Motion（慧荣）、Phison（群联）、JMicron（智微）等，图 2-115 所示为慧荣主控芯片。

图2-115　慧荣主控芯片

◎　闪存颗粒：存储单元绝对是硬盘的核心器件，而在固态硬盘里面，闪存颗粒则替代了机械磁盘成为了存储单元，图 2-116 所示为固态硬盘中的闪存颗粒。

图2-116　闪存颗粒

◎　缓存单元：缓存单元的作用表现在进行常用文件的随机性读写上，以及碎片文件的快速读写上，缓存芯片市场规模不算太大，主流的缓存品牌包括三星和金士顿等。图2-117 所示为固态硬盘中的缓存单元。

图2-117　缓存单元

知识提示

确认固态硬盘的基本信息

确认固态硬盘的基本信息与确认机械硬盘的完全一样，可以通过鲁大师等硬盘检测软件检测并确认固态硬盘的相关信息，如图 2-118 所示。

图2-118　使用鲁大师确认固态硬盘信息

2.5.2　闪存颗粒的构架决定固态硬盘的性能

固态硬盘成本的 80% 就集中在闪存颗粒上，它不仅决定了固态硬盘的使用寿命，而且对固态硬盘的性能影响也非常大，而决定闪存颗粒性能的就是闪存构架。

固态硬盘中的闪存颗粒都是 NAND 闪存，因为 NAND 闪存具有非易失性存储的特性，即断电后仍能保存数据，被大范围运用。当前，固态硬盘市场中，主流的闪存颗粒厂商主要有 Toshiba（东芝）、Samsung（三星）、Intel（英特尔）、Micron（美光）、SKHynix（海力士）及 Sandisk（闪迪）等。

根据 NAND 闪存中电子单元密度的差异，

NAND 闪存的构架可分为 SLC、MLC 以及 TLC 3 种，这 3 种闪存构架在寿命以及造价上有着明显的区别。

◎ SLC（单层式存储）：单层电子结构，写入数据时电压变化区间小，寿命长，读写次数在 10 万次以上，造价高，多用于企业级高端产品。

◎ MLC（多层式存储）：使用高低电压的不同而构建的双层电子结构寿命长，造价可接受，多用于民用中高端产品，读写次数在 5000 左右。

◎ TLC（三层式存储）：是 MLC 闪存延伸，TLC 达到 3bit/cell；存储密度最高，容量是 MLC 的 1.5 倍；造价成本最低，使命寿命低，读写次数在 1000~2000，是当下主流厂商首选的闪存颗粒。

2.5.3 选择 PCI-E 接口还是 SATA 接口

固态硬盘的接口类型很多，目前市面上包括 SATA 3.0、M.2（NGFF）、Type-C、mSATA、PCI-E、SATA 2.0、USB 3.0、SAS 和 PATA 等多种，但最常用的还是 SATA 3.0、M.2（NGFF）、mSATA 和 PCI-E 4 种。

◎ SATA 3.0 接口：SATA 是硬盘接口的标准规范，SATA 3.0 和前面介绍的硬盘接口完全一样，这种接口的最大优势就是非常成熟，能够发挥出主流固态硬盘的最大性能。

◎ mSATA 接口：该接口是 SATA 协会开发的新的 Mini SATA 接口控制器的产品规范。新的控制器可以让 SATA 技术整合在小尺寸的装置上，mSATA 也提供了和 SATA 接口标准一样的速度和可靠性。该接口主要是用在注重小型化的笔记本电脑上面，比如商务本、超级本等，在一些 MATX 板型的主板上也有该接口的插槽。图 2-119 所示为安装在笔记本电脑主板上的 mSATA 接口的固态硬盘。

◎ M.2 接口：M.2 接口的原名是 NGFF 接口，设计目的是用来取代 mSATA 接口。不管是从非常小巧的规格尺寸上讲，还是从传输性能上讲，这种接口要比 MSATA 接口好很多。M.2 接口能够同时支持 PCI-E 通道以及 SATA，让固态硬盘的性能潜力大幅提升。另外，该 M.2 接口固态硬盘还支持 NVMe 标准，通过新的 NVMe 标准接入的固态硬盘，在性能提升方面非常明显，如图 2-120 所示。

图2-120　M.2接口固态硬盘

 多学一招

mSATA接口和M.2接口的区别

　　直接从外观上就可以看到两者的区别，mSATA接口的固态硬盘比M.2接口的固态硬盘体积大；mSATA接口的金手指只有两个部分，而M.2接口的金手指有3个部分，如图2-121所示。

图2-119　mSATA接口固态硬盘

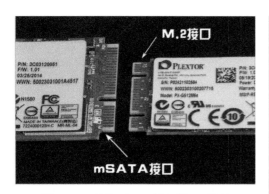

图2-121　对比mSATA接口和M.2接口

◎ PCI-E 接口：这种接口对应主板上面的 PCI-E 插槽，与显卡的 PCI-E 接口完全相同。PCI-E 接口的固态硬盘最开始主要是在企业级市场使用，因为它需要不同主控，所以，在性能提升的基础上，成本也高了不少。在目前的市场上，PCI-E 接口的固态硬盘通常定位都是企业或高端用户，如图 2-122 所示。

图2-122　PCI-E接口固态硬盘

◎ 基于 NVMe 标准的 PCI-E 接口：NVMe（Non-Volatile Memory Express，非易

失性存储器标准）标准是面向 PCI-E 接口的固态硬盘，使用原生 PCI-E 通道与 CPU 直连可以免去 SATA 与 SAS 接口的外置控制器（PCH）与 CPU 通信所带来的延时。基于 NVMe 标准的 PCI-E 接口的固态硬盘其实就是将一块支持 NVMe 标准的 M.2 接口固态硬盘安装在支持 NVMe 标准的 PCI-E 接口的电路板上组成的，如图 2-123 所示。这种固态硬盘的 M.2 接口最高支持 PCI-E 2.0×4 总线，理论带宽达到 2GB/s，远胜于 SATA 接口的 600MB/s，彻底摆脱了 SATA 接口的物理限制。而且 PCI-E 接口的固态硬盘的体积明显小于 2.5 英寸（约 6cm）SATA 接口产品，所在位置更加利于机箱内部风道散热。此外，PCI-E 接口的固态硬盘可以直接插在主板上，也从根本上免去了数据线过长或松动所造成的性能异常。如果主板上有 M.2 插槽，可以将 M.2 接口的固态硬盘主体拆下直接插在主板上，并不占用任何机箱内部空间，相当方便。

图2-123　基于NVMe标准的PCI-E接口固态硬盘

2.5.4　固态硬盘能否代替机械硬盘

现在组装电脑，在价格相同的情况下，通常都会选用固态硬盘，但是，机械硬盘仍然有很多用户在使用，因为固态硬盘价格比较昂贵。固态硬盘和机械硬盘相比，到底有哪些优点？又有哪些缺点？下面就仔细分析一下。

第
1
部
分

1. 固态硬盘的优点

固态硬盘相对于机械硬盘的优势主要体现在以下几个方面。

◎ 读写速度快：固态硬盘采用闪存作为存储介质，读取速度相对机械硬盘更快。固态硬盘厂商大多会宣称自家的固态硬盘持续读写速度超过 500MB/s，最常见的 7200r/min 机械硬盘的寻道时间一般为 12~14μm，而固态硬盘可以轻易达到 0.1μm 甚至更低。

◎ 防震抗摔性：固态硬盘采用闪存作为存储介质，不怕震摔。

◎ 低功耗：固态硬盘的功耗要低于传统硬盘。

◎ 无噪音：固态硬盘没有机械马达和风扇，工作时噪音值为 0 分贝，而且具有发热量小、散热快等特点。

◎ 轻便：固态硬盘在重量方面更轻，与常规机械硬盘相比，重量轻 20~30g。

2. 固态硬盘的缺点

与机械硬盘相比，固态硬盘也有如下不足之处。

◎ 容量：固态硬盘最大容量目前仅为 4TB。

◎ 寿命限制：固态硬盘闪存具有擦写次数限制的问题，SLC 构架有 10 万次的写入寿命，成本较低的 MLC 构架写入寿命仅有 1

万次，而廉价的 TLC 构架闪存则更是只有 500~1000 次。

◎ 售价高：相同容量的固态硬盘的价格比机械硬盘贵，有的甚至贵十倍到几十倍。

3. 如何选购固态硬盘

在组装电脑时应该尽量选择固态硬盘，或者固态＋机械组合。以 120GB 固态硬盘为例（实际容量 110GB 左右），其中 40GB 左右会用于系统分区，剩下 70GB 用来安装软件以及存储重要资料。如果还需要存储大量资料，可以再加一块 1TB 或者更大容量的机械硬盘，这样比较经济实惠。

知识提示

固态硬盘的固件算法

SSD的固件是确保SSD性能的最重要组件，用于驱动控制器。主控将使用SSD中固件算法中的控制程序去执行各种操作，因此当SSD制造商发布一个更新时，需要手动更新固件来改进和扩大SSD的功能。有自主研发实力的厂商会自行进行优化设计，挑选固态硬盘时，选择知名品牌是很有道理的。固件的品质越好，整个SSD就越精确，越高效。目前具备独立固件研发的SSD厂商仅有Intel、英睿达、浦科特、OCZ及三星等。

2.5.5 固态硬盘的品牌和产品推荐

根据前面的介绍，固态硬盘的价格通常和容量、接口类型、闪存构架、品牌等有关系，下面就以接口类型为标准，分别介绍几款市面上比较热门的固态硬盘产品。

1. 固态硬盘的主流品牌

固态硬盘的品牌很多，包括三星、英睿达、闪迪、影驰、饥饿鲨、浦科特、特科芯、金泰克、朗科、佰维、金胜维、东芝及金士顿等。三星是拥有主控、闪存、缓存、PCB 板、固件算法

一体式开发和制造实力的厂商。三星、闪迪、东芝、美光都拥有其他 SSD 厂商可望不可求的上游芯片资源。至于 Intel，消费级产品较少，性能中庸，但是稳定性奇好。

2. SATA 接口固态硬盘产品推荐

SATA接口的固态硬盘是目前使用最多的，下面分别介绍 4 款最热门的产品。

◎ 入门——金士顿 V300（120GB）：这款固态硬盘容量为 120GB，接口类型为 SATA 3.0，接口速率为 6Gbit/s，读取速度为 180MB/s，写入速度为 133MB/s，主控芯片为金士顿定制的 LSI SandForce，如图 2-124 所示。

图2-124　金士顿V300（120GB）

◎ 主流——三星 850 EVO SATA 3.0（250GB）：这款固态硬盘容量为 250GB，接口类型为 SATA 3.0，接口速率为 6Gbit/s，读取速度为 540MB/s，写入速度为 520MB/s，主控芯片为三星 MGX，缓存为 512MB，如图 2-125 所示。

图2-125　三星850 EVO SATA 3.0（250GB）

◎ 专业——英睿达 MX300（525GB）：这款固态硬盘容量为 525GB，接口类型为 SATA 3.0，接口速率为 6Gbit/s，读取速度为 530MB/s，写入速度为 510MB/s，主控芯片为 Marvell 88SS1074，闪存构架为 TLC，如图 2-126 所示。

图2-126　英睿达MX300（525GB）

◎ 发烧——Intel DC S3710（1.2TB）：这款固态硬盘容量为 1.2TB，接口类型为 SATA 3.0，接口速率为 6Gbit/s，读取速度为 550MB/s，写入速度为 520MB/s，闪存构架为 MLC，如图 2-127 所示。

图2-127　Intel DC S3710（1.2TB）

3. M.2 接口固态硬盘产品推荐

M.2 接口的固态硬盘常用如下 4 款。

◎ 入门——三星 850 EVO M.2（120GB）：

这款固态硬盘容量为 120GB，读取速度为 540MB/s，如图 2-128 所示。

图2-128　三星850 EVO M.2（120GB）

◎ 主流——影驰铁甲战将 M.2 PCI-E 2280（240GB）：这款固态硬盘容量为 240GB，读取速度为 2400MB/s，写入速度为 1200MB/s，主控芯片为 Phison PS5007-E7，如图 2-129 所示。

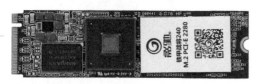

图2-129　影驰铁甲战将M.2 PCI-E 2280（240GB）

◎ 专业——浦科特 M8PeG（512GB）：这款固态硬盘容量为 512GB，读取速度为 2300MB/s，写入速度为 1300MB/s，主控芯片为 Marvell 88SS1093，闪存构架为 MLC，缓存为 512MB，如图 2-130 所示。

图2-130　浦科特M8PeG（512GB）

◎ 发烧——三星 960 PRO NVMe M.2（2TB）：这款固态硬盘容量为 2TB，读取速度为 3600MB/s，写入速度为 2100MB/s，主控芯片为三星自家研发的 Polaris，闪存构架为 TLC，如图 2-131 所示。

图2-131　三星960 PRO NVMe M.2（2TB）

4. PCI-E 接口固态硬盘产品推荐

PCI-E 接口的固态硬盘通常用于企业和高端玩家，这种固态硬盘的分类通常比其他两种类型的固态硬盘价格贵。

◎ 入门——浦科特 M8PeY（128GB）：这款固态硬盘容量为 128GB，读取速度为 1600MB/s，写入速度为 500MB/s，主控芯片为 Marvell 88SS1093，闪存构架为 MLC，缓存为 512MB，如图 2-132 所示。

图2-132　浦科特M8PeY（128GB）

◎ 主流——饥饿鲨 RD400A PCI-E(512GB)：这款固态硬盘容量为 512GB，读取速度为 2600MB/s，写入速度为 1600MB/s，闪存构架为 MLC，如图 2-133 所示。

图2-133　饥饿鲨RD400A PCI-E（512GB）

◎ 专 业 ——Intel DC P3700（2TB）：这款固态硬盘容量为 2TB，读取速度为 2800MB/s，写入速度为 1900MB/s，闪存构架为 MLC，如图 2-134 所示。

这款固态硬盘容量为 4TB，读取速度为 4000MB/s，写入速度为 2600MB/s，闪存构架为 MLC，如图 2-135 所示。

图2-134　Intel DC P3700（2TB）

◎ 发 烧 —— 金 胜 维 PCI-E3.0（4TB）：

图2-135　金胜维PCI-E3.0（4TB）

2.6　认识和选购 4K 画质的显卡

显卡一般是一块独立的电路板，插在主板上接收由主机发出的控制显示系统工作的指令和显示内容的数字信号，然后通过输出模拟（或数字）信号控制显示器显示各种字符和图形，它和显示器构成了电脑的图像显示系统。

2.6.1　通过外观认识显卡

从外观上看，显卡主要由显示芯片（GPU）、散热器、显存和显示输出接口等几部分组成，如图2-136所示。

图2-136　显卡的外观

◎ 显示芯片：它是显卡上最重要的部分，其主要作用是处理软件指令，让显卡能完成某些特定的绘图功能，它直接决定了显卡的性能，如图 2-137 所示。由于显示芯片发热量巨大，因此往往在其上面都会覆盖散热器进行散热。

图2-137　显示芯片

◎ 显存：它是显卡中用来临时存储显示数据的部件，其容量与存取速度对显卡的整体性能有着举足轻重的影响，而且还将直接影响显示的分辨率和色彩位数，其容量越大，所能显示的分辨率及色彩位数就越高，如图 2-138 所示。

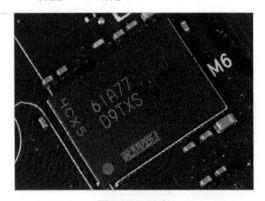

图2-138　显存

◎ 金手指：它是连接显卡和主板的通道，不同结构的金手指代表不同的主板接口，目前主流的显卡金手指为 PCI-Express 接口类型，如图 2-139 所示。

图2-139　显卡金手指

◎ DVI（Digital Visual Interface）：数字视频接口，它可将显卡中的数字信号直接传输到显示器，从而使显示出来的图像更加真实自然，如图 2-140 所示。

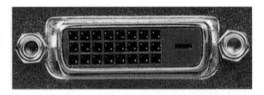

图2-140　DVI接口

◎ HDMI（High Definition Multimedia Interface）：称为高清晰度多媒体接口，它可以提供高达 5Gbit/s 的数据传输带宽，传送无压缩音频信号及高分辨率视频信号，也是目前使用最多的视频接口，如图 2-141 所示。

图2-141　HDMI接口

◎ DP（DisplayPort）接口：它也是一种高清数字显示接口，可以连接电脑和显示器，也可以连接电脑和家庭影院，它是作为 HDMI 的竞争对手和 DVI 的潜在继任者而被开发出来的。DisplayPort 问世之初可提供的带宽就高达 10.8Gbit/s，充足的带宽保证了今后大尺寸显示设备对更高分辨率的需求，目前大多数中高端显卡都配备了 1 个或 1 个以上的 DP 接口，如图 2-142 所示。

图2-142　DP接口

 知识提示

VGA 接口

这是一种外形为15针D型结构，用于向显示器输出模拟信号的显示输出接口，如图2-143所示，由于现在电脑系统的显示信号都是数字信号，VGA接口已经不能完全发挥显卡的显示性能，正在被逐渐淘汰。

图2-143　VGA接口

◎ **外接电源接口**：通常显卡通过 PCI-E 接口由主板供电，但现在的显卡很多都有较大的功耗，所以需要外接电源独立供电。这时就需要在主板上设置外接电源接口，通常是 8 针或 6 针，如图 2-144 所示。

图2-144　外接电源接口

2.6.2 确认显卡的基本信息

通过软件可以检测和确认显卡的基本信息，了解显卡的品牌、类型、显存、显示芯片和驱动版本等详细的产品规格参数，有助于选购合适的显卡。

◎ 使用鲁大师确认硬盘信息：鲁大师是一款专业的硬件检测软件，可以检测电脑硬件，并确认显卡的相关信息，如图 2-145 所示。

 知识提示

鲁大师的局限性

鲁大师无法给出显卡的位宽、显存类型、最大分辨率等详细的性能参数，所以，检测显卡还是需要使用专业的显卡检测软件。

图2-145　使用鲁大师确认显卡信息

◎ 使用 Gpuinfo 确认显卡信息：Gpuinfo 是国内比较先进的显卡识别软件，可以显示硬件信息、BIOS 版本、驱动信息、显存类型和频率信息等，如图 2-146 所示。

图2-146 使用Gpuinfo检测显卡信息

多学一招

Gpuinfo识别真假显卡

普通软件是依靠显卡ID来识别显卡的，而实际上，显卡ID是能够在刷新BIOS的时候编辑并修改的。Gpuinfo通过更为底层的信息来识别显卡，更容易判定显卡的真伪。

2.6.3 显示芯片与显卡性能的关系

显示芯片是显卡的关键核心部件之一，显示芯片的性能参数直接关系到显卡的性能好坏，通常在选购显卡时，与显示芯片相关的性能参数包括制造工艺、核心频率、芯片厂商和芯片型号。

微课：常见显示芯片
理论性能对比

◎ 芯片厂商：显示芯片主要有 NVIDIA 和 AMD 两个主要厂商。

◎ 芯片型号：不同的芯片型号，其适用的范围也不同，如表 2-4 所示。

表2-4 显卡芯片型号分类

	NVIDIA	AMD
入门	GTX750；GT740/730/720/710/610	R9 370；R7 360/350/250/240
主流	GTX1070/1060/1050Ti/1050/960/950/750Ti/750	RX 480/470/460；R9 380X/380/370X/370
发烧	GTX1080/1070/980Ti/980/970；GTX Titan X；GTX Titan Z；GTX Titan Black	R9 FURY X；RX 480/470/470D；R9 390X/390

◎ 制造工艺：显示芯片的制造工艺与 CPU 一样，也是用来衡量其加工精度的。制造工艺的提高，意味着显示芯片的体积将更小、集成度更高、性能更加强大、功耗也将降低，现在主流芯片的制造工艺为 28nm、16nm 和 14nm。

◎ 核心频率：它是指显示核心的工作频率，在同样级别的芯片中，核心频率高的则性能要强，但显卡的性能由核心频率、显存、像素管线和像素填充率等多方面的情况所决定，因此在芯片不同的情况下，核心频率高并不代表此显卡性能好。

知识提示

显示芯片性能对比图

为了简单地表示显示芯片的性能优劣，图2-147中显示了目前市面上各种显示芯片（包括CPU集成显示芯片）的理论性能对比。

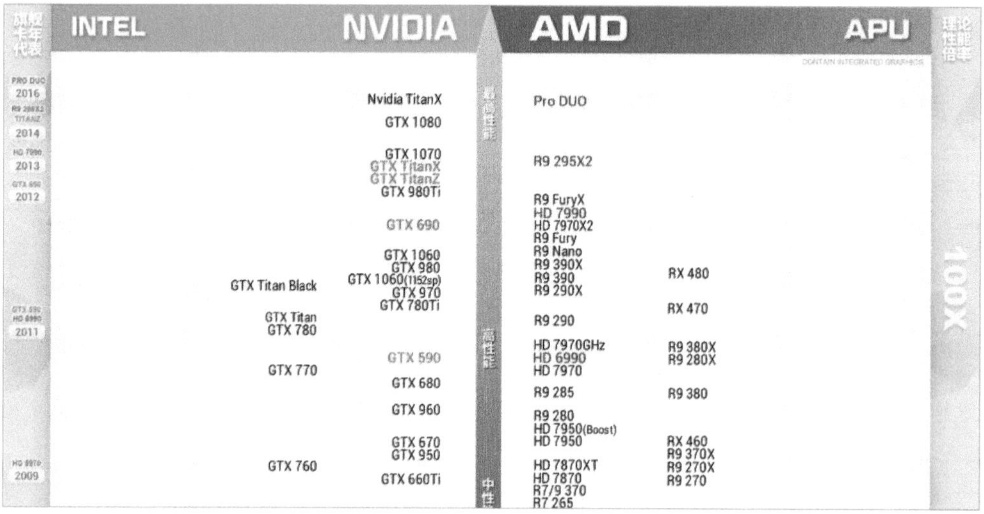

显卡年代表	INTEL	NVIDIA		AMD		APU	理论性能倍率

图2-147　常见显示芯片理论性能对比

2.6.4 显存选 HBM 还是 GDDR

显存是显卡的关键核心部件之一，它的优劣和容量大小会直接关系到显卡的最终性能。如果说显示芯片决定了显卡所能提供的功能和基本性能，那么，显卡性能的发挥则很大程度上取决于显存，因为无论显示芯片的性能如何出众，最终其性能都要通过配套的显存来发挥。

1. 显存的主要性能参数

在显卡的各种性能参数中，与显存相关的包括显存的频率、容量、位宽和速度以及最大分辨率。

◎ 显存频率：它是指默认情况下，该显存在显卡上工作时的频率，以 MHz（兆赫兹）为单位。显存频率一定程度上反映了该显存的速度，其随着显存的类型和性能的不同而不同，同样类型下，频率越高，性能越强。

◎ 显存容量：从理论上讲，显存容量决定了显示芯片处理的数据量，显存容量越大，显卡性能就越好。目前市场上显卡的显存容量从 1GB 到 12GB 不等。

◎ 显存位宽：通常情况下把显存位宽理解为数据进出通道的大小，在运行频率和显存容量相同的情况下，显存位宽越大，数据的吞吐量就越大，显卡的性能也就越好。

目前市场上显卡的显存位宽有 64bit 到 768bit 不等。

◎ 显存速度：显存的时钟周期就是显存时钟脉冲的重复周期，它是衡量显存速度的重要指标。显存速度越快，单位时间交换的数据量也就越大，在同等情况下显卡性能将会得到明显提升。显存频率与显存时钟周期之间为倒数关系（也可以说显存频率与显存速度之间为倒数关系），显存时钟周期越小，它的显存频率就越高，显卡的性能也就越好。

◎ 最大分辨率：最大分辨率表示显卡输出给显示器，并能在显示器上描绘像素点的数量。分辨率越大，所能显示的图像的像素点就越多，并且能显示更多的细节，当然也就越清晰。最大分辨率在一定程度上跟显存有着直接关系，因为这些像素点的数据最初都存储于显存内，因此显存容量会影响到最大分辨率。现在显卡的最大分辨率为2560x1600、3840x2160、4096x2160和5120x3200及以上。

知识提示

4K显卡

4K是一种超高清的分辨率，即像素分辨率达到4096×2160，而显卡的最高分辨率达到4K的也就称为4K显卡。分辨率的相关内容将在后面的章节详细讲解，这里不做赘述。

2. 显存的类型

显存的类型也是影响显卡性能的重要参数之一，目前市面上的显存主要有HBM和GDDR两种。

◎ GDDR：GDDR显存在很长一段时间内是市场上的主流类型，从过去的GDDR1一直到现在的GDDR5和GDDR5X。GDDR5和GDDR5X显存的功耗相对低，且性能更高，也可以提供更大的容量，并采用了新的频率架构，拥有更佳的容错性。

◎ HBM：HBM显存是最新一代的显存，用来替代GDDR，它采用堆叠技术，减少了显存的体积，节省了空间。HBM显存增加了位宽，其单颗粒的位宽是1024bit，是GDDR5的32倍。同等容量的情况下，HBM显存性能比GDDR5提升了65%，功耗降低了40%。最新的HBM2显存的性能可能在原来的基础上翻一倍。

2.6.5 水冷是显卡的最佳散热方式

随着显卡核心工作频率与显存工作频率的不断提升，显卡芯片和显存的发热量也在增加，因而显卡都会采用必要的散热方式，所以优秀的散热方式也是选购显卡的重要方面之一。

◎ 被动式散热：一般一些工作频率较低的显卡采用的都是被动式散热，这种散热方式就是在显示芯片上安装一个散热片，不仅成本较低，还能减少使用中的噪音。但由于显卡功耗的提高，仅用散热片已经无法满足显卡散热的需要，所以，这种方式已经很少使用。

◎ 主动式散热：这种方式是在散热片上安装散热风扇，也是显卡的主要散热方式，目前大多数显卡都采用这种散热方式，如图2-148所示。

◎ 水冷式散热：这种散热方式集合了前两种方式的优点，散热效果好，没有噪声，但由于散热部件较多，且需要占用较大的机箱空间，所以成本较高，如图2-149所示。

图2-148　主动式散热

图2-149　水冷式散热

2.6.6 终极提升显示性能——SLI 和 CF

在显卡技术发展到一定水平的情况下，利用"多 GPU"技术，可以在单位时间内提升显卡的性能。所谓的"多 GPU"技术就是联合使用多个 GPU 核心的运算力，来得到高于单个 GPU 的性能，提升电脑的显示性能。

显示芯片只有两个品牌，NVIDIA 的多 GPU 技术叫做 SLI，AMD 的叫做 CF。

◎ SLI：SLI（Scalable Link Interface，可升级连接接口）是 NVIDIA 公司的专利技术，它通过一种特殊的接口连接方式（称为 SLI 桥接器或者显卡连接器），在一块支持 SLI 技术的主板上同时连接并使用多块显卡，提升电脑的图形处理能力，图 2-150 所示为双卡 SLI。

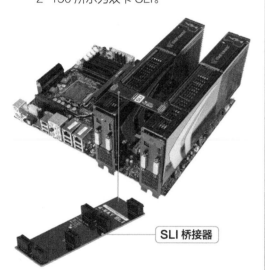

SLI 桥接器

图2-150　双卡SLI

知识提示

SLI/CF 桥接器

SLI/CF桥接器是多张一样的显卡组建 SLI/CF系统所使用的一个连接装备，连接在一起的多张显卡的数据可以直接通过这个专门的桥接器进行传输。

◎ CF：CF（CrossFire，交叉火力，简称交火）是 ATI 公司的多 GPU 技术，它也是通过 CF 桥接器让多张显卡同时在一台电脑上连接使用，增强运算效能。和 SLI 相同，它们都是通过桥接器连接显卡上的 SLI/CF 接口来实现多 GPU，图 2-151 所示为显卡上的 CF 接口，通常在显卡的顶部。

图2-151　显卡的CF接口

◎ Hybird SLI/CF：它是另外一种多 GPU 技术，也就是通常所说的混合交火技术。混合交火技术就是利用处理器显卡和普通显卡进行交火，从而提升电脑的显示性能。对于性能方面来说，混合交火最高可以提高电脑的图形处理能力到 150% 左右，但还达不到 SLI/CF 的 180% 左右。不过，相对于 SLI/CF，中低端显卡用户可以通过混合交火带来性价比的提升和使用成本的降低；对于高端显卡用户，虽然无法通过混合交火提升显示性能，但在一些特定的模式下，混合交火支持独立显示芯片的休眠功能，这样可以控制显卡的功耗，节约能源，非常实用。

第 2 章　认识和选购多核电脑的配件

81

2.6.7 轻松解读显卡流处理器

流处理器（Stream Processor，SP）多少对显卡性能有决定性作用，可以说高中低端的显卡除了核心不同外，最主要的差别就在于流处理器数量，流处理器个数越多，显卡的图形处理能力越强，一般成正比关系。

流处理器很重要，但 NVIDIA 和 AMD 同样级别的显卡的流处理器数量却相差巨大，这是因为两种显卡使用的流处理器种类不一样。

◎ AMD：AMD 公司的显卡使用的是超标量流处理器，其特点是浮点运算能力强大，表现在图形处理上则是偏重于图像的画面和画质。

◎ NVIDIA：NVIDIA 公司的显卡使用的是矢量流处理器，其特点是每个流处理器都具有完整的 ALU（算术逻辑单元）功能，表

现在图形处理上则是偏重于处理速度。

◎ NVIDIA 和 AMD 的区别：NVIDIA 显卡的流处理器图形处理速度快，AMD 显卡的流处理器图形处理画质好。NVIDIA 显卡的一个矢量处理器可以完成 AMD 显卡5 个超标量流处理器的工作任务，也就是1:5 的换算公式。如果某 AMD 显卡的流处理器数量为 480 个，则其性能相当于只有96 个 NVIDIA 显卡流处理器。

2.6.8 处理器显卡和独立显卡的选择

随着 CPU 性能的不断提升，其内置的处理器显卡性能也在不断更新，依托 CPU 强大的运算能力和智能能效调节设计，可以在更低功耗下实现同样出色的图形处理性能和流畅的应用体验。那么，在组装电脑的时候，是该选择处理器显卡还是独立显卡？

在图 2-149 所示的显示芯片理论性能对比图中可以看到，二代 APU 处理器显卡已经可以媲美中低端独立显卡，另外，Intel 处理器显卡在性能上也已经可以和以前的诸多入门独立卡相抗衡了。例如 AMD A10-5800K 内置的HD7660D 核心显卡性能与入门级的 GT630 D5 独立显卡相当，超越了 GT630 以下独立卡的性能，也就是说，如果要组装 A10 处理器的电脑，那么 GT630 以下的显卡显然没有购买意义，因为它无法提升电脑的显示性能。

组装电脑时一定要根据对显卡的需求来选择使用处理器显卡还是独立显卡。对于入门或者办公用户而言，使用处理器显卡就足够了，这样可降低组装电脑的成本，同时处理器显卡还有更好的稳定性。比如现在 Intel 酷睿 i5 CPU 的 Intel HD Graphics 530 处理器显卡，其具有 350MHz 的显示频率，64GB 的显存，

4096x2304 的最大分辨率，完全能够满足普通用户的基本显示要求，甚至对于基本的图形图像处理及主流的网络游戏都能轻松应付。

对于主流游戏用户，独立显卡是必不可少的，毕竟目前主流独立显卡才具备真正的主流游戏性能，对于独立显卡，建议不要购买 400 元以下的入门独立显卡，因为处理器核心显卡的性能都与之相近，多花钱购买不值得。500 元以上的主流入门显卡才值得考虑，目前主流游戏用户选购显卡的预算均在 700~1500 元，这个价位的显卡一般均具有较强性能，基本可以满足各类主流游戏需求。

对于发烧友、主要玩大型单机游戏或是主要从事效果绘图视频编辑方面工作的专业用户而言，就一定得使用独立显卡，且一定要使用一线的显卡。

2.6.9 | 选购显卡的注意事项

用户通常都对电脑的显示性能和图形处理能力有较高的要求，所以在选购显卡时，一定要注意以下几个方面的问题。

◎ 选料：如果显卡的选料上乘，做工优良，这块显卡的性能也就较好，但价格相对也较高；如果一款显卡价格低于同档次的其他显卡，那么这块显卡在做工上可能稍次。选购显卡时，一定要注意这些问题。

◎ 做工：一款性能优良的显卡，其 PCB 板、线路和各种元件的分布也比较规范，建议尽量选择使用 4 层以上 PCB 板显卡。

◎ 布线：为使显卡能够正常工作，显卡内通常密布着许多电子线路，用户可直观地看到这些线路。正规厂商的显卡布局清晰、整齐，各个线路间都保持了比较固定的距离，各种元件也非常齐全，而低端显卡上则常会出现空白的区域。

◎ 包装：一块通过正规渠道进货的新显卡，包装盒上的封条一般是完整的，而且显卡上有中文的产品标记和生产厂商的名称、产品型号和规格等信息。

2.6.10 | 4K 显卡的品牌和产品推荐

优质品牌的显卡意味着优良的做工和用料，下面先简单介绍主流的显卡品牌，然后将显卡分为入门、主流、专业和发烧 4 个级别，针对 NVIDIA 和 AMD 两种显示芯片，分别推荐目前最热门的 4K 显卡产品。

1. 显卡的主流品牌

大品牌的显卡，做工精良，售后服务也好，定位于低中高不同市场的产品也多，方便用户选购。市场上最受用户关注的主流显卡品牌包括七彩虹、影驰、索泰、耕升、XFX 讯景、华硕、丽台、蓝宝石、技嘉、迪兰和微星等。

2. NVIDIA 显卡产品推荐

NVIDIA 显卡通常称为 N 卡，下面分别介绍 4 款最热门的产品。

◎ 入门——影驰 GeForce GTX 750Ti 大将：这款显卡显示芯片为 GeForce GTX 750Ti，制作工艺为 28nm，核心频率为 1110/1189MHz，显存频率为 5400MHz，显存类型为 GDDR5，显存容量为 2048MB，显存位宽为 128bit，显存速度为 0.3ns，最大分辨率为 4096×2160，散热方式为双散热风扇，

显示输入接口为 HDMI/ 双 DVI/DP，外接电源接口为 6pin，流处理器为 640 个，如图 2-152 所示。

图2-152 影驰GeForce GTX 750Ti 大将

◎ 主流——七彩虹 iGame1050Ti 烈焰战神 U-4GD5：这款显卡显示芯片为 GeForce GTX 1050Ti，制作工艺为 14nm，核

心频率为 1290/1493MHz，显存频率为 7000MHz，显存类型为 GDDR5，显存容量为 4096MB，显存位宽为 128bit，显存速度为 0.3ns，最大分辨率为 7680×4320，散热方式为双散热风扇，显示输入接口为 HDMI/DVI/DP，外接电源接口为 6pin，流处理器为 768 个，如图 2-153 所示。

图2-153　七彩虹iGame1050Ti 烈焰战神U-4GD5

◎ 专业——微星 GeForce GTX 1080 GAMING X 8G：这款显卡显示芯片为 GeForce GTX 1080，制作工艺为 16nm，核心频率为 1607/1847MHz，显存频率为 10010/10108MHz，显存类型为 GDDR5X，显存容量为 8192MB，显存位宽为 256bit，最大分辨率为 7680×4320，散热方式为双散热风扇＋热管散热，显示输入接口为 HDMI/DVI/3 个 DP，外接电源接口为 6pin+8pin，流处理器为 2560 个，支持 SLI 和最多 4 屏输出，如图 2-154 所示。

知识提示

多屏拼接显示技术

　　这是一种使用多个显示器合成一个大的集成显示画面的技术，需要显卡的支持。

图2-154　微星GeForce GTX 1080 GAMING X 8G

◎ 发烧——华硕 GTX Titan Z-12GD5：这款显卡显示芯片为 GeForce GTX Titan Z，制作工艺为 28nm，核心频率为 705/876MHz，显存频率为 7000MHz，显存类型为 GDDR5，显存容量为 12288MB，显存位宽为 768bit，最大分辨率为 4096×2160，散热方式为涡轮风扇，显示输入接口为 HDMI/ 双 DVI/DP，外接电源接口为 8pin+8pin，流处理器为 5760 个，支持 SLI，如图 2-155 所示。

图2-155　华硕GTX Titan Z-12GD5

3. AMD 显卡产品推荐

　　AMD 显卡通常称为 A 卡，下面分别介绍

4 款最热门的产品。

◎ 入门——蓝宝石 RX 460 4G D5 超白金 OC：这款显卡显示芯片为 Radeon RX 460，制作工艺为 14nm，核心频率为 1250MHz，显存频率为 7000MHz，显存类型为 GDDR5，显存容量为 4096MB，显存位宽为 128bit，最大分辨率为 3840×2160，散热方式为双散热风扇，显示输入接口为 HDMI/DVI/DP，流处理器为 896 个（相当于同样水平 NVIDIA 显卡的 179 个），如图 2-156 所示。

图2-156　蓝宝石RX 460 4G D5 超白金 OC

◎ 主流——迪兰 Radeon RX 470 4G X-Serial：这款显卡显示芯片为 Radeon RX 470，制作工艺为 14nm，核心频率为 1242MHz，显存频率为 6600MHz，显存类型为 GDDR5，显存容量为 4096MB，显存位宽为 256bit，最大分辨率为 7680×4320，散热方式为三散热风扇，显示输入接口为 HDMI/DVI/3 个 DP，外接电源接口为 8pin，流处理器为 2048 个（相当于同样水平 NVIDIA 显卡的 410 个），如图 2-157 所示。

图2-157　迪兰Radeon RX 470 4G X-Serial

◎ 专业——华硕 R9 FURY X 4GB HBM：这款显卡显示芯片为 Radeon R9 FURY X，制作工艺为 26nm，核心频率为 1050MHz，显存频率为 500MHz，显存类型为 HBM，显存容量为 4096MB，显存位宽为 4096bit，最大分辨率为 4096×2160，散热方式为水冷散热，显示输入接口为 HDMI/3 个 DP，外接电源接口为 8pin+8pin，流处理器为 4096 个（相当于同样水平 NVIDIA 显卡的 819 个），支持 CF，如图 2-158 所示。

图2-158　华硕R9 FURY X 4GB HBM

◎ 发烧——华硕 ROG ARES III：这款显卡显示芯片为 Radeon R9 290X，并且有两块显示芯片，制作工艺为 28nm，核心频率为 1030MHz，显存频率为 5000MHz，显存类型为 GDDR5，显存容量为 8192MB，显存位宽为 1024bit，最大分辨率为 3840×2160，散热方式为水冷散热，显示输入接口为 HDMI/DVI/DP，外接电源接口为 8pin+8pin+8pin，支持内部双 GPU 混合交火，如图 2-159 所示。

图2-159　华硕ROG ARES III

2.7　认识和选购极致画质的显示器

显示器是电脑输出数据的主要硬件设备，它是一种电光转换工具，现在市面上的显示器都是 LCD（Liquid Crystal Display，液晶显示器）显示器，它具有无辐射危害、屏幕不会闪烁、工作电压低、功耗小、重量轻和体积小等优点。

2.7.1　通过外观认识显示器

显示器通常分为正面和背面，另外还有各种控制按钮和接口，如图2-160所示。

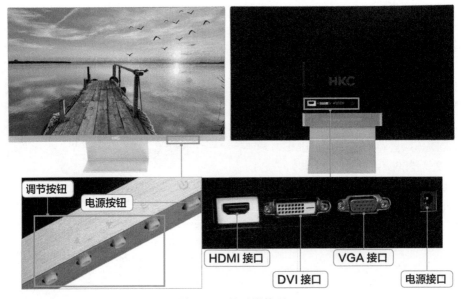

图2-160　显示器外观

2.7.2 画质清晰的 LED 和 4K 显示器

目前市面上的显示器几乎都是LED显示器，其性能比LCD更先进。由于显卡技术水平的不断提高，支持4K分辨率逐渐变成市场主流，需要匹配4K显卡的4K显示器也越来越多。

1. LED 显示器

LED就是发光二极管，LED显示器就是由发光二极管组成显示屏的显示器。

◎ LED 显示器的优点：与 LCD 显示器相比，LED 显示器在亮度、功耗、可视角度和刷新速率等方面都更具优势，有机 LED 显示屏的单个元素反应速度是 LCD 屏的 1000 倍，在强光下也可清楚显现，并且适应 –40℃的低温。

◎ LED 显示器与 LCD 显示器的区别：两者的根本区别在于显示器的背光源，液晶本身并不发光，需要另外的光源发亮，LCD 显示器使用 CCFL 作为背光源，即紧凑型节能灯；LED 显示器用 LED 作为背光源，即发光二极管。所以，LED 显示器就是使用 LED 作为背光源的液晶显示器，也可以算 LCD 显示器的一种。

2. 4K 显示器

4K显示器并不是一种特殊技术的显示器，而是指最大分辨率达到4K标准的显示器。

◎ 4K：4K（4K Resolution）是一种新兴的数字电影及数字内容的解析度标准，4K 的名称得自其横向解析度约为 4000 像素（pixel，px），电影行业常见的 4K 分辨率包括 Full Aperture 4K（4096 × 3112）、Academy 4K（3656 × 2664）等多种标准。

◎ 4K 分辨率：分辨率是指显示器所能显示的像素有多少，通常用显示器在水平和垂直显示方向能够达到的最大像素点来表示。标清 720P 为 1280 × 720px，高清 1080P 为 1920 × 1080px，超清 1440P 为 2560 ×

1440px，超高清 4K 为 4096 × 2160px，也就是说，4K 的清晰度是 1080P 的 4 倍，而 1080P 的清晰度是 720P 的 4 倍。所以，4K 分辨率的清晰度非常高，4K 显示器显示的图像和画面能最真实地还原事物本来的形状。

◎ 桌面 4K：市面上的主流显示器屏幕比例多为 16:9 和 16:10，而 4K 显示器的屏幕比例大约为 17:9，为了配合 16:9 的屏幕比例，通常把分辨率为 3840X2160px 的显示器称为 4K 显示器，简称桌面 4K。表 2-5 所示为通用显示器分辨率。

表 2-5　通用显示器分辨率

标准	分辨率
SVGA	800 × 600（4∶3）
XGA	1024 × 768（4∶3）
HD	1366 × 768（16∶9）
WXGA	1280 × 800（16∶10）
UXGA	1600 × 1200（4∶3）
WUXGA	1920 × 1200（16∶10）
Full HD	1920 × 1080（16∶9）
WQHD	3440 × 1440（16∶9）
UHD	3840 × 2160（16∶9）
4K Ultra HD	4096 × 2160（大约 17∶9）

2.7.3 技术先进的 3D 和曲面显示器

现在市面上还有两种技术先进的显示器类型——3D显示器和曲面显示器，它们都是通过独特的显示技术，为用户带来极致的显示效果体验。

1. 3D 显示器

3D（Dimension，维度）是指三维空间，也就是立体空间，3D 显示器即能够显示出立体效果的显示器。3D 显示技术就是通过为双眼送上不同的画面，以产生的错觉"欺骗"双眼，让它们产生"立体感"。目前主流的桌面 3D 显示技术有 3 种，分别为红蓝式、光学偏振式和主动快门式，三者皆需要搭配眼镜来实现。

◎ 红蓝式：它是最早面世的 3D 显示技术，由于显示效果太不理想，已经被淘汰。

◎ 光学偏振式：它属于被动式 3D 技术，通过显示器上的偏光膜分解图像，将显示器所显示的单一画面分解为垂直向偏光光、水平向偏光光两个独立的画面，而用户戴上左右分别采用不同偏光方向的偏光镜后，就能使双眼分别看到不同的画面并传递给大脑，形成 3D 影像。虽然采用这种技术的 3D 显示器的光线、分辨率和可视角度都比较差，显示效果也一般，但却是目前市场上主流的 3D 显示器类型。

◎ 主动快门式：它属于主动式 3D 技术，显卡在计算游戏（影片效果是通过双摄像头实现的）时将每一帧计算出两个不同的画面显示在显示器上，然后通过红外信号发射器同步快门式 3D 眼镜的左右液晶镜片开关，轮流遮挡左右眼的画面，让两眼看到不同的画面。这种技术对显示器要求太高，至少需要 120Hz 的刷新频率，且 3D 眼镜昂贵，提升了用户组建 3D 平台的成本，通常在高端显示器中应用。

2. 曲面显示器

曲面显示器是指面板带有弧度的显示器，

如图2-161所示。

图2-161　曲面显示器

◎ 曲面显示器的优点：曲面显示器避免了两端视距过大的缺点，曲面屏幕的弧度可以保证眼睛的距离均等，从而带来比普通显示器更好的感官体验。曲面显示器微微向用户弯曲的边缘能够更贴近用户，与屏幕中央位置实现基本相同的观赏角度，视野更广。同时，由于曲面屏尺寸更大，同时有一定的弯度，和直面屏相比占地面积更小。

◎ 曲率：它是曲面显示器最重要的性能参数，指的是屏幕的弯曲程度，曲率越大，弯曲的弧度越明显，制作的工艺难度也更高。曲率通常与显示器的尺寸成正比，也就是说，显示器尺寸越大，对应曲率也就越大，这样在视觉上才能感受到曲面带来的效果。

◎ 适用人群：曲面显示器弯曲的屏幕对于画面或多或少的会造成一定的扭曲失真，所以并不适合作图、设计等专业用户使用。对于普通家庭和办公用户，曲面显示器完全可以取代普通显示器的所有功能，而且还可以带来更好的影音游戏效果。

2.7.4 显示器面板的主流选择——IPS

显示器面板的类型关系着显示器的响应时间、色彩、可视角度、对比度等重要性能参数，显示器面板还占据了一台显示器成本的70%左右，所以显示器面板对于显示器的优劣起着决定性的作用。现在市面上的显示器面板类型包括TN、ADS、PLS、VA和IPS 5种。

◎ TN（Twisted Nematic，扭曲向列）：这种类型的面板应用于入门级显示器产品中，优点是响应时间容易提高，辐射水平很低，眼睛不易产生疲劳感，比较适合游戏玩家。缺点是可视角度受到了一定的限制，不会超过160度。TN面板属于软屏，用手轻轻划会出现类似的水纹。这种面板的显示器正在逐渐退出主流市场。

◎ ADS（Advanced Super Dimension Switch，高级超维场转换）：这种类型面板的显示器在市场上并不多见，优点是可视角度较大，达到了广视角面板的程度，还有就是响应速度较快（主流IPS为8ms，ADS为5ms），其他各项性能指标通常略低于IPS。由于其价格比较低廉，也被称为廉价IPS。

◎ PLS（Plane to Line Switching，平面到线转换）：这种类型的面板是三星公司独家技术研发和制造的，主要用在三星显示器上。PLS面板在性能上与IPS面板非常接近，而其号称生产成本与IPS面板相比减少了约15%，所以其实在市场上相当具有竞争力。

◎ VA（Vertical Alignment，垂直配向）：VA面板可分为由富士通主导的MVA面板和由三星开发的PVA面板，其中后者是前者的继承和改良，也是目前市场上最多采用的类型。优点是可视角度大，黑色表现也更为纯净，对比度高，色彩还原准确；缺点是功耗比较高，响应时间比较慢，面板的均匀性一般，可视角度相比IPS面板稍差。VA面板也属于软屏，只要用手指

轻触面板，会显现梅花纹，图2-162所示为PVA面板的各角度实拍对比。

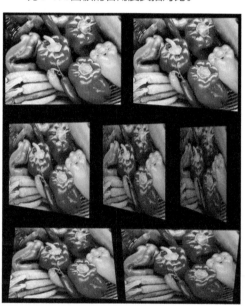

图2-162　PVA面板各角度实拍

◎ IPS（In-Plane Switching，平面转换）：这种类型的面板目前广泛使用于显示器与手机屏幕等，优点是可视角度大，可达到178度；色彩真实，无论从哪个角度欣赏，都可以看到色彩鲜明、饱和自然的优质画面；动态画质出色，特别适合运动图像重现，无残影和拖尾，常用于观看数字高清视频和快速运动画面；节能环保，减少了液晶层厚度，更加省电；IPS显示器更容易受到专业人士的青睐，可以满足设计、印刷、航天等行业专业人士对色彩的较为苛刻的要求，如图2-163所示。缺点是IPS面板会增加背光的发光度，可能出现大面积的边缘漏光问题，如图2-164所示。

图2-163　IPS（左）和TN（右）显示图像对比

图2-164　廉价IPS（左）和TN（右）漏光对比

2.7.5　显示器的其他性能指标

第 1 部分

　　在选购显示器时，还有很多需要注意的性能指标，如屏幕尺寸、对比度、亮度、可视角度及灰阶响应时间等。

◎ 显示屏尺寸：包括 20 英寸（折合约 51cm）以下、20~22 英寸（51 ~ 56cm）、23~26 英寸（58 ~ 66cm）、27~30 英寸（69 ~ 76cm）及 30 英寸（76cm）以上等。

◎ 屏幕比例：它是指显示器屏幕画面纵向和横向的比例，包括普屏 4:3、普屏 5:4、宽屏 16:9 和宽屏 16:10 几种类型。

◎ 对比度：对比度越高，显示器的显示质量也就越好，特别是用于玩游戏或观看影片时，更高对比度的显示器可得到更好的显示效果。

◎ 动态对比度：动态对比度指液晶显示器在某些特定情况下测得的对比度数值，其目的是保证明亮场景的亮度和昏暗场景的暗度。所以，动态对比度对于那些需要频繁在明亮场景和昏暗场景切换的应用，才有较为明显的实际意义，比如看电影。

◎ 亮度：亮度越高，显示画面的层次就越丰富，显示质量也就越高。亮度单位为 cd/m²，市面上主流的显示器的亮度为 250cd/m²。需要注意的是，亮度太高的显示器不见得就是好的产品，画面过亮一方面容易引起视觉疲劳，同时也使纯黑与纯白的对比度降低，影响色阶和灰阶的表现。

◎ 可视角度：指站在位于显示器旁的某个角度时仍可清晰看见影像的最大角度，每个人的视力不同，以对比度为准，在最大可视角度时所量到的对比度越大就越好。主流显示器的可视角度都在 160° 以上。

◎ 灰阶响应时间：当玩游戏或看电影时，显示器屏幕内容不可能只做最黑与最白之间的切换，而是五颜六色的多彩画面或深浅不同的层次变化，这些都是在做灰阶间的转换。灰阶响应时间短的显示器画面质量更好，尤其是在播放运动图像时，目前主流显示器的灰阶响应时间都控制在 6ms 以下。

◎ 刷新率：刷新率是指电子束对屏幕上的图像重复扫描的次数。刷新率越高，所显示的图象（画面）稳定性就越好。只有在高分辨率下达到高刷新率的显示器才能称为性能优秀，市面上的显示器刷新率有 75Hz、120Hz 和 144Hz 3 种。

2.7.6 选购显示器的注意事项

在选购显示器时，除了需要注意其各种性能参数外，还应注意以下事项。

◎ 选购目的：如果是一般家庭和办公用户，建议购买LED，环保无辐射，性价比高；如果是游戏或娱乐用户，可以考虑曲面显示器，颜色鲜艳，视角清晰；如果是图形图像设计用户，最好使用大屏幕4K显示器，图像色彩鲜艳，画面逼真。

◎ 测试坏点：目前的液晶面板生产线技术还不能做到显示屏完全无坏点，坏点数是衡量LCD液晶面板质量好坏的一个重要标准。检测坏点时，可将显示屏显示全白或全黑的图像，在全白的图像上出现黑点，或在全黑的图像上出现白点，这些位置都存在坏点，通常超过3个坏点就不能选购了。

◎ 显示接口的匹配：是指显示器上的显示接口应该和显卡或主板上的显示接口至少有一个是相同的，这样才能通过数据线连接在一起。比如某台显示器有VGA和HDMI两种显示接口，而连接的电脑显卡上却只有VGA和DVI显示接口，虽然能够通过VGA进行连接，明显显示效果没有DVI或HDMI连接的好。

◎ 选购技巧：在选购显示器的过程中应该买大不买小，在大尺寸产品不断调整售价以适应市场竞争的情况下，16:9 比例的大尺寸产品更具有购买价值，是用户选购时最值得关注的显示器规格。

知识提示

MHL 和 Thunderbolt 视频接口

这两种都是代表先进技术的显示器视频接口，MHL接口是一种移动高清连接技术接口，通过它可以将手机/平板电脑的画面扩展到显示器上，MHL接口要求手机/平板电脑以及显示器需要有专门的芯片才能使用。Thunderbolt是Apple和Intel两个公司共同开发的一项I/O传输技术，通过一个单独设置的端口，就可支持高分辨率显示屏和高性能数据设备，Thunderbolt接口有着不错的传输速度、灵活性以及简约性。图2-165所示为这两种接口的样式。

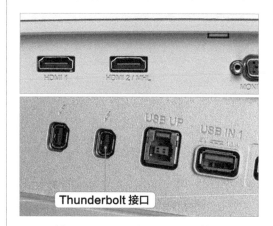

图2-165 MHL和Thunderbolt接口

2.7.7 显示器的品牌和产品推荐

市面上的显示器通常根据不同的用户类型进行产品定位，通常分为大众实用、办公 / 网吧、电子竞技、设计制图 4 种类型，下面就根据这种分类方式介绍市面上最热门的显示器品牌和产品。

1. 显示器的主流品牌

常见的显示器主流品牌有三星、HKC、优派、AOC（冠捷）、飞利浦、明基、Acer（宏碁）、长城、戴尔、惠普、联想、爱国者、大水牛、NEC 及华硕等。

2. 显示器产品推荐

下面分别介绍几款最热门的显示器产品。

◎ 大众实用——航嘉 D2461WHU/DK：这款显示器类型为 LED，屏幕尺寸为 23.8 英寸（约 60cm），最佳分辨率为 1920x1080，屏幕比例为 16:9，面板类型为 ADS，动态对比度为 20000000:1，对比度为 1000:1，灰阶响应时间为 7ms，亮度为 250cd/m²，可视角度为 178/178°，视频接口为 VGA+HDMI，如图 2-166 所示。

图2-166 航嘉D2461WHU/DK

知识提示

护眼显示器的不闪屏

不闪屏分真不闪和假不闪两种，真不闪指的是采用DC调光的不闪屏（硬件实现），假不闪指的是PMW调光不闪屏（软件实现，依然对眼睛有伤害）。

◎ 大众实用——三星 S27D590C：这款显示器类型为 LED+ 曲面，屏幕尺寸为 27 英寸（约 69cm），最佳分辨率为 1920x1080，屏幕比例为 16:9，面板类型为 VA，动态对比度为 1000000:1，对比度为 3000:1，灰阶响应时间为 5ms，亮度为 300cd/m²，可视角度为 178/178°，视频接口为 VGA+HDMI+DP，

如图 2-167 所示。

图2-167 三星S27D590C

◎ 办公 / 网吧——HKC P320：这款显示器类型为 LED，屏幕尺寸为 32 英寸（约 81cm），最佳分辨率为 1920x1080，屏幕比例为 16:9，面板类型为 IPS，动态对比度为 20000000:1，对比度为 1000:1，灰阶响应时间为 6ms，亮度为 250cd/m²，可视角度为 178/178°，视频接口为 VGA+DVI，如图 2-168 所示。

图2-168 HKC P320

◎ 电子竞技——AOC U2879VF：这款显示器类型为 LED+4K，屏幕尺寸为 27 英寸（约 69cm），最佳分辨率为 3840x2160，屏幕比例为 16:9，面板类型为 TN，动态对比度为 80000000:1，对比度为 3000:1，灰阶响应时间为 1ms，亮度为 300cd/m²，可视角度为 170/160°，

视频接口为 VGA+DVI+HDMI+DP，如图 2-169 所示。

图2-169　AOC U2879VF

◎　电子竞技——LG 34UC98-W：这款显示器类型为 LED+ 曲面，屏幕尺寸为 34 英寸（约 86cm），最佳分辨率为 3440x1440，屏幕比例为 21:9，面板类型为 IPS，动态对比度为 80000000:1，对比度为 1000:1，灰阶响应时间为 5ms，亮度为 300cd/m^2，可视角度为 178/178°，视频接口为 HDMI+DP+Thunderbolt，内置音箱，如图 2-170 所示。

图2-170　LG 34UC98-W

◎　设计制图——HKC B6000：这款显示器类型为 LED，屏幕尺寸为 25 英寸（约 64cm），最佳分辨率为 2560x1440，屏幕比例为 16:9，面板类型为 IPS，动态对比度为 20000000:1，对比度为 1000:1，灰阶响应时间为 6ms，亮度为 300cd/m^2，

可视角度为 178/178°，视频接口为 VGA+DVI+HDMI，如图 2-171 所示。

图2-171　HKC B6000

◎　设计制图——AOC AG271QG：这款显示器类型为 LED，屏幕尺寸为 27 英寸（约 69cm），最佳分辨率为 2560x1440，屏幕比例为 16:9，面板类型为 IPS，动态对比度为 80000000:1，对比度为 1000:1，灰阶响应时间为 4ms，亮度为 350cd/m^2，可视角度为 178/178°，视频接口为 HDMI+DP，如图 2-172 所示。

图2-172　ΛOC AG271QG

◎　发烧——华硕 PG348Q：这款显示器类型为 LED+ 曲面，屏幕尺寸为 34 英寸（约 86cm），最佳分辨率为 3440x1440，屏幕比例为 21:9，面板类型为 IPS，

动态对比度为 20000000:1，对比度为 1000:1，灰阶响应时间为 5ms，亮度为 300cd/m²，可视角度为 178/178°，视频接口为 HDMI+DP，如图 2-173 所示。

比例为 16:9，面板类型为 IPS，动态对比度为 80000000:1，对比度为 1000:1，灰阶响应时间为 10ms，亮度为 350cd/m²，可视角度为 178/178°，视频接口为 VGA+DVI+HDMI+DP，如图 2-174 所示。

图2-173　华硕PG348Q

◎ 发烧——NEC PA322UHD：这款显示器类型为 LED+4K，屏幕尺寸为 31.5 英寸（约 80cm），最佳分辨率为 3840x2160，屏幕

图2-174　NEC PA322UHD

2.8　认识和选购机箱与电源

在市场上，电脑的机箱和电源通常是组合在一起选购的，有些机箱内甚至配置了标准电源（称为标配电源）。机箱的主要作用是放置和固定各种电脑硬件，起到承托和保护的作用，此外，机箱还具有屏蔽电磁辐射的作用，电源则是为电脑提供动力的部件。

2.8.1　机箱与电源的外观结构

要认识机箱和电源，首先需要了解其外观结构。

1. 电源的外观结构

电源是电脑的心脏，它为电脑工作提供动力，电源的优劣不仅直接影响电脑的工作稳定程度，还与电脑的使用寿命息息相关。使用质量差的电源，不仅会出现因供电不足而导致意外死机的现象，甚至可能损伤硬件。另外，质量差的电源还可能引发电脑的其他并发故障。

图 2-175 所示为电源的外观结构图。

◎ 电源插槽：电源插槽是专用的电源线连接口，通常是一个 3pin 的接口，如图 2-176 所示。需要注意的是，电源线所插入的交流插线板，其接地插孔必须已经接地，否则电脑中的静电将不能有效释放，这可能导致电脑硬件被静电烧坏。

图2-175　电源外观

图2-176　电源插槽

◎ SATA 电源插头：SATA 电源插头是为硬盘提供电能供应的通道。它比 D 型电源插头要窄一些，但安装起来更加方便，如图2-177 所示。

图2-177　SATA电源插头

◎ 24pin 主板电源插头：该插头是提供主板所需电能的通道。在早期，主电源接口是一个 20pin 的插头，为了满足 PCI-E 16X 和 DDR2 内存等设备的电能消耗，目前主流的电源主板接口都在原来 20pin 插头的基础上增加了一个 4pin 的插头，如图2-178 所示。

图2-178　24pin主板电源插头

◎ 辅助电源插头：辅助电源插头是为 CPU 提供电能供应的通道，它有 4pin 和 8pin 两种，可以为 CPU 和显卡等硬件提供辅助电源，如图 2-179 所示。

图2-179　辅助电源插头

2. 机箱的外观结构

机箱一般为矩形框架结构，主要用于为主板、各种输入/输出卡、硬盘驱动器、光盘驱动器和电源等部件提供安装支架，图 2-180 所示为机箱的外观和内部结构图。

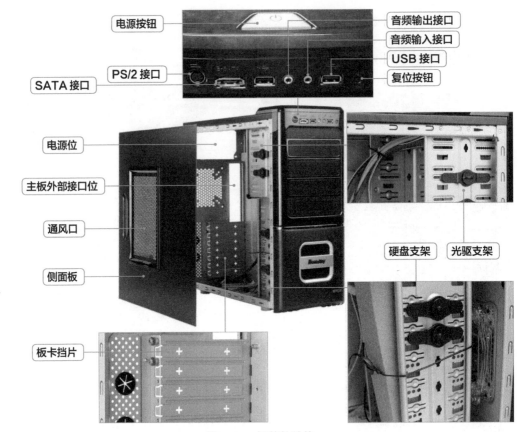

电源按钮

SATA 接口

PS/2 接口

音频输出接口

音频输入接口

USB 接口

复位按钮

电源位

主板外部接口位

通风口

侧面板

硬盘支架

光驱支架

板卡挡片

图2-180　机箱的结构

2.8.2　HTPC 使用哪种结构类型的机箱

　　HTPC（Home Theater Personal Computer，家庭影院电脑）是以电脑担当信号源和控制器的家庭影院，也就是一部预装了各种多媒体解码播放软件，可用来对应播放各种影音媒体，并具有各种接口，可与多种显示设备，如电视机、投影机等音频数字设备连接使用的电脑。

　　HTPC 以外观精美小巧、性能强大且低功耗、静音等特点受到很多电脑用户的青睐，现在电脑市场上的组装电脑也有很大一部分是HTPC。但 HTPC 需要使用专门的机箱，而不同结构类型的机箱通常只能安装对应结构类型的主板，下面介绍市面上主要的机箱类型。

◎　ATX：在 ATX 结构中，主板横向放置，安装在机箱的左上方，而电源安装在机箱的右上方；在前置面板上安装存储设备，并且在后置面板上预留了各种外部端口的

位置，这样可使机箱内的空间更加宽敞简洁，且有利于散热。ATX 机箱中通常安装ATX 主板，如图 2-181 所示。

◎　MATX：也称 Mini ATX 或 Micro ATX 结构，是 ATX 结构的简化版。其主板尺寸和电源结构更小，生产成本也相对较低；最多支持 4 个扩充槽，机箱体积较小，扩展性有限，只适合对电脑性能要求不高的用户。MATX 机箱中通常安装 M-ATX 主板，如图 2-182 所示。

2-183 所示。

图2-181　ATX机箱

图2-183　ITX机箱

◎ RTX：RTX是英文 Reversed Technology Extended 的缩写，通过巧妙的主板倒置，配合电源下置和背部走线系统。这种机箱结构可以提高 CPU 和显卡的热效能，并且解决了以往背线机箱需要超长线材电源的问题，带来了更合理的空间利用率。因此 RTX 有望成为下一代机箱的主流结构类型，如图 2-184 所示。

图2-184　RTX机箱

图2-182　MATX机箱

◎ ITX：它代表电脑微型化的发展方向，这种结构的电脑机箱大小只相当于两块显卡的大小。但为了外观的精美，ITX 机箱的外观样式也并不完全相同，除了安装对应主板的空间一样外，ITX 机箱可以有很多的形状。HTPC 通常使用的就是 ITX 机箱，ITX 机箱中通常安装 Mini-ITX 主板，如图

2.8.3 | 机箱的功能与样式

对于机箱的选购，还需要了解机箱的功能和样式等方面的知识。

1. 机箱的功能

机箱的主要功能是为电脑的核心部件提供保护。如果没有机箱，CPU、主板、内存和显卡等部件就会裸露在外，不仅不安全，而且灰尘会影响其正常工作，这些部件甚至会被氧化和损坏。机箱的具体功能主要有以下几个方面。

◎ 机箱面板上有许多指示灯，可使用户更方便地观察系统的运行情况。

◎ 机箱为 CPU、主板、各种板卡和存储设备及电源提供了放置空间，并通过其内部的支架与螺丝将这些部件固定，形成一个集装型的整体，起到了保护罩的作用。

◎ 机箱坚实的外壳不但能保护其中的设备，起到防压、防冲击和防尘等作用，还能起到防电磁干扰和防辐射的作用。

◎ 机箱面板上的开机和重新启动按钮可使用户方便地控制电脑的启动和关闭。

2. 机箱的样式

机箱的样式主要有立式和卧式两种，具体介绍如下。

◎ 立式机箱：主流电脑的机箱外形大部分都为立式，立式机箱的电源在上方，其散热性比卧式机箱好，立式机箱没有高度限制，理论上可以安装更多的驱动器或硬盘，并使电脑内部设备安装的位置分布更科学，散热性更好。

◎ 卧式机箱：这种机箱外型小巧，整台电脑外观的一体感也比立式机箱强，占用空间相对较少，随着高清视频播放技术的发展，

很多视频娱乐电脑都采用这种机箱，其外面板还具备视频播放能力，非常时尚美观，如图 2-185 所示。

图2-185　卧式机箱

◎ 立卧两用式机箱：这种机箱设计的目的是为了适应不同的放置环境，既可以像立式机箱一样具有更多的内部空间，也能像卧式机箱一样占用较少的外部空间，如图 2-186 所示。

图2-186　立卧两用式机箱

2.8.4 | 电源的主要性能指标

影响电源性能的指标主要有额定功率、风扇大小和保护功能等。

◎ **风扇大小**：电源的散热方式主要是风扇散热，风扇的大小有 8cm、12cm、13.5cm 和 14cm 4 种，风扇越大，相对的散热效果越好。

◎ **额定功率**：指支持电脑正常工作的功率，是电源的输出功率，单位为 W（瓦）。市面上电源的功率从 250W~800W 不等，由于电脑的配件较多，需要 300W 以上的电源才能满足需要，现今电源最大的额定功率已达到 2000W。根据实际测试，电脑进行不同操作时，其实际功率不同，且电源额定功率越大，反而更省电。

◎ **保护功能**：保护功能也是影响电源性能的重要指标之一，目前电脑常用的保护功能包括过压保护 OVP（当输出电压超过额定值时，电源会自动关闭，从而停止输出，防止损坏甚至烧毁电脑部件）、短路保护 SCP（某些器件可以监测工作电路中的异常情况，当发生异常时切断电路并发出报警，从而防止危害进一步扩大）、过载或过流保护 OLP（防止因输出的电流超过原设计的额定值而使电源损坏）、防雷击保护（这项功能针对雷击电源损害而设计）和过热保护（防止电源温度过高导致电源损坏）等。

2.8.5 常见电源的安规认证

安规认证包含了产品安全认证、电磁兼容认证、环保认证、能源认证等各方面，是基于保护使用者和环境安全及质量的一种产品认证。对于电源产品，能够反映其产品质量的安规认证包括 80PLUS、3C、CE 和 RoHS 等，安规认证对应的标志通常在电源铭牌上标注，如图 2-187 所示。

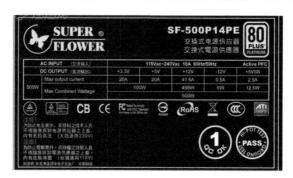

图2-187　电源的铭牌

◎ **80PLUS**：80PLUS 是民间出资，为改善未来环境与节省能源而建立的一项严格的节能标准，通过 80PLUS 认证的产品，出厂后会带有 80PLUS 的认证标识。其认证按照 20%、50% 和 100% 3 种负载下的产品效率划分等级，分为白牌、铜牌、银牌、金牌和白金电源 5 个标准，白金等级最高，效率也最高。

◎ **3C**：3C（China Compulsory Certification，中国国家强制性产品认证）认证包括原来的 CCEE（电工）认证、CEMC（电磁兼容）认证和新增加的 CCIB（进出口检疫）认证，正品电源都应该通过 3C 认证。

◎ **CE 认证**：加贴 CE 认证标志的商品表示其符合安全、卫生、环保和消费者保护等一系列欧洲指令所要达到的要求。

◎ **RoHS 认证**：RoHS（Restriction of Hazardous Substances）是由欧盟立法制定

的一项强制性标准，主要用于规范电子电气产品的材料及工艺标准，使之更加有利于人体健康及环境保护。

2.8.6 通过计算电脑的耗电量来选购电源

电源的额定功率是一定的，如果电脑中各种硬件的总耗电量超过了选购电源的额定功率，就会导致电脑运行不稳定和各种故障，所以，在选购电源前，首先应该计算电脑的耗电量。

计算电脑耗电量的方法通常有两种。

◎ 软件计算：利用鲁大师等专业硬件测试软件，在同样配置的电脑中直接计算，如图2-188 所示。

◎ 网页计算：利用网络中的一些专业计算器进行计算，如航嘉的功率计算器等，如图2-189 所示。

图2-188　鲁大师计算耗电量

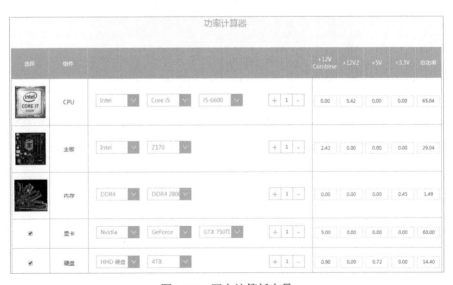

图2-189　网上计算耗电量

电脑的耗电量是由电脑中主要硬件的耗电量总和，包括 CPU、内存、显卡、主板、硬盘、独立声卡、独立网卡、鼠标、键盘、CPU 风扇、显卡风扇和机箱风扇等。通常情况下，电脑满负荷运行时，其耗电量大约是正常状态的 3 倍，也就是说，选购的电源额定功率至少应该比计算出的电脑耗电量大一倍。

从图 2-189 中可以看到该电脑的耗电量约为 107W，选购一个 250W 额定功率的电源基本上能满足日常使用。而图 2-190 中的电脑显示的耗电量 168.48W，再加上 20W 左右的鼠标、键盘和风扇等设备的耗电量，总共大约 190W 的耗电量，这台电脑最好使用 400W 甚至更大额定功率的电源。

2.8.7 选购机箱和电源的注意事项

除了前面介绍的一些知识外，在选购机箱时还需要考虑机箱的做工和用料以及其他附加功能。选购电源时同样需要注意做工问题。

◎ 做工和用料：做工方面首先要查看机箱的边缘是否垂直，对于合格的机箱来说，这是最基本的方面；然后应查看机箱的边缘是否采用卷边设计并已经去除毛刺；好的机箱插槽定位准确，箱内还有撑杠，以防止侧面板下沉。用料方面，首先要查看机箱的钢板材料，好的机箱采用的是镀锌钢板，然后查看钢板的厚度，现在的主流厚度为 0.6mm，一些优质的机箱会采用 0.8mm 或 1mm 厚度的钢板。机箱的重量在某种程度上决定了其可靠性和屏蔽机箱内外部电磁辐射的能力。

◎ 附加功能：为了方便用户使用耳机和 U 盘等设备，许多机箱都在正面的面板上设置了音频插孔和 USB 接口。有的机箱还在面板上添加了液晶显示屏，实时显示机箱内部的温度。如今机箱的附加功能已越来越多，用户在挑选时应根据需要用最少的钱买最好的产品。

◎ 注意做工：要判断一款电源做工的好坏，可先从重量开始，一般高档电源重量比次等电源重；其次优质电源使用的电源输出线一般较粗；此外从电源上的散热孔观察其内部，可看到体积和厚度都较大的金属散热片和各种电子元件，优质的电源用料较多，这些部件排列得也较为紧密。

2.8.8 机箱的品牌和产品推荐

机箱的分类方式也比较多，下面按照入门、主流、专业和发烧 4 种类型，分别介绍市面上较热门的机箱品牌和产品。

1. 机箱的主流品牌

主流的机箱品牌有游戏悍将、航嘉、鑫谷、爱国者、金河田、先马、长城机超频三、Tt、海盗船、酷冷至尊、安钛克、绝尘侠、ICE、大水牛和动力火车等。

2. 机箱产品推荐

下面分别介绍几款最热门的机箱产品。

◎ 入门——游戏悍将刀锋 - 变形金刚 3 至尊版：这款机箱结构为 ATX，样式为立式，适用主板为 ATX、M-ATX、Mini-ITX，驱动器仓位有 6 个，扩展插槽有 7 个，机箱材质为 SPCC（冷轧碳钢薄板及钢带），厚度为 0.6mm，面板材质为 ABS（塑胶），电源仓位为下置，如图 2-190 所示。

第
1
部
分

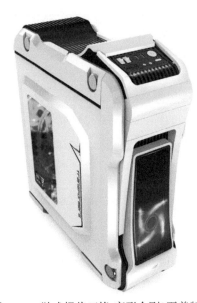

图2-190　游戏悍将刀锋-变形金刚3至尊版

◎ 主流——先马方舟：这款机箱结构包括
ATX、MATX、ITX 3 种，样式为立式，
适用主板为 ATX、M-ATX、Mini-ITX，
驱动器仓位有 11 个，扩展插槽有 8 个，
主机板、后板和底板厚度为 1.1mm，左右
侧板、前板和上盖厚度为 0.8mm，后窗厚
度为 0.7mm，内部支架厚度为 0.6mm，
电源仓位为下置，如图 2-191 所示。

图2-191　先马方舟

◎ 主流——Tt 红色警戒：这款机箱结构为
ATX，样式为立式，适用主板为 ATX、
M-ATX、Mini-ITX，驱动器仓位有 6 个，
扩展插槽有 10 个，机箱材质为 SPCC，
电源仓位为下置，支持水冷系统，如图
2-192 所示。

图2-192　Tt 红色警戒

◎ 专业——金河田银狐：这款机箱结构包括
ATX、MATX、ITX 3 种，样式为立式，
适用主板为 ATX、M-ATX、Mini-ITX，
驱动器仓位有 5 个，扩展插槽有 7 个，机
箱材质为 SPCC，厚度为 1.2mm，电源
仓位为下置，支持水冷系统，如图 2-193
所示。

◎ 发烧——Tt Level 10 Limited Edition（VL
300-A2N1N）：这款机箱结构为 ATX，
样式为立式，适用主板为 ATX、M-ATX，
驱动器仓位有 9 个，扩展插槽有 8 个，机
箱材质为铝，电源仓位为上置，支持水冷
系统，硬盘独立散热，限量发行，如图 2-194
所示。

图2-193　金河田银狐

图2-194　Tt Level 10 Limited Edition（VL300A2N1N）

2.8.9　电源的品牌和产品推荐

作为电脑动力来源，电源通常是单独购买的，但对于入门产品而言，可以使用有些机箱标配的电源，下面分别介绍市面上较热门的电源品牌和产品。

1. 电源的主流品牌

目前市面上主流的电源品牌有游戏悍将、航嘉、鑫谷、爱国者、金河田、先马、至睿、长城机电、超频三、海盗船、全汉、安钛克、振华、酷冷至尊、大水牛、Tt、GAMEMAX、台达科技、影驰、昂达、海韵、九州风神和多彩等。

2. 电源产品推荐

下面分别介绍几款最热门的电源产品。

◎ 入门——游戏悍将刀锋 50 AK450：这款电源适用范围为 Intel 与 AMD 多核 CPU，额定功率为 450W，风扇为 12cm 液压风扇，电源接口包括 1 个 24pin 主板电源接口、1 个 8pin CPU 辅助电源接口、两个 8pin 显卡辅助电源接口、4 个硬盘电源接口，安规认证包括 3C、RoHS 等，保护功能包括防雷击保护、过载保护、过

压保护、短路保护，转换效率为 82%，如图 2-195 所示。

图2-195　游戏悍将刀锋50 AK450

◎ 主流——鑫谷 GP600T 钛金版：这款电源适用范围为 Intel 和 AMD 全系列 CPU，额定功率为 500W，风扇为 12cm，电源接口包括 1 个 24pin 主板电源接口、1 个

8pin CPU 辅助电源接口、两个 8pin 显卡辅助电源接口、5 个硬盘电源接口，安规认证包括 3C、80PLUS 等，保护功能包括过压保护、过流保护、欠压保护、短路保护、过热保护、过载保护，转换效率为 96.04%，如图 2-196 所示。

图2-196　鑫谷GP600T钛金版

知识提示

转换效率

转换效率是指电源的输出功率与实际消耗的输入功率之比。电源在工作的过程中会发热，这就会浪费掉一部分功率，浪费得越多，转换效率就越低，对于用户来说就是浪费的电费越多。如下面介绍的海盗船 RM650x 电源的额定功率为 650W，转换效率为 90%，那么当它输出 650W 的功率给主机使用时，实际上从电表上给这个电源输入了 650/0.9=722W 的功率，多出来的 72W 就是浪费掉的，主机只得到了 650W 的功率。

◎ 专业——海盗船 RM650x：这款电源适用范围为 Intel 与 AMD 全系 CPU，额定功率为 650W，风扇为 13.5cm，电源接口包括 1 个 24pin 主板电源接口、1 个 8pin CPU 辅助电源接口、4 个 8pin 显卡辅助电源接口、8 个硬盘电源接口，安规认证

包括 3C、RoHS 等，保护功能包括过压保护、欠电压保护、短路保护、过高功率保护、过高温度保护，转换效率为 90%，如图 2-197 所示。

图2-197　海盗船RM650x

◎ 发烧——振华 LEADEX P 2000W（SF-2000F14HP）：这款电源适用范围为 Intel 和 AMD 全系列 CPU，额定功率为 2000W，风扇为 14cm，电源接口包括 1 个 24pin 主板电源接口、1 个 8pin CPU 辅助电源接口、4 个 8pin 显卡辅助电源接口、10 个硬盘电源接口，安规认证包括 3C、CE、80PLUS（白金）、RoHS 等，保护功能包括过电流保护、过载保护、过压保护、短路保护，转换效率为 92%，如图 2-198 所示。

图2-198　振华LEADEX P 2000W（SF-2000F14HP）

2.9 认识和选购鼠标与键盘

鼠标和键盘虽然便宜又普通，但这两个硬件的选购仍马虎不得。在现在的电脑中，鼠标的重要性甚至超过了键盘，因为所有操作甚至文本的输入都可以通过鼠标进行；键盘的作用主要是输入文本和编辑程序，并通过快捷键加快电脑操作。

2.9.1 鼠标与键盘的外观结构

鼠标和键盘是电脑的主要输入和控制设备，其外观结构比较简单。

1. 鼠标的外观结构

鼠标是电脑的两大输入设备之一，因其外形似一只拖着尾巴的老鼠，因此得名鼠标。通过鼠标可完成单击、双击和选定等一系列操作，图 2-199 所示为鼠标的外观。

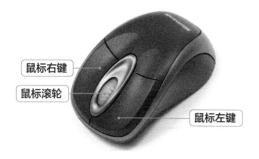

图2-199 鼠标的外观

2. 键盘的外观结构

键盘是电脑的另一输入设备，主要用于进行文字输入和快捷操作。虽然现在键盘的很多操作都可由鼠标或手写板等设备完成，但在文字输入方面的方便快捷性决定了键盘仍然占有重要地位，图 2-200 所示为键盘的外观，主要由各种按键组成。

图2-200 键盘的外观

2.9.2 鼠标的主要性能指标

鼠标的主要性能指标包括两个方面的内容，一个是鼠标的基本性能参数，另一个是鼠标的主要技术参数，通过这两种参数就能了解鼠标的基本性能。

1. 鼠标的基本性能参数

鼠标的基本性能参数包括以下几个方面。

◎ 鼠标大小：根据鼠标长度来定义鼠标大小，大鼠（≥120mm）、普通鼠（100mm~120mm）、小鼠（≤100mm）。

◎ 适用类型：针对不同类型的用户划分鼠标的适用类型，如经济实用、移动便携、商务舒适、游戏竞技和个性时尚等，图 2-201 所示为带功能键的游戏竞技鼠标。

图2-201 游戏竞技鼠标

◎ 工作方式：指鼠标的工作原理，有光电、激光和蓝影3种，激光和蓝影从本质上说也属于光电鼠标。光电鼠标是通过红外线来检测鼠标器的位移，将位移信号转换为电脉冲信号，再通过程序的处理和转换来控制屏幕上光标箭头的移动的鼠标类型。激光鼠标则是使用激光作为定位的照明光源的鼠标类型，特点是定位更精确，但成本较高。蓝影鼠标则是使用普通光电鼠标搭配蓝光二极管照到透明的滚轮上的鼠标类型，蓝影鼠标性能优于普通光电鼠标，但低于激光鼠标。

◎ 连接方式：鼠标的连接方式主要有有线、无线和双模式（具有有线和无线两种使用模式）3种。其中，无线方式又分为蓝牙和多连（是指好几个具有多连接功能的同品牌产品通过一个接收器进行操作的能力）两种。图2-202所示为最常见的无线鼠标和它的无线信号接收器。

图2-202　无线鼠标和无线信号接收器

无线鼠标的动力来源

　　无线鼠标通常通过安装干电池为其提供动力，如图2-203所示。同样，无线键盘的动力来源也是干电池。

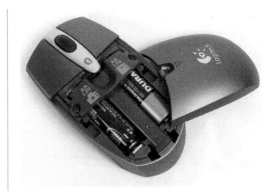

图2-203　无线鼠标安装电池

◎ 接口类型：主要有PS/2、USB和USB+PS/2双接口3种。

◎ 按键数：按键数是指鼠标按键的数量，现在鼠标的按键数已经从两键、3键发展到了4键甚至8键乃至更多键，一般来说，按键数越多的鼠标价格也就越高。

2. 鼠标的主要技术参数

　　影响鼠标性能指标的技术参数包括最高分辨率、光学扫描率、人体工学和微动开关的使用寿命4个。

◎ 最高分辨率：鼠标的分辨率越高，在一定距离内定位的定位点也就越多，能更精确地捕捉到用户的微小移动，有利于精准定位；另外，cpi（分辨率单位）越高，鼠标在移动相同物理距离的情况下，电脑中指针移动的逻辑距离会越远。目前主流光电式鼠标的分辨率多为2000cpi左右，最高可达6000cpi以上。

◎ 分辨率可调：是指可以通过选择档位来切换鼠标的灵敏度，也就是鼠标指针的移动速度，现在市面上的鼠标分辨率可调最大可以达到8档。

◎ 微动开关的使用寿命（按键使用寿命）：微动开关的作用是将用户按键的操作传输到电脑中，优质鼠标要求每个微动开关的正常寿命都不低于10万次的单击且手感适中,不能太软或太硬。劣质鼠标按键不灵敏,会给操作带来诸多不便。

◎ **刷新率**: 主要是针对光电鼠标,又称为采样率,是指鼠标的发射口在每一秒钟接收光反射信号并将其转化为数字电信号的次数。刷新率越高,鼠标的反应速度也就越快。

◎ **人体工学**: 人体工学是指工具的使用方式尽量适合人体的自然形态,在工作时使身体和精神不需要主动适应,从而减少因适应工具造成的疲劳感。鼠标的人体工学设计主要是造型设计,分为对称设计、右手设计和左手设计 3 种类型。

2.9.3 键盘的主要性能指标

键盘的主要性能指标也包括基本性能参数和主要技术参数两个方面的内容。

1. 键盘的基本性能参数

键盘的基本性能参数包括以下几个方面。

◎ **产品定位**: 针对不同类型的用户,除了标准类型外,还有多媒体、笔记本、时尚超薄、游戏竞技、机械、工业和多功能等类型,图 2-204 所示为具有背光效果的游戏竞技键盘。

图2-204　游戏竞技键盘

◎ **连接方式**: 现在键盘的连接方式主要有有线、无线和蓝牙 3 种。

◎ **接口类型**: 主要有 PS/2、USB 和 USB+PS/2 双接口 3 种,其连接方式都是有线。

◎ **按键数**: 是指键盘中按键的数量,标准键盘为 104 键,现在市场上还有 87 键、107 键和 108 键等类型。

2. 键盘的主要技术参数

键盘的主要技术参数包括以下几个方面。

◎ **防水功能**: 水一旦进入键盘内部,就会造成键盘损坏,具有防水功能的键盘,其使用寿命比不防水的键盘更长,图 2-205 所示为防水键盘。

图2-205　防水键盘

◎ **按键寿命**: 是指键盘中的按键可以敲击的次数,普通键盘的按键寿命都在 1000 万次以上,如果按键的力度大,频率快,按键寿命会降低。

◎ **按键行程**: 是指按下一个键到恢复正常状态的时间,如果敲击键盘时感到按键上下起伏比较明显,就说明它的按键行程较长。按键行程的长短关系到键盘的使用手感,较长的键盘会让人感到弹性十足,但比较费劲;适中的键盘,则让人感到柔软舒服;较短的键盘长时间使用会让人感到疲惫。

◎ **按键技术**: 是指键盘按键所采用的工作方式,目前主要有机械轴、X 架构和火山口架构 3 种。机械轴是指键盘的每一颗按键都有一个单独的 Switch（开关）来控制闭合，这个开关就是"轴"，使用机械轴的键盘也称为机械键盘，机械轴又包含黑轴、红轴、茶轴、青轴、白轴、凯华轴和 Razer 轴 7 种类型。X 架构又叫剪刀脚架构，它使用平行四连杆机构代替开关，在很大程度上保证了键盘敲击力道的一致性，使作用力平均分布在键帽的各个部分，敲击力道小而均衡，噪音小，手感好，价格稍高。火山口架构主要由卡位来完成开关的功能，两个卡位的键盘相对便宜，且设计简单，容易造成掉键和卡键问题；4 个卡位的键盘比两个卡位的有着更好的稳定性，不容易出现掉键问题，但成本略高。

◎ **人体工学**：人体工学键盘的外观与传统键盘大相径庭，流线设计的运用，不仅美观，而且实用性强。整个键盘显著的特点是在水平方向上沿中心线分成了左右两个部分，并且由前向后歧开呈 25° 夹角，图 2-206 所示为人体工学键盘。

图2-206　人体工学键盘

2.9.4　选购鼠标与键盘的注意事项

鼠标与键盘是电脑主要的输入设备，也是电脑中最容易损耗的设备，所以在选购时，还需要注意以下几个方面的问题。

1. 选购鼠标的注意事项

在选购鼠标时，可先从选择适合自己手感的鼠标入手，然后再考虑鼠标的功能和性能指标等方面。

◎ **手感**：鼠标的外形决定了其手感，用户在购买时应亲自试用再做选择。手感的标准包括鼠标表面的舒适度、按键的位置分布以及按键与滚轮的弹性、灵敏度和力度等。对于采用人体工学设计的鼠标，还需要测试鼠标的外形是否利于把握，即是否适合自己的手型。

◎ **功能**：市面上许多鼠标提供了比一般鼠标更多的按键，帮助用户在手不离开鼠标的情况下处理更多的事情。一般的电脑用户选择普通的鼠标即可，而有特殊需求的用户，如游戏玩家，则可以选择按键较多的多功能鼠标。

2. 选购键盘的注意事项

因每个人的手形、手掌大小均不同，因此在选购键盘时，不仅需要考虑功能、外观和做工等多方面的因素，在实际购买时还应对产品进行试用，从而找到适合自己的产品。

◎ **功能和外观**：虽然键盘上按键的布局基本相同，但各个厂商在设计产品时，一般还会添加一些额外的功能，如多媒体播放按钮和音量调节键等。在外观设计上，优质的键盘布局合理、美观，并会引入人体工学设计，提升产品使用的舒适度。

◎ **做工**：从做工上看，优质的键盘面板颜色清爽、字迹显眼，键盘背面有产品信息和合格标签。用手敲击各按键时，弹性适中，回键速度快且无阻碍，声音低，键位晃动幅度小。抚摸键盘表面会有类似于磨砂玻璃的质感，且表面和边缘平整，无毛刺。

2.9.5 鼠标的品牌和产品推荐

下面就以适用类型为分类方式，将鼠标分为经济实用、商务舒适、移动便携、竞技游戏 4 种类型，分别介绍市面上较热门的鼠标品牌和产品。

1. 鼠标的主流品牌

主流的鼠标品牌有双飞燕、雷柏、血手幽灵、达尔优、富勒、新贵、雷蛇、罗技、樱桃、狼蛛、明基、微软、华硕和长城机电等。

2. 鼠标产品推荐

下面分别介绍几款最热门的鼠标产品。

◎ 经济实用——双飞燕 OP-550NU 针光：这款鼠标的大小为普通鼠，工作方式为光电，连接方式为有线，接口类型为 USB，按键数为 3 个，最高分辨率为 1000dpi，人体工学为对称设计，如图 2-207 所示。

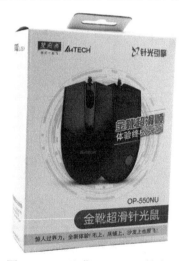

图2-207 双飞燕OP-550NU针光

◎ 商务舒适——微软 Sculpt 舒适滑控：这款鼠标的大小为普通鼠，工作方式为蓝影，连接方式为无线（蓝牙），接收范围为 10m，按键数为 4 个，最高分辨率为 1000dpi，刷新率为 8000 帧 / 秒，按键寿命为 300 万次，人体工学为右手设计，如图 2-208 所示。

图2-208 微软Sculpt舒适滑控

◎ 移动便携——联想 ThinkPad 0A36414 蓝牙激光：这款鼠标的大小为小鼠，工作方式为激光，连接方式为无线（蓝牙），接收范围为 10m，按键数为 3 个，最高分辨率为 1200dpi，人体工学为对称设计，如图 2-209 所示。

图2-209 联想ThinkPad 0A36414蓝牙激光

◎ 游戏竞技——Razer 太攀皇蛇白色版：这款鼠标的大小为大鼠，工作方式为激光，连接方式为有线，接口类型为 USB，按键数为 7 个，最高分辨率为 8200dpi，分辨率可调为 5 档，人体工学为对称设计，如图 2-210 所示。

◎ 游戏竞技——Mad Catz R.A.T. Pro X：这款鼠标的大小为普通鼠，工作方式为激光，连接方式为有线，接口类型为 USB，按键数为 6 个，最高分辨率为 5000dpi，按键寿命为 500 万次，人体工学为右手设计，如图 2-211 所示。

图2-210　Razer 太攀皇蛇白色版

图2-211　Mad Catz R.A.T. Pro X

2.9.6　键盘的品牌和产品推荐

　　下面根据键盘的产品定位，将键盘分为经济实用、商务舒适、移动便携、功能多样和竞技游戏 5 种类型，分别介绍市面上较热门的键盘品牌和产品。

1. 键盘的主流品牌

　　主流的键盘品牌有双飞燕、雷柏、海盗船、血手幽灵、达尔优、富勒、新贵异、芝奇、雷蛇、罗技、樱桃、狼蛛、明基、微软、联想、戴尔、华硕、优派、技嘉和金河田等。

2. 键盘产品推荐

　　下面分别介绍几款最热门的键盘产品。

◎ 经济适用——双飞燕 KB-8：这款键盘的连接方式为有线，接口类型为 USB+PS/2，按键数为 104，按键技术为火山口架构，按键行程为中，按键寿命为 1000 万次，支持人体工学，支持防水功能，

如图 2-212 所示。

图2-212　双飞燕KB-8

◎ 商务舒适——罗技 K310：这款键盘的连接方式为有线，接口类型为 USB，按键数为 103，按键技术为火山口架构，按键行程为短，按键寿命为 500 万次，支持人体

工学，具有防水功能，如图 2-213 所示。

图2-213　罗技K310

◎ 便携移动——达尔优机械合金版：这款键盘的连接方式为有线，接口类型为 USB，按键数为 87，按键技术为机械轴（凯华黑轴），按键行程为长，按键寿命为5000万次，如图 2-214 所示。

图2-214　达尔优机械合金版

◎ 功能多样——罗技 G510：这款键盘的连接方式为有线，接口类型为 USB，按键数为 140，按键技术为火山口架构，按键行程为中，多媒体快捷键为 36，支持背光，支持防水功能，提供独立的耳机和话筒插孔以及静音按钮，如图 2-215 所示。

图2-215　罗技G510

◎ 竞技游戏——雷柏 V720 全彩背光：这款键盘的连接方式为有线，接口类型为 USB，按键数为 108，按键技术为机械轴（黑轴）、机械轴（茶轴）、机械轴（青轴），按键行程为中，按键寿命为 6000 万次，支持人体工学，支持背光，支持多媒体快捷键，如图 2-216 所示。

图2-216　雷柏V720全彩背光

◎ 竞技游戏——Mad Catz S.T.R.I.K.E.7 终结者：这款键盘的连接方式为有线，接口类型为 USB，按键技术为火山口架构，按键行程为长，支持人体工学，支持背光，支持防水功能，有两个 USB HUB，有一个 V.E.N.O.M 触摸屏，有 24 个可编程按键，带外接电源，如图 2-217 所示。

图2-217　Mad Catz S.T.R.I.K.E.7终结者

2.9.7　键鼠套装的品牌和产品推荐

键鼠套装是一种键盘和鼠标组合产品，性价比非常高，非常适合家庭和办公用户使用，下面分别介绍市面上较热门的键鼠套装品牌和产品。

1. 键鼠套装的主流品牌

主流的键鼠套装品牌有双飞燕、雷柏、血手幽灵、达尔优、富勒、新贵、雷蛇、罗技、樱桃、明基、微软、宜博、联想、戴尔、惠普、华硕、优派、鑫谷、大水牛和多彩等。

2. 键鼠套装产品推荐

下面分别介绍几款最热门的键鼠套装产品。

◎ 经济适用——罗技 MK200：这款键鼠套装的连接方式为有线，接口类型为 USB，键盘的按键数为 112，按键技术为火山口架构，按键行程为长，多媒体功能键为 8，支持人体工学，支持防水功能；鼠标的大小为普通鼠，工作方式为光电，按键数为 3 个，人体工学为对称设计，如图 2-218 所示。

图2-218　罗技MK200

◎ 移动便携——雷柏 9060：这款键鼠套装的连接方式为无线，信号接收器范围为 10m，键盘的按键数为 111，按键技术为 X 架构，按键行程为中，支持人体工学，支持防水功能；鼠标的大小为普通鼠，工作方式为光电，鼠标分辨率为 1000dpi，按键数为 3 个，人体工学为对称设计，如图 2-219 所示。

图2-219　雷柏9060

◎ 商务办公——优派 CW6262：这款键鼠套装的连接方式为无线，信号接收器范围为 10m，键盘的按键数为 118，多媒体功能键为 10，按键技术为火山口架构，按键行程为中，按键寿命为 1000 万次，支持人体工学，支持防水功能；鼠标的大小为普通鼠，工作方式为光电，鼠标分辨率为 1000dpi，分辨率可调为二挡，按键数为 6 个，按键寿命为 300 万次，人体工学为右手设计，如图 2-220 所示。

图2-220　优派CW6262

◎ 竞技游戏——Razer 地狱狂蛇：这款键鼠套装的连接方式为有线，接口类型为 USB，键盘的按键数为 104，按键技术为火山口架构，按键行程为长，支持人体工学，支持防水功能；鼠标的大小为普通鼠，工作方式为光电，鼠标分辨率为 1800dpi，按键数为 3 个，人体工学为对称设计，如图 2-221 所示。

图2-221　Razer 地狱狂蛇

◎ 竞技游戏——Razer 奥罗黑寡妇终极：这

第1部分

款键鼠套装的连接方式为有线，接口类型为 USB，键盘的按键数为 104，按键技术为机械轴，按键行程为长，按键寿命为 6000 万次，支持人体工学，支持背光功能，有音效输出和话筒输入接口；鼠标的大小为大鼠，工作方式为激光，鼠标分辨率为 8200dpi，分辨率可调为 6 挡，按键数为 11 个，人体工学为对称设计，如图 2-222 所示。

图2-222　Razer 奥罗黑寡妇终极

前沿知识与流行技巧

1. 西部数据的四色硬盘

西部数据的机械硬盘产品还有蓝盘、红盘、黑盘和绿盘 4 种颜色的产品。

◎ 蓝盘：普通硬盘，适合家用，优点是性能较强，价格较低，性价比高；缺点是声音比绿盘略响，性能比黑盘略差。

◎ 红盘：西部数据新推出的针对NAS市场的硬盘，面向的是拥有1至5个硬盘位的家庭或小型企业NAS用户；性能特性与绿盘比较接近，功耗较低，噪音较小，能够适应长时间的连续工作，无论是针对NAS或是RAID都能够拥有突出的兼容性表现。

◎ 黑盘：高性能，大缓存，速度快，代号LS WD Caviar Black，主要适用于企业，吞吐量大的服务器，高性能计算应用，诸如多媒体视频和相片编辑，高性能游戏电脑。

◎ 绿盘：SATA硬盘，发热量更低、更安静、更环保，节能盘，适合大容量存储，优点是安静、价格低；缺点是性能差，延迟高，寿命短。

2. 电脑的散热器

电脑散热器的种类非常多，CPU、显卡、主板芯片组、硬盘、机箱、电源甚至内存都会需要散热器，最常用的是 CPU 的散热器。市面上主要的散热方式有风冷、热管和水冷 3 种，以风冷 + 热管为主，主要的性能指标如下。

◎ 热管数量：热管的散热性能通常由内部的吸液芯的材料以及制作工艺来决定，但这些通常无法从散热器的产品参数中查看，于是在热管材料一定的情况下，热管的数量越多，可认定其散热性能越好。另外，热管的散热效果还取决于管径，一般来说，买粗不买细。

◎ 风扇轴承类型：现在市面上的散热器的风扇轴承类型很多，包括含油轴承、单滚珠轴承、双滚珠轴承、磁悬浮轴承、流体保护系统轴承、液压轴承、气化轴承、来福轴承及纳米陶瓷轴承等，最常用的是液压轴承，其特点是噪声小。

◎ **最大风量**：风量是指风冷散热器风扇每分钟送出或吸入的空气总体积，通常按立方英尺来计算，单位是CFM，风量越大的散热器散热能力也越高。

◎ **风扇尺寸**：在材质和风量一定的情况下，风扇的尺寸越大，散热效果越好。

水冷散热器的好处是散热效果突出，它是目前散热效果最好的散热器，但它有致命的缺陷——安全问题，虽然很多水冷散热器号称绝不漏水，但谁也无法保证肯定不漏，只要一漏水，就可能导致电脑损坏。此外用水冷散热器需要占用大量的机箱空间，还需要耐心细致的安装。

3. 网上选购硬件的注意事项

在网上购买硬件，要注意以下几点。

◎ **型号不完整 差价=利润**：商家经常会在配置单上把很多本应该复杂的配置简写，简写的程度也各自不一，消费者会因为这个简写的配置找到很多东西，这样一来，消费者总是以为商家给的是最好的，但其实给的永远都是最差的。

◎ **配置太奇葩 清库存=利润**：电脑中的机箱电源、散热器很容易被商家利用，比如硬要把i3装上水冷散热器，将其称为水冷主机，但其实它的好处只是好看而已。而在电源方面也不过是不知名小厂生产出来的中庸制品，并且这些东西常常会给电脑带来很多的潜在隐患，因此需要特别注意。

◎ **二手当全新+残次品=利润**："二手当全新的销售"，这种坑害消费者的情况在卖场十分常见，商家下手的主要领域是板卡领域，很多不良商家会把已经停产的配件硬塞到消费者购买的主机中。

4. 选购硬件的技巧

选购硬件有以下一些技巧。

◎ **货比三家**：不同的商家，同样的硬件，也可能有不同的价格，多对比，才能选择出更好的商品。

◎ **便宜莫贪**：通常硬件的价格都很透明，但有的商家会故意把某几样硬件的价格报得比较低，而偷偷抬高其他硬件的价格，因此选购时注意评估整机价格。

◎ **尽量找代理**：比如想购买七彩虹的硬件，就尽量找代理这个品牌的专卖店或柜台，否则很多商家会推荐一些利润高但不出名的品牌。如果用户坚持购买七彩虹，商家就会提出到其他公司调货的建议，增加该产品的价格。

◎ **机箱电源坚持用名牌**：杂牌电源和机箱可以给商家带来很高的利润，而机箱电源不好是一个很大的隐患，有可能带来一堆问题，所以在资金允许的情况下，最好选用品牌机箱和电源。

第1部分

第3章

认识和选购多核电脑周边设备

/ 本章导读

对于多核电脑来说，增加更多的周边设备才能更好地发挥其功能，为办公、学习和生活服务带来更多便利。目前，比较常用的电脑周边设备包括打印机、扫描仪、投影仪、音箱、耳机、移动存储设备和数码摄像头等。

3.1 认识和选购打印机

打印机在电脑周边设备中的定位是一种输出设备，主要功能是将电脑中的文档和图形文件快速、准确地打印到纸质媒体上。无论是在人们的生活、工作还是学习中，打印机的使用都非常普遍。

3.1.1 认识喷墨打印机和激光打印机

打印机分类方式其实非常简单，按照打印技术的不同，分为针式打印机、喷墨打印机、激光打印机、热升华打印机和 3D 打印机 5 种类型，对于普通电脑用户来说，市场产品最多、使用频率最高的只有喷墨打印机和激光打印机两种。

◎ 喷墨打印机：其原理是通过喷墨头喷出的墨水实现数据的打印，其墨水滴的密度完全达到了铅字质量，使用的耗材是墨盒，墨盒内装有不同颜色的墨水，主要优点是体积小、操作简单方便、打印噪声低，使用专用纸张时可打出和照片相媲美的图片等，如图 3-1 所示。根据产品的定位，喷墨打印机又分为照片、家用、商用和光墨 4 种类型，其中光墨打印机融合了喷墨和激光的优势技术，是目前响应最快的桌面打印设备。

图3-1 喷墨打印机

◎ 激光打印机：是一种利用激光束进行打印的打印机，其原理是一个半导体滚筒在感光后刷上墨粉再在纸上滚一遍，最后用高温定型将文本或图形印在纸张上，用的耗材是硒鼓和墨粉。其优点是彩色打印效果优异、成本低廉和品质优秀，适合于文档打印较多的办公用户，如图 3-2 所示。激光打印机分为黑白激光打印机和彩色激光打印机两种类型。

图3-2 激光打印机

多学一招

喷墨和激光的选择

　　如果是打印照片，建议选择彩色喷墨打印机，其价格更便宜；如果是打印文本，建议选择激光打印机，打印成本要比喷墨低，速度也快。

3.1.2 | 其他类型的打印机

除喷墨打印机和激光打印机外，针式打印机、热升华打印机和 3D 打印机也是打印机的不同类型。另外，在办公和一些专业领域，根据打印机的市场定位和用途，还有标签打印机、证卡打印机、行式打印机、条码打印机等特殊的打印机类型。

◎ 针式打印机：主要由打印机芯、控制电路和电源 3 部分组成，用的耗材是色带，打印针数为 9 针、24 针或 28 针，又分为通用式、平推票据、存折证卡和微型 4 种类型，主要使用在公安、税务、银行、交通、医疗和海关等行业，如图 3-3 所示。

图3-3 针式打印机

◎ 热升华打印机：一种通过热升华技术，利用热能将颜料转印至打印介质上的打印机，通常是色带与纸张一体式的耗材，其打印效果极好，但由于耗材和打印介质的成本较高，没有成为主流打印机类型。很多专门打印照片的打印机都是热升华打印机，如图 3-4 所示。

图3-4 热升华打印机

◎ 3D 打印机：又称三维打印机（3DP），是一种以数字模型文件为基础，运用特殊蜡材、粉末状金属或塑料等可粘合材料，通过打印一层层的粘合材料来制造三维物体的打印机，如图 3-5 所示。它不仅可以"打印"一幢完整的建筑，甚至可以在航天飞船中给宇航员打印任何所需的物品的形状。

图3-5 3D打印机

◎ 条码打印机：条码打印机是一种专用的打印机，以碳带为打印介质（或直接使用热敏纸）完成打印，如图 3-6 所示。

图3-6 条码打印机

◎ 标签打印机：标签打印机无需与电脑相连接，自身携带输入键盘或智能触屏操作，内置一定的字体、字库和相当数量的标签模板格式，通过机身液晶屏幕可以直接进行标签内容的输入、编辑和排版，并打印输出，如图 3-7 所示。

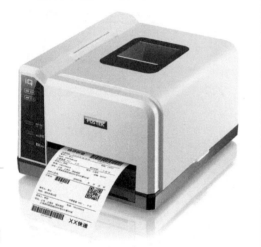

图3-7　标签打印机

知识提示

标签打印机和条码打印机的区别

这两种打印机都是用来打印货物标签的，条码打印机是以打印条码为核心功能的打印机，而标签打印机则用于打印具有一定规格限定的标签及色带。

◎ 证卡打印机：是用来进行证件打印的打印机类型，日常工作生活中的各种印有照片的胸卡或证件就是该打印机的产物，如图

3-8 所示。

图3-8　证卡打印机

◎ 行式打印机：是一种专业的击打式打印机，主要用于报表、日志等文档的打印，最大的特点就是打印速度快，在短时间内可以完成较大的打印任务，广泛应用于金融、电信等行业，如图 3-9 所示。

图3-9　行式打印机

3.1.3　打印机的共有性能指标

打印机的性能指标是选购打印机的主要参考对象，由于喷墨和激光两种打印机为常用类型，所以，本小节主要介绍这两种打印机的共有性能指标。

◎ 打印分辨率：该指标是判断打印机输出效果好坏的一个直接依据，也是衡量打印机 输出质量的重要参考标准。通常分辨率越高的打印机，打印效果越好。

◎ 打印速度：打印速度指标表示打印机每分钟可输出多少页面，通常用 ppm 和 ipm 这两个单位来衡量。这个指标也是越大越好，越大表示打印机的工作效率越高。

◎ 打印幅面：正常情况下，打印机可处理的打印幅面包括 A4 和 A3 两种。对于个人家庭用户或者规模较小的办公用户来说，使用 A4 幅面的打印机绰绰有余；对于使用频繁或者需要处理大幅面的办公用户或者单位用户来说，可以考虑选择使用 A3 幅面的打印机，甚至使用更大的幅面。

◎ 打印可操作性：打印可操作性指标对于普通用户来说非常重要，因为在打印过程中经常会涉及如何更换打印耗材、如何让打印机按照指定要求进行工作以及打印机在出现各种故障时该如何处理等问题。面对这些可能出现的问题，普通用户必须考虑打印机的可操作性，即设置方便、更换耗材步骤简单、遇到问题容易排除的打印机，才是普通大众的选择目标。

◎ 纸匣容量：纸匣容量指标表示打印机输出纸盒的容量与输入纸盒的容量，换句话说就是打印机到底支持多少输入、输出纸匣，每个纸匣可容纳多少打印纸张，该指标是打印机纸张处理能力大小的一个评价标准，同时还可间接说明打印机自动化程度的高低。

 知识提示

打印机的纸张处理能力

若打印机同时支持多个不同类型的输入、输出纸匣，且打印纸张存储总容量超过 10000 张，另外还能附加一定数量的标准信封，则说明该打印机的实际纸张处理能力很强。使用这种类型的打印机可在不更换托盘的情况下支持各种不同尺寸的打印工作，减少更换、填充打印纸张的次数，从而有效提高打印机的工作效率。

3.1.4 喷墨打印机的特有性能指标

喷墨打印机特有的性能指标是指喷墨打印机区别于其他打印机，特别是激光打印机，其自身特有的性能指标。

◎ 输出效果：指打印质量，该指标是彩色喷墨打印机在处理不同打印对象时所表现出来的一种效果，这是挑选彩色喷墨打印机最基本也最重要的参考指标之一。

◎ 色彩数目：色彩数目是衡量彩色喷墨打印机包含彩色墨盒数多少的一种参考指标，该数目越大，则打印机可以处理的图象色彩越丰富。

◎ 打印噪声：和激光打印机相比，喷墨打印机在工作时会发出噪声，该指标的大小通常用分贝来表示，在选择时应尽量挑选指标数值比较小的。

◎ 墨盒类型：墨盒是喷墨打印机最主要的一种消耗品，主要分为分体式墨盒与一体式墨盒。一体式墨盒能手动添加墨水，且能够长期保证质量，不易因为喷头磨损而使输出质量下降，但价格较高；分体式墨盒则不允许操作者随意添加墨水，因此它的重复利用率不太高，价格较为便宜。

3.1.5 激光打印机的特有性能指标

激光打印机也有自身独特的性能指标，主要表现在以下几个方面。

◎ 最大输出速度：从实际的打印过程来看，激光打印机在输出英文字符时的最大输出速度要超过输出中文字符的最大输出速度；在横向的最大输出速度要大于在纵向的最大输出速度；在打印单面时的最大输出速度要高于打印双面时的最大输出速度。

◎ 预热时间：指打印机从接通电源到加热至正常运行温度时所消耗的时间。通常个人型激光打印机或者普通办公型激光打印机的预热时间都为 30 秒左右。

◎ 首页输出时间：指激光打印机输出第一张页面时，从开始接收信息到完成整个输出所需要耗费的时间。一般个人型激光打印机和普通办公型激光打印机的首页输出时间都控制在 20 秒左右。

◎ 内置字库：若激光打印机包含内置字库，那么电脑就可以把所要输出字符的国标编码直接传送给打印机来处理，这一过程需要完成的信息传输量只有很少的几个字节，激光打印机打印信息的速度自然也就增加了。

◎ 打印负荷：指打印工作量，这一指标决定了打印机的可靠性。这个指标通常以月为衡量单位，打印负荷多的打印机比负荷少的可靠性要高许多。

◎ 网络性能：包括激光打印机在进行网络打印时所能达到的处理速度、在网络上的安装操作方便程度、对其他网络设备的兼容情况以及网络管理控制功能等。

3.1.6 选购打印机的注意事项

选购打印机时，理性选购是最重要的技巧，同时应该注意以下一些事项。

◎ 明确使用目的：在购买之前，首先要明确购买打印机的目的，也就是明确需要什么样的打印品质。很多家庭用户需要打印照片，那么就需要在彩色打印方面比较出色的产品。而用于办公商用的打印机，更注重文本打印能力。

◎ 综合考虑性能：每一款打印机都有其定位，某些打印机文本打印能力更佳，某些则更偏重于照片的打印。在购买时，需综合考虑运用要求再选择。

◎ 售后服务：售后服务是挑选打印机时必须关注的内容之一，一般而言，打印机销售商会承诺一年的免费维修服务，但打印机体积较大，因此最好要求打印机生产厂商在全国范围内提供免费的上门维修服务，若厂商没有办法或者无力提供上门服务，打印机的维修将变得很麻烦。

◎ 整机价格：价格绝对是选购的重要指标。尽管"一分价钱一分货"是市场经济竞争永恒不变的规则，不过对于许多用户来说，价格指标往往左右着他们的购买欲望。建议尽量不要选择价格太高的产品，因为价格越高，其缩水的程度也将越"厉害"。

3.1.7 打印机的品牌和产品推荐

打印机的类型比较多，下面以市场定位为标准，根据不同的分类，分别介绍市面上较热门的打印机品牌和产品。

1. 打印机的主流品牌

主流的打印机品牌有惠普、佳能、兄弟、爱普生、三星、富士、施乐、OKI、理光、联想、奔图、京瓷、利盟、方正和戴尔等。

2. 打印机产品推荐

下面分别介绍几款最热门的打印机产品。

◎ 个人家用——佳能 iP2780：这款打印机类型为喷墨，最高分辨率为 4800×1200dpi，最大打印幅面为 A4，双面打印为手动，打印负荷为 1800 页/年，接口类型为 USB，墨盒类型为一体式，墨盒数量为四色，如图 3-10 所示。

图3-10　佳能iP2780

◎ 商业应用——爱普生 L1300：这款打印机类型为喷墨，最高分辨率为 5760×1440dpi，最大打印幅面为 A3+，双面打印为手动，打印负荷为 1800 页/年，接口类型为 USB，墨盒类型为分体式，墨盒数量为四色，进纸容量为 A4 普通纸 40 页（默认模式）、高质量光泽照片纸 30 页，如图 3-11 所示。

◎ 照片——爱普生 R330：这款打印机类型为喷墨，最高分辨率为 5760×1440dpi，最大打印幅面为 A4，双面打印为手动，打印负荷为 1800 页/年，接口类型为 USB，墨盒类型为分体式，墨盒数量为六

色，进纸容量为 A4 普通纸 120 页、高质量光泽照片纸 20 页，如图 3-12 所示。

图3-11　爱普生L1300

图3-12　爱普生R330

◎ 黑白激光打印机——HP P1606dn：这款打印机的产品定位为个人办公/商用办公，最高分辨率为 600×600dpi（图像增强可达 1200×1200dpi），最大打印幅面为 A4，黑白打印速度为 25ppm，双面打印为自动，支持有线网络打印，预热时间为 0 秒，首页输出时间为 7 秒，月打印负荷为 8000 页，接口类型为 USB+10Base-T/100Base-TX（RJ-45 网络接口），耗材类型为鼓粉一体，硒鼓寿命为 2100 页，进纸容量为标配 500 页、多功能进纸

器 10 页，如图 3-13 所示。

图3-13　HP P1606dn

◎ 彩色激光打印机——HP M451dn：这款打印机的产品定位为商用办公，最高分辨率为 600×600dpi，最大打印幅面为 A4，黑白打印速度为 21ppm，彩色打印速度为 21ppm，双面打印为自动，支持有线网络打印，预热时间为 0 秒，首页输出时间

为 17 秒，月打印负荷为 40000 页，接口类型为 USB+10Base-T/100Base-TX（RJ-45 网络接口），耗材类型为鼓粉一体，硒鼓寿命为黑色 2200 页、黑色大容量 4000 页、305A 青/品红/黄色 2600 页，进纸容量为标配 250 页（2 个）、多功能进纸器 50 页，如图 3-14 所示。

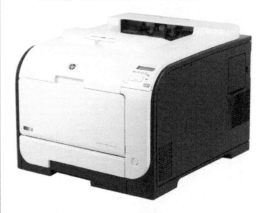

图3-14　HP M451dn

3.2　认识和选购扫描仪

　　扫描仪是电脑的外部设备，是一种捕获图像并将之转换成电脑可以显示、编辑、储存和输出的数字化对象的输入设备。照片、文本页面、图纸、美术图画、照相底片、菲林软片，甚至纺织品、标牌面板及印制板样品等三维对象都可作为扫描对象，扫描仪还可以提取原始的线条、图形、文字、照片、平面实物，并将其转换成可以编辑的文件。

3.2.1　扫描仪的常见类型

　　扫描仪的种类繁多，根据扫描仪扫描介质和用途的不同，可将扫描仪分为平板式扫描仪、书刊扫描仪、胶片扫描仪、馈纸式扫描仪和文本仪。除此之外，还有便携式扫描仪、扫描笔、高拍仪和 3D 扫描仪。

◎ 平板式扫描仪：又称为平台式扫描仪或台式扫描仪，这种扫描仪诞生于 1984 年，是目前办公用扫描仪的主流产品，如图 3-15 所示。

◎ 书刊扫描仪：是一种大型的扫描器设备，

可以捕获物体的图像，并将之转换成电脑可以显示、编辑、存储和输出的数字化对象，包括书籍、刊物、文本页面等都可作为扫描对象，如图 3-16 所示。

图3-15 平板式扫描仪

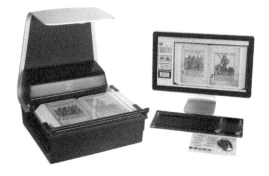

图3-16 书刊扫描仪

◎ 胶片扫描仪：又称底片扫描仪或接触式扫描仪，其扫描效果是平板扫描仪和透扫扫描仪不能比拟的，主要任务就是扫描各种透明胶片，如图 3-17 所示。

图3-17 胶片扫描仪

◎ 馈纸式扫描仪：又称为滚筒式扫描仪，由于平板式扫描仪价格昂贵，便携式扫描仪扫描宽度小，为满足 A4 幅面文件扫描的需要推出了这种类型，如图 3-18 所示。

图3-18 馈纸式扫描仪

◎ 文本仪：是一种可对纸质资料和可视电子文件中的图文元素进行准确提取、智能识别，并实现文本转化的一种扫描仪，纸质文件包括办公文件、名片、报纸、杂志、书刊等，也可以说是只扫描纸张的书刊扫描仪，如图 3-19 所示。

图3-19 文本仪

◎ 高拍仪：能完成一秒钟高速扫描，具有 OCR 文字识别功能，可以将扫描的图片识别转换成可编辑的 Word 文档，还能进行拍照、录像、复印、网络无纸传真、电子书制作、裁边扶正等操作，如图 3-20 所示。

◎ 扫描笔：该扫描仪外型与一支笔相似，扫描宽度大约与四号汉字相同，使用时贴在纸上逐行扫描，主要用于文字识别，如图 3-21 所示。

图3-20　高拍仪

图3-21　扫描笔

◎ 便携式扫描仪：需要用手推动完成扫描工作，也有个别产品采用电动方式在纸面上移动，称为自动式扫描仪，如图3-22所示。

图3-22　便携式扫描仪

◎ 3D扫描仪：这种扫描仪能对物体进行高速高密度测量，并精确描述被扫描物体的三维结构的一系列坐标数据，在3ds Max软件中输入后可以完整地还原出物体的3D模型，如图3-23所示。

图3-23　3D扫描仪

3.2.2　平板扫描仪的性能指标

家用和办公主要以平板式扫描仪为主，下面的性能指标也主要是针对平板式扫描仪进行介绍。

◎ 分辨率：分辨率是扫描仪最主要的技术指标，它描述扫描仪对图像细节的扫描能力，决定了扫描仪所记录图像的细致程度，其单位为dpi。dpi数值越大，扫描的分辨率越高，扫描图像的品质越好。但要注意，分辨率的数值是有限度的，目前大多数扫描仪的分辨率在300～2400dpi。

◎ 色彩深度和灰度值：较高的色彩深度位数可保证扫描仪保存的图像色彩与实物的真实色彩尽可能一致，且图像色彩会更加丰富。灰度值则是进行灰度扫描时对图像由纯黑到纯白整个色彩区域进行划分的级数，编辑图像时一般都使用8bit，即256级，而主流扫描仪通常为10bit，最高可达12bit。

◎ 感光元件：感光元件是扫描图像的拾取设备，相当于人的眼睛，其重要性不言而喻。目前扫描仪所使用的感光元件有3种，即光电倍增管、电荷耦合器（CCD）和接触式感光元件（CIS或LIDE）。采用CCD

的扫描仪技术经过多年的发展已经比较成熟，是市场上主流扫描仪主要采用的感光元件，而市场上能够见到的 1000 元甚至 1500 元以下的 600×1200dpi 扫描仪几乎都采用 CIS 作为感光元件。

◎ 扫描仪的接口：扫描仪的接口通常分为 SCSI、EPP 和 USB 3 种。SCSI 接口是传统类型的接口，现在已很少使用；EPP 接口的优势在于安装简便、价格相对低廉，弱点为比 SCSI 接口传输速度稍慢；USB 接口的优点几乎与 EPP 接口一样，但其速度更快，使用更方便（支持热插拨）。一般家庭用户可选购 USB 接口的扫描仪。

3.2.3 选购平板扫描仪的注意事项

如今扫描仪的价格越来越便宜，不少平板式扫描仪的价格已经跌入 2000 元以内。下面简单介绍平板式扫描仪的选购要点。

◎ 对大多数的用户来说，平板式扫描仪比较合适，既使用简单，又能顺利完成大部分任务。

◎ 手持式扫描仪也有市场。如果经常要扫小文章，那么价格在 1000 元左右的手持平板扫描仪也很合适。

◎ 购买光学分辨率在 1200dpi 之上的扫描仪，使用分辨率和色深在这个档次的扫描仪扫描，通过艺术级的照片打印机所打印出的照片与相馆制作出的照片几乎没什么区别。

◎ 传送速度为 USB 2.0 的扫描仪已成为市场的主流，要想使用最适宜的传送速度进行扫描，还必须配套带有 USB 2.0 接口的电脑。

◎ 对企业用户以及专业扫描用户而言，先进的功能，如自动送纸器、光罩、扫描足够大的文件的扫描台都很重要。大尺寸扫描台对于扫描大型的插图、图表、绘画、商标（如产品包装上的）以及报页的帮助很大。

3.2.4 平板扫描仪的品牌和产品推荐

下面以市场定位为标准，根据不同的分类，分别介绍市面上较热门的平板扫描仪品牌和产品。

1. 扫描仪的主流品牌

主流的扫描仪品牌有惠普、爱普生、松下、佳能、富士通、方正、中晶、柯达、明基、虹光、汉王、兄弟、联想、德意拍、蒙恬、枫林、天远三维、维山、清华同方、Artec、Betcolor、紫图、LMI、飞瑞斯和紫光等。

2. 扫描仪产品推荐

下面分别介绍几款最热门的扫描仪产品。

◎ 个人家用——HP Scanjet 200（L2734A）：这款扫描仪的光学分辨率为 2400× 4800dpi，最大打印幅面为 A4，扫描元件为 CIS，接口类型为 USB 2.0，双面扫描为手动，如图 3-24 所示。

图3-24　HP Scanjet 200(L2734A)

◎ 个人家用——爱普生 V330：这款扫描仪的光学分辨率为 4800×4800dpi，最大分辨率为 12800×12800dpi，最大打印幅面为 A4，扫描元件为矩阵 CCD（12 线微透镜），接口类型为 USB 2.0，扫描光源为白色 LED，双面扫描为手动，如图 3-25 所示。

图3-26　明基M209

◎ 商业应用——方正 Z3600：这款扫描仪的光学分辨率为 600×1200dpi，最大分辨率为 24000×24000dpi，最大打印幅面为 A3，扫描元件为 CCD，接口类型为 USB 2.0，双面扫描为手动，扫描光源为冷阴极荧光灯 CCFL，如图 3-27 所示。

图3-25　爱普生V330

◎ 商业应用——明基 M209：这款扫描仪的光学分辨率为 600×1200dpi，最大分辨率为 9600×9600dpi，最大打印幅面为 A3，扫描元件为 CIS，接口类型为 USB 2.0，扫描速度为 4ppm，双面扫描为手动，如图 3-26 所示。

图3-27　方正Z3600

3.3　认识和选购投影仪

投影仪是一种可以将图像或视频投射到幕布上的设备，可以通过不同的接口同电脑和摄像机等相连接，并播放相应的视频信号。投影仪广泛应用于家庭、办公室、学校和娱乐场所。

3.3.1　投影仪的常见类型

投影仪的分类方式较多，根据使用环境和市场定位进行划分，包括家用投影仪、商务投影仪、微型投影仪、工程投影仪、教育投影仪和影院投影仪（电影院数字放映仪）6 种类型。

◎ 家用投影仪：主要针对视频方面进行优化处理，其特点是亮度都在 1000 流明左右，对比度较高，投影的画面宽高比多为 16：9，各种视频端口齐全，适合播放电影和高清晰电视，适于家庭用户使用，如图 3-28 所示。

图3-28　家用投影仪

图3-30　微型投影仪

◎ 商务投影仪：一般把重量低于 2kg 的投影仪定义为商务便携型投影仪，重量跟轻薄型笔记本电脑不相上下。商务便携型投影仪的优点有体积小、重量轻、移动性强，是传统的幻灯机和大中型投影仪的替代品，轻薄型笔记本电脑跟商务便携型投影仪的搭配，是移动商务用户在进行移动商业演示时的首选搭配，如图 3-29 所示。

图3-29　商务投影仪

◎ 微型投影仪：微型投影仪又称便携式投影仪，它的外观比商务投影仪更小巧，它把传统庞大的投影仪精巧化、便携化、微小化、娱乐化、实用化，使投影技术更加贴近生活和娱乐，具有商务办公、教学、出差业务、代替电视等功能，如图 3-30 所示。

◎ 工程投影仪：相比于主流的普通投影仪来讲，工程投影仪的投影面积更大、距离更远、光亮度更高，而且一般还支持多灯泡模式，能更好地应付大型多变的安装环境，对于教育、媒体和政府等领域都很适用，如图 3-31 所示。

图3-31　工程投影仪

◎ 教育投影仪：一般定位于学校和企业应用，采用主流的分辨率，亮度在 2000~3000 流明左右，重量适中，散热和防尘做的比较好，适合安装和短距离移动，功能接口比较丰富，容易维护，性价比也相对较高，适合大批量采购普及使用，如图 3-32 所示。

图3-32　教育投影仪

第 **3** 章　认识和选购多核电脑周边设备

◎ 影院投影仪：这类投影仪更注重稳定性，强调低故障率，其散热性能、网络功能、使用的便捷性等方面做得很强。当然，为了适应各种专业应用场合，最主要的特点还是高亮度，一般可达 5000 流明以上，高者可超 10000 流明。由于体积庞大，重量重，通常用在特殊用途，例如剧院、博物馆、大会堂、公共区域，还可应用于监控交通、公安指挥中心、消防和航空交通

控制中心等环境，如图 3-33 所示。

图3-33　影院投影仪

3.3.2 投影仪的性能指标

投影仪的性能指标是指能够展示投影仪性能的主要参数。

1. 投影技术

投影技术是指该投影仪所采用的投影技术原理，目前市面上主流的投影技术分为 3 大系列，分别是 LCD（Liquid Crystal Display）液晶投影仪、DLP（Digital Lighting Process）数字光处理器投影仪和 LCOS（Liquid Crystal on Silicon）液晶附硅投影仪。

◎ LCD 投影仪：其技术是透射式投影技术，目前最为成熟。投影画面色彩还原真实鲜艳，色彩饱和度高，光利用效率很高，LCD 投影仪比用相同瓦数光源灯的 DLP 投影仪有更高的 ANSI 流明光输出，目前市场高流明的投影仪主要以 LCD 投影仪为主。它的缺点是黑色层次表现不是很好，对比度一般都在 500:1 左右徘徊，投影画面的像素结构可以明显看到。LCD 投影仪按照液晶板的片数，又分为 3LCD 和 LCD 两种类型，目前市面上较多的是 3LCD 投影仪的产品。

◎ DLP 投影仪：其技术是反射式投影技术，是现在高速发展的投影技术，可以使投影图像灰度等级、图像信号噪声比大幅度提高，画面质量细腻稳定，尤其在播放动态视频时图像流畅，没有像素结构感，形象自然，数字图像还原真实精确。在投影仪市场，单片式 DLP 投影仪凭借性价比的优势统领了大部分低端市场，在高端市场中 3DLP 技术则掌握着绝对的话语权。目前正在日益流行的 LED 微型投影仪中，也大多采用 DLP 技术。

◎ LCOS 投影仪：LCOS（Liquid Crystal on Silicon）是一种全新的数码成像技术，它采用半导体 CMOS 集成电路芯片作为反射式 LCD 的基片，CMOS 芯片上涂有薄薄的一层液晶硅，控制电路置于显示装置的后面，可以提高透光率，从而实现更大的光输出和更高的分辨率。LCOS 投影技术最大的特色在于其面板的下基板采用矽晶圆 CMOS 基板，比较容易达成高解析度的面板；LCOS 为反射式技术，可产生较高的亮度；LCOS 光学引擎因为产品零件简单，因此具有低成本的优势。但是 LCOS 技术本身还有许多技术问题有待克服，如黑白对比不佳、LCOS 光学引擎体积较大等。虽然 LCOS 拥有一些技术上的优势，不过未能成为投影仪的主流技术。

2. 光源类型

投影仪光源是投影仪的重要组成部分，投影仪的光源主要是指投影灯泡，作为投影仪的主要消耗品，投影仪灯泡使用寿命是选购投影仪时必须要考虑的重要因素。投影仪的光源经历了从传统灯泡光源（包括金属卤素灯、氙灯和超高压汞灯）到现在的 LED 光源和激光光源的发展历程。

◎ 氙灯：用于产生液晶投影器的光源，在灯泡的石英泡壳中冲入氙气，是一种演色性相当好的光源，在使用寿命上，氙灯比超高压汞灯和金属卤化物灯短，不过其超高亮度与宽广的输出功率范围使其可以使用在高阶或大型的投影仪上。

◎ 超高压汞灯：用于产生液晶投影器的光源，原灯管通过电压后，极间距间产生高电位差的同时产生高热，将汞汽化，汞蒸气在高电位差下，受激发而放电。其优点为发光亮度强，使用寿命长，所以目前市面上的 LCD 投影仪多半是采用超高压汞灯。

◎ 金属卤素灯：用于产生液晶投影器的光源，利用极间距通过电流所形成的电子束与气体分子碰撞，激发产生光线，其优点为色温高、使用寿命长与发光效率高，缺点是需要电力的瓦数高。目前金属卤素灯的点灯方式分为交流、直流和高频 3 种。

知识提示

传统光源的优劣

传统光源在技术上更加成熟，亮度高，最高可达上万流明，色彩调整的空间很大，适应面更广，最重要的一点是价格低廉，很大程度上降低了成本。传统光源最大的缺点就是寿命短，正常使用情况下的寿命一般集中在4000~6000小时，与其他光源相比相差很多，而且在使用过程中有可能出现炸灯的现象。

◎ LED：LED 光源的成像结构更加简单，有效缩小了投影仪的体积和耗电，使 LED 光源投影仪更加便携。同时 LED 光源的寿命较长，一般在上万小时左右。亮度可以说是 LED 光源投影仪最大的弊端，如果想要实现和普通灯泡光源一样的亮度，LED 光源的产品体积需要更大，并且成本很高。目前主流的 LED 光源投影仪以几百流明高清投影仪为主，可为小型商务、个人娱乐带来很大的便利。

◎ 激光：激光光源具有波长可选择性大和光谱亮度高等特点，可以合成人眼所见自然界颜色 90% 以上的色域覆盖率，实现完美的色彩还原。同时，激光光源就有超高的亮度和较长的使用寿命，大大降低了后期的维护成本。由于技术和成本问题，目前市面上主要使用的是单蓝色激光光源（RGB 三色激光造价过高，仅在专业领域有所使用），同时由于定价过高，普及程度并不理想。激光光源是未来投影光源发展的一个必然趋势，不管是传统的商务和教育市场，还是风头正盛的工程和家用市场，激光光源都有巨大的潜力可挖。

知识提示

投影仪光源发展方向

传统光源和LED光源依旧凭借着自己的优势在自己主打的领域占有很大的份额。激光光源在短期内想要取代传统光源和LED光源是不可能的。当然，激光光源是未来发展的趋势。随着技术的不断革新，激光光源即将会在投影界普及，到时会引发显示技术大革命，从而颠覆传统显示领域。

3. 其他性能指标

其他一些性能指标也能影响投影仪的选购，如亮度、对比度和灯泡寿命等。

◎ 亮度：亮度是投影仪主要的技术指标，通常以光通量来表示。光通量是描述单位时间内光源辐射产生视觉响应强弱的能力，单位是流明。LCD 投影仪依靠提高光源效率、减少光学组件能量损耗、提高液晶面板开口率和加装微透镜等技术手段来提高亮度；DLP 投影仪通过改进色轮技术、改变微镜倾角和减少光路损耗等手段提高亮度指标。目前投影仪的亮度大多数已经达到 2000 流明以上。

多学一招

影响投影仪亮度的其他因素

使用环境的光线条件、屏幕类型等因素同样会影响投影仪亮度的选择，同样的亮度，不同环境的光线条件和不同的屏幕类型都会产生不同的显示效果。由于投影仪的亮度很大程度上取决于投影仪中的灯泡，灯泡的亮度输出会随着使用时间而衰减，必然会造成亮度下降。

◎ 对比度：对比度对视觉效果的影响非常关键，通常对比度越大，图像越清晰醒目，色彩也越鲜明艳丽；而对比度小，则会让整个画面都灰蒙蒙的。高对比度对于图像的清晰度、细节表现、灰度层次表现都有很大帮助。目前大多数 LCD 投影仪的对比度都在 400∶1 左右，而大多数 DLP 投影仪对比度都在 1500∶1 以上，对比度越高的投影仪价格越高。如果仅仅用投影仪演示文字和黑白图片，则对比度在 400∶1 左右的投影仪就可以满足需要，如果用来演示色彩丰富的照片和播放视频动画，则最好选择 1000∶1 以上的高对度投影仪。

◎ 标准分辨率：标准分辨率是指投影仪投出的图像原始分辨率，也叫真实分辨率和物理分辨率。和物理分辨率对应的是压缩分辨率，决定图像清晰程度的是物理分辨

率，决定投影仪的适用范围的是压缩分辨率。通常用物理分辨率来评价 LCD 投影仪的档次，目前市场上应用最多的为标清（分辨率 800×600/1024×768）、高清（1920×1080/1280×800/1280×720）和超高清（4096×2160/1920×1200）。分辨率的选择应按实际投影内容决定，若所演示的内容以一般教学及文字处理为主，则选择标清或高清即可；若演示精细图像（如图形设计），则要选购高清或超高清。

◎ 灯泡寿命：灯泡作为投影仪的唯一消耗材料，在使用一段时间后亮度会迅速下降到无法正常使用。一般的投影仪灯泡寿命在 2000~4000 小时，LED 投影仪灯泡寿命在 2 万小时以上。

◎ 变焦比：变焦比是指变焦镜头的最短焦点和最长焦点之比，通常变焦比越大，投影出的画面就越大。但投影仪的变焦比并不是越大越好，还要与该机型的亮度、分辨率等因素结合起来考量。如果投影仪本身亮度和分辨率不高，而变焦比很大，那么不适合调到最大投影画面尺寸，因为容易导致画面不清晰，影响效果。

◎ 投影比：投影比主要是指投影仪到屏幕的距离与投影画面大小的比值，通过投影比，可以直接换算出某一投影尺寸下的投影距离。如投影比为 1.2 的投影仪，投射 100 英寸（254cm）画面时的距离大概是 100×1.2×2.54cm，通常情况下，投影比越小，投影距离越短。在投影仪的使用说明书中，投影比并不是一个固定的数值，而是一个范围，这是根据投影仪的实际使用情况而定的。相对而言，短焦投影仪的投影比更小。

◎ 投影距离：投影距离指投影仪镜头与屏幕之间的距离，在实际的应用当中，在狭小的空间要获取大画面，需要选用配有广角

镜头的投影仪，这样就可以在很短的投影距离内获得较大的投影画面尺寸；在影院和礼堂等投影距离很远的情况下，要想获得合适大小的画面，就需要选择配有远焦

镜头的投影仪，这样即便在较远的投影距离中也可以获得合适的画面尺寸，不至于画面太大而超出幕布大小。普通的投影仪为标准镜头，适合大多数用户使用。

3.3.3 家用与商用投影仪的不同选购策略

不同类别的投影仪侧重点不同，适用的人群、范围等都有极大的区别，投影仪最大的两个应用类型为家用和商用，下面就分析这两种不同类型投影仪的选购策略。

1. 家用投影对亮度要求较低

目前商务投影仪的亮度普遍都在 2000 流明以上，如果用于投影的区域面积较大，则要求投影仪的亮度要达到 3000 流明以上。但是消费者常看的高清 720p 或者 1080p 投影仪，亮度普遍都是在 1000 流明左右。不管对于什么场合使用的投影仪，亮度都不是越高越好。投影仪和其他的电子设备不同，投影追求够用就好。

而家用投影仪更多则是采用 LCD 显示技术，相对比而言，现在 DLP 投影仪大多采用单片 DLP 芯片，而 LCD 投影仪更多采用的是 3LCD 显示技术，显示的画面虽然不是特别锐利，但是画质更为出色，对色彩还原性较为出色，更适合家庭观看电影、照片等需要。

当然，也不能一概而论，采用 LCD 显示技术的商务投影仪和采用 DLP 显示技术的家用投影仪也很多。但是相比这下，采用 LCD 显示技术的商务投影仪更适合对色彩要求较高的设计类公司使用，而采用 DLP 显示技术的高清家用投影仪对比度则普遍达到 5000:1 以上，相比于普通商务投影仪在画面细节上有了大幅度提升。

所以，从对画质的要求上来讲，也只有选

择专业的高清家用投影仪才能满足家庭高清需要，达到理想的效果。

2. 其他方面的差别

在其他方面，商务投影仪和家用投影仪也有很大的差别。虽然这种差别影响不是很大，但是对于对投影要求较高的用户来说仍然存在。

在接口设计上，家用投影仪更适合多媒体娱乐需要。最显而易见的便是现在的家用投影仪都带有 HDMI 接口，家庭观看高清节目较为方便，但是 HDMI 接口在商务投影仪和教肓投影仪上则较为罕见，消费者如果想使用商务教育投影仪观看高清视频，还需要经过繁琐的转换。

商务投影仪和家用投影仪功能设计差别很大，在商务投影仪的操作菜单上，通常关于演示功能进行了较多的设计；而家用投影仪更多的则是色温、对比度、显示模式等方面的调节。

总之，商用的投影仪主要针对于商业文件演示，对文字表现能力较为优秀，但是在色彩方面略差于 LCD 投影技术的机器，但商用投影仪更耐用一些，不管灯泡还是防尘技术。当然商用投影仪也有 LCD 技术。家用的投影仪绝大多数都是以 LCD 技术来设计生产，色彩表现力等更优秀，适合于看电影、进行多媒体娱乐等。

3.3.4 投影仪的品牌和产品推荐

下面以市场定位为标准，根据不同的分类，分别介绍市面上较热门的投影仪品牌和产品。

1. 投影仪的主流品牌

主流的投影仪品牌有明基、小帅影院、NEC、奥图码、松下、索尼、极米、酷乐视、神画、坚果、优派、卡西欧、理光、爱普生、日立、Acer 宏碁、夏普、三洋、佳能、飞利浦、LG 麦克赛尔、三星、戴尔、联想、百度、Newmine 纽曼和中兴等。

2. 投影仪产品推荐

下面分别介绍几款最热门的投影仪产品。

◎ 个人家用——小帅影院 UFO 未来版：这款投影仪的投影技术为 DLP，亮度为 500 流明，对比度为 1000：1，标准分辨率为 WXGA（1280×800），光源类型为 LED，灯泡寿命为 20000 小时，变焦比为 1.4X，支持 HDMI、RJ45、USB 2.0、USB 3.0 接口，支持无线和蓝牙，如图 3-34 所示。

图3-34　小帅影院UFO未来版

◎ 个人家用——明基 W3000：这款投影仪的投影技术为 DLP，亮度为 2000 流明，对比度为 10000：1，标准分辨率为 1920×1080，最高分辨率为 1920×1200，灯泡功率为 260W，灯泡寿命为正常模式 2000 小时、经济模式 3500 小时、智能省电模式 4000 小时，变焦比为 1.6X，投影比为 1.15~1.86（100 英寸画面，折合 254cm，对应投射距离

2.5m），支持 HDMI、VGA、USB 2.0、USB 3.0、Type A 接口，如图 3-35 所示。

图3-35　明基W3000

◎ 商务办公——明基 E500：这款投影仪的投影技术为 DLP，亮度为 3300 流明，对比度为 13000：1，标准分辨率为 XGA（1024×768），最高分辨率为 1920×1200，灯泡功率为 196W，灯泡寿命为正常模式 4500 小时、经济模式 6000 小时、智能省电模式 6500/10000 小时，变焦比为 1.1X，投影比为 1.96~2.15（78 英寸画面，折合约 198cm，对应投射距离 3.1m），支持 HDMI、VGA、USB、Type A、DB接口，支持无线，如图 3-36 所示。

图3-36　明基E500

◎ 商务办公——爱普生 CB-1980WU：这款投影仪的投影技术为 3LCD，亮度为 4400 流明，对比度为 10000：1，标准分辨率为 WUXGA（1920×1200），灯泡功率为 260W，灯泡寿命为正常模式 3000 小时、经济模式 4000 小时，变焦比为 1.6X，

投影比为 1.38~2.28,支持 HDMI、VGA、USB、Type A 及 DB 接口,如图 3-37 所示。

图3-37　爱普生CB-1980WU

◎ 微型便携——坚果 P2:这款投影仪的投影技术为 DLP,亮度为 250 流明,对比度为 1000:1,标准分辨率为 1280×720,光源类型为 LED,变焦比为 1.47X,投影比为 100 英寸(254cm)画面对应投射距离 3.25m、80 英寸(约 203cm)画面对应投射距离 2.6m、60 英寸(约 152cm)画面对应投射距离 1.9m,支持 HDMI 和 USB 2.0 接口,支持无线和蓝牙,如图 3-38 所示。

图3-38　坚果P2

◎ 工程技术——明基 PX9210:这款投影仪的投影技术为 DLP,亮度为 6000 流明,对比度为 4000:1,标准分辨率为 XGA(1024×768),最高分辨率为 1920×1200,灯泡功率为 370W,灯泡寿命为正常模式 1500 小时、经济模式 2000 小时,变焦比为 1.25X,投影比为 1.6~2.0,支持 HDMI、VGA、DVI、RJ45、USB、Type A、DB 及 DP 接口,如图 3-39 所示。

图3-39　明基PX9210

◎ 教育专业——优派 PJD7720HD:这款投影仪的投影技术为 DLP,亮度为 3200 流明,对比度为 22000:1,标准分辨率为 1920×1080,灯泡功率为 210W,灯泡寿命为正常模式 4000 小时、经济模式 10000 小时,变焦比为 1.1X,投影比为 1.49~1.64(60 英寸(约 152cm)画面对应投射距离 1.52m),支持 HDMI、USB 接口,如图 3-40 所示。

图3-40　优派PJD7720HD

知识提示

环境大小与投影仪的选择

40~50m² 的家居或会客厅,投影仪亮度建议选择800~1200流明,幕布选择60~72英寸(152~183cm);60~100m² 的小型会议室或标准教室,投影仪亮度选择1500~2000流明,幕布选择80~100英寸(203~254cm);120~200m² 的中型会议室和阶梯教室,投影仪亮度选择2000~3000流明,幕布选择120~150英寸(305~381cm);300m² 的大型会议室或礼堂,投影仪选择3000流明以上,幕布选择200英寸(508cm)以上。

3.4 认识和选购网卡

网卡又称为网络卡或者网络接口卡，其英文全称为"Network Interface Card"，简称为 NIC，网卡的主要功能是帮助电脑连接到网络中。现在很多主板都自带了网络芯片，然后通过该芯片控制的接口连接到网络，但其他各种有线和无线网卡的使用仍非常普遍。

3.4.1 有线网卡和无线网卡

网卡的种类有很多，根据不同的标准有不同的分类方法。通常将网卡分为有线和无线两种。

1. 有线网卡

有线网卡必须连接网络连接线才能访问网络的网卡，主要包括以下 3 种类型。

◎ 集成网卡：集成网卡也就是集成在主板上的网络芯片，现在的主板上都有集成网卡，它也是现在电脑的主流网卡类型。图 3-41 所示为主板集成的 Atheros Killer E2201 千兆网络芯片。

图3-41　集成网卡

◎ PCI 网卡：其接口类型为 PCI，分为 PCI、PCI-E 和 PCI-X 3 种，具有价格低廉和工作稳定等优点。PCI 网卡主要由网络芯片（用于控制网卡的数据交换，将数据信号进行编码传送和解码接收等）、网线接口和金手指等组成，如图 3-42 所示。常见的网卡接口是 RJ-45，用于双绞线的连接，现在很多网卡也采用光纤接口（有

SFP 和 LC 两种接口类型），图 3-43 所示为光纤接口网卡。

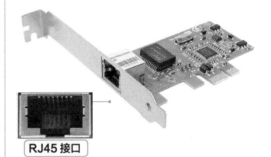

RJ45 接口

图3-42　普通PCI网卡

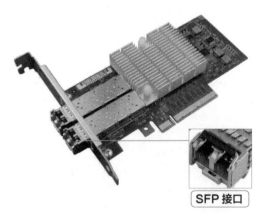

SFP 接口

图3-43　光纤网卡

◎ USB 网卡：它的特点是体积小巧，携带方便，可以插在电脑的 USB 接口中，然后通过连接网线进行使用，非常适合经常出差使用笔记本电脑或平板电脑的用户，如图 3-44 所示。

第1部分

图3-44　USB网卡

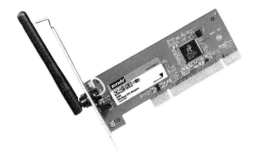

图3-45　PCI网卡

◎ USB 网卡：直接插入电脑的 USB 接口，无须网线直接上网，如图 3-46 所示。

2. 无线网卡

无线网卡是在无线局域网的无线网络信号覆盖下，通过无线连接网络进行上网的无线终端设备，主要有两种类型。

◎ PCI 网卡：这种无线网卡需要安装在主板的 PCI 插槽中使用，如图 3-45 所示。

图3-46　USB网卡

3.4.2　选购网卡的注意事项

选择一款性能好的网卡能保证网络稳定正常地工作。在选择网卡时，需注意以下事项。

◎ 传输速率：指网卡与网络交换数据的速度频率，主要有10Mbit/s、100Mbit/s 和 1000Mbit/s 等几种。

知识提示

网卡的实际传输速率

10Mbit/s经换算后实际的传输速率为 1.25MB/s（1Byte=8bit，10Mbit/s=1.25MB/s），100Mbit/s的实际传输速率为12.5MB/s，1000Mbit/s的实际传输速率为125MB/s。

◎ 传输稳定性：目前全球发射模块被几大厂商所垄断，因此不同产品之间的差距实际上并不大，但选择主流品牌产品才能保证信号传输的稳定性。

◎ 留意网卡的编号：每块网卡都有一个唯一的物理地址卡号，且编号是全球唯一的，未经认证或授权的厂商无权生产网卡。

◎ 查看网卡的做工：正规厂商生产的网卡做工精良，用料和走线都十分精细，金手指光泽明亮无晦涩感，很少出现虚焊现象，而且产品中附带有相应的精美包装和一册详细的说明书、驱动软盘、配置光盘以及方便用户使用的各种配件。

◎ 其他方面：在选购网卡时还应注意其是否支持自动网络唤醒功能和远程启动等。

◎ 无线或有线：在支持有线网络的情况下，有线网卡更稳定，性价比也较高。无线网卡的性能受到信号范围的约束，经常移动，不能固定使用，且在有固定无线网络、信号比较稳定的地方，才使用无线网卡。

3.4.3 网卡的品牌和产品推荐

下面根据不同的类型，分别介绍市面上最热门的网卡品牌和产品。

1. 网卡的主流品牌

主流的网卡品牌有 Winyao、Intel、TP-LINK、LR-LINK、D-Link、腾达、光润通、飞迈瑞克、UNICACA、华为、华硕、NETGEAR、贝尔金和斐讯等。

2. 网卡产品推荐

下面分别介绍几款最热门的网卡产品。

◎ PCI 有线网卡——TP-LINK TF-3239DL：这款网卡的传输速率为 10/100Mbit/s，网络接口为 RJ45，如图 3-47 所示。

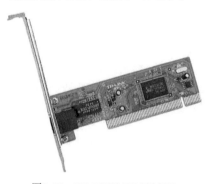

图3-47　TP-LINK TF-3239DL

◎ USB 有线网卡——Winyao USB1000F：这款网卡的传输速率为 1000Mbit/s，网络接口为光纤接口（SFP），如图 3-48 所示。

图3-48　Winyao USB1000F

◎ USB 无线网卡——D-Link DWA-133：这款网卡的传输速率为 300Mbit/s，网络标准为 IEEE 802.11n、IEEE 802.11g、IEEE 802.11b，网络接口为 USB，天线类型为内置，如图 3-49 所示。

图3-49　D-Link DWA-133

知识提示

网络标准

网络标准是网络中传递、管理信息的一些规范和协议，无线网络标准包括 IEEE802.11a/b/g/n、HomeRF和蓝牙等。

◎ PCI无线网卡——TP-LINK TL-WN851N：这款网卡的传输速率为 300Mbit/s，网络标准为 IEEE 802.11n、IEEE 802.11g、IEEE 802.11b，总线接口为 PCI，天线类型为外置，如图 3-50 所示。

图3-50　TP-LINK TL-WN851N

第1部分

3.5 认识和选购声卡

声卡是电脑中用于处理音频信号的设备，其工作原理是声卡接收到音频信号并进行处理，再通过音箱将声音以人耳能听到的频率表现出来。在家用电脑和用于娱乐的电脑系统中，声卡起着相对重要的作用。声卡自身并不能发声，因此必须与音箱配合。

3.5.1 内置声卡和外置声卡

声卡的分类比较简单，根据安装的方式分为内置和外置两种，在内置声卡中，又分为 PCI 和主板集成两种。

◎ 集成声卡：是一种集成在主板上包含音频处理芯片的音频芯片。在处理音频信号时，不用依赖 CPU 就可进行一切音频信号的转换，既可保证声音播放的质量，也节约了成本，这也是主流的声卡类型。图 3-51所示为主板集成的 SupremeFX 8 声道音效芯片。

图3-51 集成声卡

◎ PCI声卡：这种内置声卡通过PCI总线连接电脑，有独立的音频处理芯片，负责所有音频信号的转换工作，减少了对CPU资源的占有率，并且结合功能强大的音频处理软件，可对几乎所有音频信息进行处理，适合对声音品质要求较高的用户使用。PCI声卡根据总线类型的不同，分为PCI和PCI-E两种类型，如图3-52所示。

图3-52 PCI声卡

◎ 外置声卡：通过USB接口与电脑连接，具有使用方便、便于移动等优势。这类声卡通常集成了解码器和耳机放大器等，音质比内置声卡更好，价格也比内置声卡高，如图3-53所示。

图3-53 外置声卡

3.5.2 选购声卡的注意事项

对于普通用户来说，主板上集成的音效芯片就足够使用，而对于对电脑音质有较高要求的用户，在选购声卡时，需要注意以下一些问题。

◎ **了解声道系统**：声道是指声音在录制或播放时在不同空间位置采集或回放的相互独立的音频信号，所以声道数也就是声音录制时的音源数量或回放时相应的扬声器数量。声卡所支持的声道数是衡量声卡档次的重要指标之一，包括单声道、双声道、5.1声道、7.1声道到最新的环绕立体声。

◎ **了解采样位数**：声卡的位数是指声卡在采集和播放声音文件时所使用数字声音信号的二进制位数。声卡的位数客观地反映了数字声音信号对输入声音信号描述的准确程度。采样位数可以理解为声卡处理声音的解析度，这个数值越大，解析度就越高，录制和回放的声音就越真实。

◎ **按需选购**：如果对声卡的要求较高，如音乐发烧友或个人音乐工作室等，对声卡都有特殊要求，如信噪比高不高、失真度大不大等，甚至连输入输出接口是否镀金都十分重视，这时当然只有高端产品才能满足其要求了。

3.5.3 声卡的品牌和产品推荐

声卡的主流品牌包括创新、华硕、声擎和德国坦克等，下面就介绍市面上较热门的声卡产品。

◎ **家用——创新 Sound Blaster X-Fi Surround 5.1 Pro**：这款声卡的声道系统为5.1，安装方式为外置，音频接口为光纤输出、RCA莲花接口、3.5mm音频接口，采样位数为24bit，总线接口为USB 2.0，如图3-54所示。

图3-54　创新 Sound Blaster X-Fi Surround 5.1 Pro

◎ **家用——华硕 Xonar D-Kara（K歌之王）**：这款声卡的声道系统为5.1，安装方式为内置，音频接口为3.5mm音频接口，总线接口为PCI，如图3-55所示。

图3-55　华硕Xonar D-Kara（K歌之王）

◎ **专业——华硕 STRIX RAID DLX**：这款声卡的声道系统为7.1，安装方式为内置，音频接口为6×3.5mm音频接口、1×S/PDIF数字音频输出接口、1×Box Link，采样位数为24bit，总线接口为PCI-E，如图3-56所示。

图3-56　华硕STRIX RAID DLX

◎ 专业——创新 Sound Blaster X7：这款声
　卡的声道系统为 5.1，安装方式为外置，音
　频接口为话筒输入、线性输入、双耳机输出，

采样位数为 24bit，总线接口为 USB，如
图 3-57 所示。

图3-57　创新Sound Blaster X7

3.6　认识和选购音箱与耳机

　　在使用电脑的过程中，无论是商务办公还是游戏娱乐，都需要播放出声音，通过声卡处理
的声音只有通过电脑的音频输出硬件才能被人们所听见，电脑中主要的音频输出硬件就是音箱和
耳机。

3.6.1　认识音箱和耳机

　　音箱和耳机都是电脑的音频输出设备，都是通过一根音频线与电脑中的声卡连接（无线和蓝牙
除外），但两者的声音分享性不同，耳机最多两个人分享，音箱却可以多人共享。

1. 音箱的类型

　　通常我们根据音箱的市场定位和功能特性，
将其分为以下几种类型。

◎ 电脑音箱：主要连接台式电脑使用，通常
　由一个或多个箱体组成，当然很多也可以
　用来连接笔记本电脑、平板电脑和手机等
　其他播放设备使用，如图 3-58 所示。

图3-58　3个箱体的电脑音箱

知识提示

音响和音箱的区别

　　音响和音箱是两个不同的概念，通俗
地说，音响是音箱+功放+音源系统，是一
个系统；音箱则是箱子+喇叭。

◎ Hi-Fi 音箱：Hi-Fi 是 英 语 High-Fidelity
　的缩写，直译为"高保真"，定义是与原
　来的声音高度相似的重放声音。Hi-Fi 音箱
　就是能够播放出高保真音频的音箱，如图
　3-59 所示。

图3-59　Hi-Fi音箱

◎ 便携音箱：便携音箱就是区别于普通电脑音箱体积大而言的一种方便携带且体积较小的音箱，以自带的干电池或者锂电池供电，也可以接电源供电，支持或者能够读取 SD、TF、U 盘等移动存储设备，如图3-60 所示。

图3-60　便携音箱

◎ 无线音箱：无线音箱就是通过无线网络或蓝牙连接到电脑或其他播放设备，进行声音播放的音箱，如图 3-61 所示。

图3-61　蓝牙音箱

2. 耳机的类型

　　耳机的优点是在不影响旁人的情况下，可独自聆听声音，还可隔开周围环境的声响，对在录音室、DJ、旅途、运动等噪吵环境下使用的人很有帮助。按照佩戴的方式，可以将耳机分为以下几种类型。

◎ 头戴式：这种耳机是戴在头上的，并非插入耳道内。特点是声场好，舒适度高；不入耳，避免擦伤耳道，相对于入耳式耳塞，可听更长时间，如图 3-62 所示。

图3-62　头戴式耳机

◎ 耳塞式：根据设计，这种耳机在使用时会密封住使用者的耳道。特点是发声单元小，听起来较清晰，低音强，如图 3-63 所示。

图3-63　耳塞式耳机

◎ 入耳式：这种耳机在普通耳机的基础上，以胶质塞头插入耳道内，可以获得更好的密闭性。特点是在嘈杂的环境下，可以用比较低的音量不受影响地欣赏音乐，提供最佳的舒适度和完美的隔音效果，如图3-64 所示。

图3-64　入耳式耳机

◎ **耳挂式**：这是一种在耳机侧边添加辅助悬挂装饰以方便使用的耳机，如图 3-65 所示。

图3-65　耳挂式耳机

◎ **后挂式**：这种耳机比较便携，适合运动中使用，但其重量和压力都集中到了耳朵上，个别的耳机不适宜长时间佩戴，如图 3-66 所示。

图3-66　后挂式耳机

 知识提示

按照功能用途进行耳机分类

包括手机耳机、蓝牙耳机、音乐耳机、Hi-Fi耳机、游戏影音运动耳机、监听耳机、降噪耳机、语音耳机和普通耳机等。

3.6.2 选购音箱和耳机的注意事项

组装电脑时选购音箱或耳机的目的是为了获得更好的声音享受，所以一定要购买性能优良的产品，在选购音箱和耳机时，应该注意以下几个问题。

1. 音箱的性能指标

音箱的性能指标包括以下几项。

◎ **声道系统**：音箱所支持的声道数是衡量音箱性能的重要指标之一，从单声道到最新的环绕立体声，这一参数与前述声卡的基本一致，这里不再赘述。

◎ **有源无源**：有源音箱又称为"主动式音箱"，通常是指带有功率放大器的音箱。无源音箱又称为"被动式音箱"。无源音箱就是内部不带功放电路的普通音箱。无源音箱虽不带放大器，但常常带有分频网络和阻抗补偿电路等。有源音箱带有功率放大器，其音质通常比同样的无源音箱好。

◎ **控制方式**：是指音箱的控制和调节方法，音箱的控制方式关系到用户界面的舒适度。主要有 3 种类型，第一种方式是最常见的，分为旋钮式和按键式，也是造价最低的；第二种方式是信号线控制设备，就是将音量控制和开关放在音箱信号输入线上，成本不会增加很多，但操作却很方便；第三种方式是最优秀的控制方式，就是使用一个专用的数字控制电路来控制音箱的工作，通常使用一个外置的独立线控或遥控器来控制。

◎ **频响范围**：这是考察音箱性能优劣的一个重要指标，它与音箱的性能和价位有着直接的关系，其频率响应的分贝值越小，说明音箱的频响曲线越平坦，失真越小，性能越高，从理论上讲，20 ~ 20000Hz 的频率响应足够了。

◎ 扬声器材质：低档塑料音箱因其箱体单薄，无法克服谐振，无音质可言（也有部分设计好的塑料音箱要远远好于劣质的木质音箱）；木制音箱降低了箱体谐振所造成的音染，音质普遍好于塑料音箱。

◎ 扬声器尺寸：扬声器尺寸越大越好，大口径的低音扬声器能在低频部分有更好的表现。普通多媒体音箱低音扬声器的喇叭多为 3 ~ 5 英寸（8 ~ 13cm）。

◎ 信噪比：是指音箱回放的正常声音信号与无信号时噪声信号（功率）的比值，用 dB 表示。例如，某音箱的信噪比为 80dB，即输出信号功率比噪声功率大 80dB。信噪比数值越高，噪声越小。

◎ 阻抗：它是指扬声器输入信号的电压与电流的比值。音箱的输入阻抗一般分为高阻抗和低阻抗两类，高于 16Ω 的是高阻抗，低于 8Ω 的是低阻抗。音箱的标准阻抗是 8Ω，最好还是不要购买低阻抗的音箱。

2. 选购音箱的注意事项

选购音箱时需要注意以下事项。

◎ 重量：音箱首先需看它的重量，好质量的产品通常都比较重，这能说明它的板材、喇叭都是好材料。

◎ 功放：功放也是音箱比较重要的组件，但要注意的是，有的厂商会在功放机里面加铅块，使它的重量增加，可以从外壳上的空隙看到。

◎ 防磁：音箱是否防磁也很重要，尤其是卫星箱必须要防磁，否则会导致显示器有花屏的现象。

◎ 发票：最好索要发票，能填完保修卡的详细内容，将来有服务冲突的可凭借发票维护自己的权益。

3. 耳机的性能指标

性能指标是考量耳机性能的关键之一。

◎ 频响范围：指耳机发出声音的频率范围，与音箱的频响范围一样，通常看两端的数值，大约可猜测到这款耳机在哪个频段音质较好。

◎ 阻抗：耳机的阻抗是交流阻抗，阻抗越小，耳机越容易出声、越容易驱动。和音箱不同，耳机的阻抗一般是高阻抗——32Ω。

◎ 灵敏度：是指耳机的灵敏度级，单位是 dB/mW。灵敏度高意味着达到一定的声压级所需功率要小，现在动圈式耳机的灵敏度一般都在 90dB/mW 以上，如果是为随身听选耳机，灵敏度最好在 100dB/mW 左右或更高。

◎ 信噪比：和音箱一样，信噪比数值越高，耳机中的噪声越小。

4. 耳机的选购技巧

选购耳机时可以参考以下技巧。

◎ 以熟悉的歌曲作为判断标准：在选购耳机时，最好选择自己最熟悉的歌曲作为判断标准，会非常清楚知道这首歌哪个小节的高低频表现不一样，从而判断出不同耳机在音质上的差别。

◎ 注意佩戴的舒适程度：选购耳机与购买日常生活用品一样，即使音色再怎么好，如果现场试听几分钟，发现衬垫不透气，换了耳塞，尺寸又不符合耳道，都说明这款耳机不适合自己，需要更换。

◎ 新耳机"煲"过音质更好："煲"是指"煲机"，这里是指开机使用。新耳机里面缠绕的线圈、磁铁以及一些分音器等元件全是新的，而且线圈大部分是铜线材质，经过一段时间运行共振才比较顺畅。煲机通常需要连续播放一星期。

3.6.3 | 音箱的品牌和产品推荐

音箱的类型和品牌众多，下面就按照不同的类型，介绍市面上较热门的音箱产品。

1. 音箱的主流品牌

主流的音箱品牌有惠威、漫步者、飞利浦、麦博、DOSS、声擎、奋达、JBL、金河田、BOSE、索尼、慧海、恩科、三诺、联想、华为、雅马哈、罗技、小米、天逸、魅动、Libratone、电蟒、COOX、爱国者、Newmine 纽曼、魔杰和美丽之音等。

2. 音箱产品推荐

下面分别介绍几款最热门的音箱产品。

◎ 电脑音箱——飞利浦 SPA1312：这款音箱的声道系统为 2.1，有源，控制方式为线控，额定功率为 10W，频响范围为 35Hz~20kHz，扬声器单元为 4 英寸（约 10cm）+2×2.5 英寸（约 6cm），音频接口为 3.5mm 音频接口、RCA 接口，音箱材质为木质 + 塑料，如图 3-67 所示。

图3-67　飞利浦SPA1312

◎ 电脑音箱——漫步者 S1000：这款音箱的声道系统为 2.0，有源，控制方式为线控 + 旋钮，支持蓝牙，频响范围为扬声器 48Hz~20kHz、功放系统 40Hz~20kHz，扬声器单元为 1 英寸（约 3cm）钛膜高音 +5.5 英寸（约 14cm）中低音，信噪比为 88dB，阻抗为扬声器额定阻抗 4Ω、功放系统输入阻抗 10kΩ，音频接口为 AUX 音频接口，音箱材质为木质，如图 3-68 所示。

图3-68　漫步者S1000

◎ Hi-Fi 音箱——声擎 A5+：这款音箱的声道系统为 2.0，有源，控制方式为遥控 + 旋钮，额定功率为 100W，频响范围为 50Hz~22kHz，扬声器单元为 5 英寸（约 13cm）+ 直径 20mm，信噪比为 95dB，阻抗为扬声器额定阻抗 4Ω、功放系统输入阻抗 10kΩ，音箱材质为木质，如图 3-69 所示。

图3-69　声擎A5+

◎ Hi-Fi 音箱——惠威 M3A：这款音箱的声道系统为 2.0，有源，控制方式为旋钮，支持无线和蓝牙，额定功率为 240W，频响范围为 38Hz~20kHz，扬声器单元为 6.5 英寸（约 17cm）（中低音）+直径 50mm（中音），信噪比为 91dB，阻抗为 22kΩ，音频接口为 AUX 音频接口，音箱材质为木质，如图 3-70 所示。

系统为 2.0，有源，控制方式为按键，支持蓝牙，额定功率为 10W，频响范围为 150Hz~20kHz，扬声器单元为 2× 直径 38mm，信噪比为 80dB，阻抗为 4Ω，音箱材质为塑料，如图 3-71 所示。

图3-71　JBL FLIP

图3-70　惠威M3A

◎ 便携蓝牙——JBL FLIP：这款音箱的声道

知识提示

苹果音箱

　　这是一种专门用于连接苹果数码产品，并播放音乐的音箱，成为苹果音箱的首要标准是要获得苹果MFI（Made for iPhone/iPod/iPad）认证。

3.6.4　耳机的品牌和产品推荐

　　耳机的发展时间并不长，目前仍旧处在上升期，用户需求不断提升，下面按照佩戴的方式，介绍市面上较热门的耳机产品。

1. 耳机的主流品牌

　　主流的耳机品牌有硕美科、魔磁、漫步者、1MORE、飞利浦、森海塞尔、拜亚、铁三角、索尼、AKG、Beats、苹果、小米、创新、捷波朗、魅族、雷柏、JBL、华为、BOSE、松下、雷蛇、罗技、JVC、先锋和得胜等。

2. 耳机产品推荐

　　下面分别介绍几款最热门的耳机产品。

◎ 头戴式——Beats Solo3 Wireless：这款耳机的连接方式为蓝牙，支持线控器，电池类型为锂电池，待机时间为 40 小时，

数据接口为 Micro USB，如图 3-72 所示。

图3-72　Beats Solo3 Wireless

◎ 头戴式——森海塞尔 HD800：这款耳机

的连接方式为有线，频响范围为 14~44100Hz，阻抗为 300Ω，灵敏度为 102dB，如图 3-73 所示。

图3-73　森海塞尔HD800

选购无线耳机的注意事项

　　无线耳机的音质并不比同档次的有线耳机差，除了前面介绍的相关性能指标外，在选购时还需要注意电池的续航时间（一般都是6~10小时）和信号的传输距离（主流有10m左右的工位范围）的问题。

◎　耳塞式——漫步者 H180：这款耳机的连接方式为有线，频响范围为 20~20000Hz，阻抗为 32Ω，灵敏度为 100dB，如图 3-74 所示。

图3-74　漫步者H180

◎　入耳式——魅族 EP51：这款耳机的连接方式为无线，支持线控器，频响范围为 20~20000Hz，阻抗为 16Ω，灵敏度为

88dB，支持防水，支持蓝牙，电池续航时间为 6 小时，如图 3-75 所示。

图3-75　魅族EP51

◎　后挂式——索尼 SBH70：这款耳机的连接方式为无线，频响范围为 35~18000Hz，灵敏度为 100dB，支持蓝牙，数据接口为 Micro USB，电池续航时间为 6 小时，如图 3-76 所示。

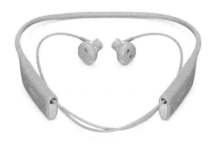

图3-76　索尼SBH70

◎　耳挂式——铁三角 ATH-EQ500：这款耳机的连接方式为有线，频响范围为 16~24000Hz，阻抗为 20Ω，灵敏度为 103dB，如图 3-77 所示。

图3-77　铁三角ATH-EQ500

3.7 认识和选购路由器

路由器是连接互联网中各局域网和广域网的设备。路由器依据网络层信息将数据包从一个网络转发到另一个网络，它决定了网络通信能够通过的最佳路径。特别是在无线网络技术很成熟的情况下，带无线功能的路由器使用非常广泛，本节内容也以无线路由器为主。

3.7.1 路由器的 WAN 口和 LAN 口

路由器的主要工作就是为经过路由器的每个数据帧寻找一条最佳传输路径，并将该数据有效地传送到目的站点，通俗地说，就是通过路由器将连接到其中的 ADSL 和电脑连接起来，实现电脑联网的目的。路由器最重要的部分就是接口，如图 3-78 所示。

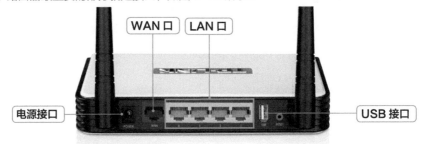

图3-78　路由器的各种接口

◎ WAN 口：WAN 是英文 Wide Area Network 的缩写，即代表广域网，主要用于连接外部网络，如 ADSL、DDN、以太网等各种接入线路。

◎ LAN 口：LAN 是 Local Area Network 的缩写，即本地网（或局域网），用来连接内部网络，主要与局域网络中的交换机、集线器或电脑相连。

现在使用较多的是宽带路由器，在一个紧凑的箱子中集成了路由器、防火墙、带宽控制和管理等功能，集成 10/100Mbit/s 宽带的以太网 WAN 接口，并内置多口 10/100Mbit/s 自适应交换机，方便多台机器连接内部网络与互联网，可广泛应用于家庭、学校、办公室、网吧、小区接入、政府和企业等场所。现在多数路由器都具备有线接口和无线天线，通过路由器可以建立无线网络连接到互联网。

3.7.2 路由器的性能指标

路由器的性能主要体现在品质、LAN 口和 WAN 口数量、传输速率、频率和功能等方面。

◎ 品质：在衡量一款路由器的品质时，可先考虑品牌。名牌产品拥有更高的品质，并拥有完善的售后服务和技术支持，还可获得相关认证和监管机构的测试等。

◎ 接口数量：LAN 口数量只要能够满足需求即可，家用电脑的数量不会太多，一般选择 4 个 LAN 口的路由器即可，且家庭宽带用户和小型企业用户只需要一个 WAN 口。

◎ 传输速度：信息的传输速度往往是用户最关心的问题。目前，千兆位交换路由器一

第 1 部分

般在大型企业中使用，家庭或小型企业用户选择 150Mbit/s 以上即可。

无线路由器是目前市场上的主流产品，下面介绍无线路由器的性能指标。

◎ 网络标准：选购时必须考虑产品支持的 WLAN 标准是 IEEE 802.11ac 还是 IEEE 802.11n 等。

◎ 频率范围：无线路由器的射频（RF）系统需要工作在一定的频率范围之内，才能够与其他设备相互通信。不同的产品由于采用不同的网络标准，故采用的工作频段也不太一样。目前的无线路由器产品主要有单频、双频和三频 3 种。

◎ 天线类型：主要有内置和外置两种，通常外置天线性能更好。

◎ 天线数量：理论上，天线数量越多，无线路由器的信号就越好。事实上，多天线无线路由器信号只是比单天线无线路由器的信号强 10%~15%，最直接的表现就是单天线无线路由器在经过一堵墙相隔后，它的信号剩下一格，而多天线无线路由器的无线信号则徘徊在单格与两格之间。

◎ 功能参数：是指无线路由器所支持的各种功能，功能越多，路由器的性能就越强。常见的功能参数包括 VPN 支持（虚拟网络技术）、QoS 支持（网络的一种安全机制，是用来解决网络延迟和阻塞等问题的一种技术）、防火墙功能、WPS 功能（Wi-Fi 安全防护设定标准）、WDS 功能（延伸扩展无线信号）和无线安全。

3.7.3 选购路由器的注意事项

路由器是整个网络与外界的通信出口，也是联系内部子网的桥梁。在网络组建的过程中，路由器的选择极为重要。下面介绍在选择路由器时需考虑的因素。

◎ 控制软件：控制软件是路由器发挥功能的一个关键环节。软件安装、参数设置及调试越方便，用户就越容易掌握。

◎ 网络扩展能力：扩展能力是网络在设计和建设过程中必须要考虑的事项，扩展能力的大小取决于路由器支持的扩展槽数目或者扩展端口数目。

◎ 带电拔插：在电脑网络管理过程中，进行安装、调试、检修和维护或者扩展网络的操作，免不了要在网络中增减设备，也就是说可能会要插拔网络部件。因此，路由器能否支持带电插拔，也是一个非常重要的选购条件。

3.7.4 路由器的品牌和产品推荐

虽然路由器的各种分类较多，但经常使用的还是家用和商用两种，下面就根据这种分类方式，介绍市面上最热门的路由器产品。

1. 路由器的主流品牌

主流的路由器品牌有斐讯、艾泰、腾达、飞鱼星、D-Link、NETGEAR、TP-LINK、华硕、华为、小米、360、思科、H3C、联想、优酷、乐视、贝尔金、腾讯、百度、魅族、中兴、IE-LINK、锐捷网络、多彩、努比亚和半岛铁盒等。

2. 路由器产品推荐

下面分别介绍几款最热门的路由器产品。

◎ 家用——斐讯 K2（PSG1218）：这款路由器的类型为无线，网络标准为 IEEE 802.11n、IEEE 802.11g、IEEE 802.11b、IEEE 802.11ac、IEEE 802.3 和

IEEE 802.3u，最高传输速率为 1200Mbit/s，频率为双频（2.4GHz、5GHz），传输速率为 2.4GHz-300Mbit/s、5GHz-867Mbit/s，网络接口为 1 个 10/100Mbit/s 自适应 WAN 口 +4 个 10/100Mbit/s 自适应 LAN 口，天线类型为外置，天线数量为 4 根，支持 VPN、QoS、WPS 功能，内置防火墙，支持 WDS 无线桥接，支持无线安全功能开关，如图 3-79 所示。

图3-79　斐讯K2（PSG1218）

◎ 商业用——TP-LINK TL-WAR900L：这款路由器的类型为无线，最高传输速率为 883Mbit/s，频率为双频（2.4GHz、5GHz），传输速率为 2.4GHz-450Mbit/s、5GHz-433Mbit/s，网络接口为 1 个 10/100/1000BASE-T 千兆以太网 RJ45 WAN 口，3 个 10/100/1000BASE-T 千兆以太网 RJ45 WAN/LAN 可变口，1 个 10/100/1000BASE-T 千兆以太网 RJ45 LAN 口，还有 1 个 USB 2.0 接口，天线类型为外置天线，天线数量为 4 根，支持 VPN 功能，支持 Web 认证，支持微信认证，支持数据加密，支持短信认证，支持无感知认证，支持漫游免认证，支持支付宝认证，如图 3-80 所示。

图3-80　TP-LINK TL-WAR900L

◎ 商业用——华硕 RT-AC88U：这款路由器的类型为无线，网络标准为 IEEE 802.11ac、IEEE 802.11n、IEEE 802.11g、IEEE 802.11b、IEEE 802.11a，最高传输速率为 3167Mbit/s，频率为双频（2.4GHz，5GHz），传输速率为 2.4GHz-1000Mbit/s、5GHz-2167Mbit/s，网络接口为 1 个 10/100/1000Mbit/s 自适应 WAN 口 +8 个 10/100/1000Mbit/s 自适应 LAN 口，还有 1 个 USB 2.0 接口 +1 个 USB 3.0 接口，天线类型为外置全向天线，天线数量为 4 根，支持 3G/4G 网络模式，如图 3-81 所示。

图3-81　华硕RT-AC88U

第 1 部分

3.8 认识和选购移动存储设备

移动存储设备在现在的办公中使用较多，主要包括 U 盘和移动硬盘，用于重要数据的保存和转移。但随着数码设备的普及，很多数码设备内部的存储卡（如手机或相机中的存储卡）也可以通过数据线与电脑交换数据，这里把它们统一归为移动存储设备。

3.8.1 U 盘的容量和接口类型

U 盘的全称是 USB 闪存盘，它是一种使用 USB 接口的无需物理驱动器的微型高容量移动存储设备，通过 USB 接口与电脑进行连接，可以即插即用。

1. U 盘的优点

U 盘最大的优点就是小巧便于携带、存储容量大、价格便宜、性能可靠。

◎ 小巧便携: U 盘体积很小, 仅大拇指般大小, 重量轻, 一般在 15g 左右, 特别适合随身携带。

◎ 存储容量大: 一般的 U 盘容量有 4GB、8GB、16GB、32GB 和 64GB，除此之外还有 128GB、256GB、512GB、1TB 等。

◎ 防震: U 盘中无任何机械式装置, 抗震性能强。

◎ 其他: U 盘还具有防潮防磁、耐高低温等特性, 安全性很好。

2. U 盘的接口类型

U 盘 的 接 口 类 型 主 要 包 括 USB 2.0/3.0/3.1、Type C 和 Lightning 等，图 3-82 所示为 Lightning 接口 U 盘和普通 U 盘。

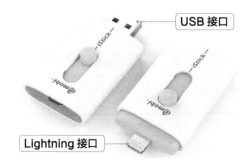

图3-82　Lightning接口U盘和普通U盘

3.8.2 TB 级移动硬盘成为主流

移动硬盘是以硬盘为存储介质，与电脑之间交换大容量数据，强调便携性的存储产品。移动硬盘具有以下特点。

◎ 容量大: 市场上的移动硬盘能提供 320GB、500GB、600GB、640GB、900GB、1TB、2TB、3TB 及 4TB 等，最高可达 12TB 的容量，其中 TB 级容量的移动硬盘已经成为市场主流。

◎ 体积小: 移动硬盘的尺寸分为 1.8 英寸（约 5cm）（超便携）、2.5 英寸（约 6cm）（便携式）和 3.5 英寸（约 9cm）（桌面式）3 种。

◎ 接口丰富: 现在市面上的移动硬盘分为无线和有线两种，有线的移动硬盘采用 USB 2.0/3.0、eSATA 和 Thunderbolt 雷电接口，传输速度快，且很容易和电脑中的同种接口连接，使用方便。

◎ 良好的可靠性: 移动硬盘多采用硅氧盘片，这是一种比铝、磁更为坚固耐用的盘片材质，并且具有更大的存储量和更好的可靠性，提高了数据的完整性。

3.8.3 手机标配的移动存储设备——闪存卡

闪存卡是利用闪存技术存储电子信息的存储器，一般应用在数码相机／摄像机、平板电脑、手机、MP3等小型数码产品中作为存储介质，样子小巧，有如一张卡片，所以称为闪存卡。

根据不同的生产厂商和不同的应用，可将闪存卡分为不同的类型。

◎ SD卡：是 Secure Digital Card 的缩写，是一种基于半导体快闪记忆器的闪存卡，体积小，数据传输速度快，可热插拔，如图 3-83 所示。

图3-83　SD卡

◎ Micro SD（TF）卡：原名 Trans-flash Card（TF 卡），2004 年正式更名为 Micro SD Card，由 SanDisk（闪迪）公司发明，是目前体积最小、使用最多的闪存卡，如图 3-84 所示。

图3-84　Micro SD（TF）卡

◎ SDXC卡：它是为满足大容量和更快的数据传输速率而提出的 SD 新标准闪存卡，这种闪存卡的理论最大容量是 2TB，并支持 UHS 104 这种新的超高速 SD 接口规格，数据总线传输速率为 104MB/s，如图 3-85 所示。

图3-85　SDXC卡

◎ Micro SDXC 卡：是 SDXC 卡的缩小版，和 Micro SD 卡的体积相差不大，性能与 SDXC 卡一致，如图 3-86 所示。

图3-86　Micro SDXC卡

知识提示

闪存卡与电脑的数据交换

闪存卡常通过其载体，如手机、数码相机等USB数据线连接电脑，或者直接通过USB接口的闪存卡读卡器连接电脑，进行数据交换，如图3-87所示。

图3-87　闪存卡读卡器

第1部分

3.8.4 移动存储设备的品牌和产品推荐

本小节将对 U 盘、移动硬盘和闪存卡的主流品牌和热门产品进行介绍。

1. 移动存储设备的主流品牌

不同移动存储设备主要有以下主流品牌。

◎ 主流的 U 盘品牌：有闪迪、东芝、PNY、创见、威刚、宇瞻、忆捷、惠普、台电、金泰克、爱国者、麦克赛尔、金士顿、联想、朗科、海盗船、BanQ、影驰、特科芯、方正、三星、紫图和金胜维等。

◎ 主流的移动硬盘品牌：有希捷、东芝、威刚、艾比格特、忆捷、纽曼、爱国者、联想、朗科、旅之星、西部数据、创见、安盘、惠普和爱四季等。

◎ 主流的闪存卡品牌：有东芝、三星、PNY、闪迪、威刚、创见、金士顿、宇瞻、金泰克、麦克赛尔、惠普、索尼、松下、天硕和善存等。

2. 移动存储设备产品推荐

下面分别介绍不同的移动存储设备的最热门的产品。

◎ U 盘——东芝隼闪 USB 3.0（64GB）：这款 U 盘的存储容量为 64GB，接口类型为 USB 3.0，数据传输率为读出 120MB/s，如图 3-88 所示。

图3-88 东芝隼闪 USB 3.0（64GB）

◎ U 盘——闪迪酷悠 3.0USB 闪存盘 CZ600（256GB）：这款 U 盘的存储容量为 256GB，接口类型为 USB 3.0，支持数据加密功能，如图 3-89 所示。

图3-89 闪迪酷悠3.0USB闪存盘 CZ600（256GB）

◎ U 盘——金士顿 DataTraveler HyperX Predator（1TB）：这款 U 盘的存储容量为 1TB，接口类型为 USB 3.0，数据传输率为最大读取速度 USB 3.0-240MB/s、USB 2.0-30MB/s，最大写入速度 USB 3.0-160MB/s、USB 2.0-30MB/s，如图 3-90 所示。

图3-90 金士顿DataTraveler HyperX Predator（1TB）

◎ 移动硬盘——联想 F308 1TB：这款移动硬盘的存储容量为 1TB，接口类型为 USB 3.0/2.0，数据传输率为写入 USB 3.0-5Gbit/s，硬盘尺寸为 2.5 英寸（约6cm），如图 3-91 所示。

◎ 移动硬盘——希捷 Innov8 3.5 英寸（约9cm）8TB：这款移动硬盘的存储容量为 8TB，接口类型为 Type C，数据传输率为读出 186.1MB/s、写入 191.4MB/s，硬盘尺寸为 3.5 英寸（约9cm），如图 3-92 所示。

图3-91 联想F308 1TB

图3-92 希捷Innov8 3.5英寸（约9cm）8TB

◎ 闪存卡——闪迪至尊高速移动 MicroSD UHS-I 卡 Class10：这款闪存卡的存储容量为32GB，产品类型为 Micro SD（TF）卡，存取速度为80MB/s，速度等级为UHS-I Grade1，如图 3-93 所示。

图3-93 闪迪至尊高速移动MicroSD UHS-I卡Class10

◎ 闪存卡——三星 Micro SDXC 卡升级版（64GB）：这款闪存卡的存储容量为64GB，产品类型为 Micro SDXC 卡，存取速度为 48MB/s，速度等级为 UHS-I Grade1，如图 3-94 所示。

图3-94 三星Micro SDXC卡升级版（64GB）

 知识提示

速度等级

闪存卡的速度等级是指用不同的速度符号来定义其最低的写入速度，目前有3种等级，Class 10（最低写入速度为10MB/s）、UHS-I Grade1（最低写入速度为10MB/s）和UHS-I Grade3（最低写入速度为30MB/s）。

3.9 认识和选购其他设备

在日常工作和生活中，还有一些经常与电脑连接的硬件设备，比如进行视频影像交流的数码摄像头、可以启动电脑并输入/输出数据的光盘驱动器和绘制图像并将其输入电脑的数位板等，本节将简单介绍这些设备的认识和选购知识。

3.9.1 电脑视频工具——摄像头

摄像头作为一种视频输入设备，被广泛运用于视频会议、远程医疗和实时监控等方面。普通人也可通过摄像头在网络中进行有影像、有声音的交谈和沟通。

1. 选购摄像头的注意事项

摄像头在电脑的相关应用中，九成以上的用途是进行视频聊天、环境（家庭、学校和办公室）监控、幼儿和老人看护，所以选购摄像头时，重要的是参考其各种性能指标。

◎ 感光元件：分为 CCD 和 CMOS 两种，CCD 成像水平和质量要高于 CMOS，但价格也要高一些，常见的摄像头多用价格相对低廉的 CMOS 作为感光器。

◎ 像素：像素值是区分摄像头好坏的重要因素，市面上主流摄像头产品多在 100 万像素值左右，在大像素的支持下，摄像头工作时的分辨率可以达到 1280 像素 ×720 像素。

◎ 镜头：摄像头的镜头一般是由玻璃镜片或者塑料镜片组成，玻璃镜片比塑料镜片成本高，在透光性以及成像质量上都有较大优势。

◎ 最大帧数：帧数就是在 1 秒钟时间里传输图片的帧数，通常用 fps 表示。每秒钟帧数愈多，所显示的动作就会愈流畅。主流摄像头的最大帧数为 30fps。

◎ 对焦方式：主要有固定、手动和自动 3 种，其中，手动对焦通常是需要用户对摄像头的对焦距离进行手动选择；自动对焦是由摄像头对拍摄物体进行检测，确定物体的位置并驱动镜头的镜片进行对焦。

◎ 视场：视场代表着摄像头能够观察到的最大范围，通常以角度来表示，视场越大，观测范围越大。

2. 摄像头的主流品牌

主流的摄像头品牌有罗技、蓝色妖姬、微软、乐橙、中兴、双飞燕、Wulian、纽曼、台电、彗星、爱耳目、联想、天敏和爱国者等。

3. 摄像头产品推荐

下面介绍最热门的摄像头产品。

◎ 联想看家宝 Snowman：这款摄像头产品定位为个人 / 网吧视频、宝宝看护、智能看家，感光元件为 CMOS，720 万像素（1280×720），最大帧数为 30fps，对焦方式为自动对焦，使用全玻璃高清镜头，140 度超大视角，支持手机连接、远程报警、红外夜视、双向对讲、移动侦测和遥控旋转，如图 3-95 所示。

图3-95　联想看家宝Snowman

◎ 米家小白：这款摄像头产品定位为个人 / 网吧视频、宝宝看护、智能看家，感光元件为 CMOS，400 万像素（1920×1080），使用镀膜玻璃高清镜头，最大帧数为 30fps，对焦方式为自动对焦，支持无线 Wi-Fi、红外夜视、移动侦测、遥控旋转、防火防盗，并配有 360° 全景 +85° 垂直绝对视角，如图 3-96 所示。

图3-96　米家小白

3.9.2 电脑数据存储工具——光盘驱动器

光盘驱动器简称光驱，是电脑用来读写光盘内容的设备，也是在台式机和笔记本电脑里比较常见的一个硬件，随着移动存储设备的快速发展，光驱逐渐被其取代。

1. 光驱的类型

现在市面上光驱的类型只有 DVD、DVD 刻录、蓝光 COMBO 和蓝光刻录 4 种。

◎ DVD：用来读取 DVD 光盘中的数据，而且完全兼容 VCD、CD-ROM、CD-R、CD-RW 等光盘，其最高可达到 17GB 的存储，如图 3-97 所示。

图3-97　DVD光驱

◎ DVD 刻录机：DVD 刻录光驱综合了 DVD 光驱的性能，不仅能读取 DVD 格式和 CD 格式的光盘，还能将数据以 DVD-ROM 或 CD-ROM 等格式刻录到光盘上，如图 3-98 所示。

图3-98　DVD刻录机

◎ 蓝光 COMBO：蓝光光驱也是 DVD 光驱的一种类型，是用蓝色激光读取光盘上的文件的一种光盘驱动器，蓝光 COMBO 不但具有 DVD 刻录机的所有功能，还可以读取蓝光光盘，如图 3-99 所示。

图3-99　蓝光COMBO

◎ 蓝光刻录机：蓝光刻录机不但具有蓝光 COMBO 的所有功能，还能在蓝光刻录光盘上刻录数据，可以说是目前最先进的光驱类型，如图 3-100 所示。

图3-100　蓝光刻录机

2. 选购光驱的注意事项

现在组装电脑时，已经很少选购光驱了，对于学生和某些商务办公企业而言，有时需要查看学习光盘或企业宣传光盘时能够用到。

◎ 安装方式：光驱的安装方式分为外置和内置两种，内置式就是安装在电脑主机内部，外置式则是通过外部接口连接在主机上。

◎ 接口类型：接口是光驱与电脑主机的物理连接，是两者之间的数据传输途径，不同的接口也决定着光驱与电脑间的数据传输

第 1 部分

速度，目前主要有 SATA 和 USB 两种。

◎ **缓存容量**: 其作用就是提供一个数据缓冲，它先将读出的数据暂存起来，然后一次性进行传送，目的是解决光驱速度不匹配的问题。它的容量大小直接影响光驱的运行速度，从理论上来说，缓存越大越好。

多学一招

光驱的读取速度和写入速度

光驱的速度都是标称的最快速度，这个数值是指光驱在读取盘片最外圈时的最快速度，而读内圈时的速度要低于标称值。写入速度是指光驱将数据刻录到光盘中的速度，这个速度比读取速度慢。

3. 光驱的主流品牌

主流的光驱品牌有华硕、先锋、三星、LG、索尼、明基、建兴、e磊、松下、惠普、联想、SSK 和飚王等。

4. 光驱产品推荐

下面介绍最热门的光驱产品。

◎ 先锋 DVR-221CHV: 这款光驱的类型为 DVD 刻录机，安装方式为内置，接口类型为 SATA，缓存容量为 0.5MB，如图 3-101 所示。

图3-101　先锋DVR-221CHV

◎ 索尼 BDX-S600U: 这款光驱的类型为蓝光刻录机，安装方式为外置，接口类型为 USB 2.0，缓存容量为 5.8MB，如图 3-102 所示。

图3-102　索尼BDX-S600U

3.9.3　电脑图像绘制工具——数位板

数位板又名绘图板、绘画板、手绘板等，是电脑的一种输入设备。数位板多为设计类的办公人士所使用，用作绘画创作。数位板就像画家的画板和画笔，网络中有很多逼真的图片和创意图像，就是通过数位板一笔一笔画出来的。

1. 认识数位板

从外观上看，数位板是由一块板子和一支压感笔组成，如图 3-103 所示，其工作原理是利用电磁式感应来完成光标的定位及移动过程。数位板和手写板等非常规的输入产品类似，都针对一定的使用群体，它主要面向设计、美术相关专业的师生、广告公司、设计工作室以及 Flash 矢量动画制作用户。

图3-103　数位板

通过数位板不仅可以像在纸上画画一样在电脑中绘制图像，它还可以模拟传统的各种画笔效果，甚至可以利用电脑的优势，作出使用传统工具无法实现的效果，例如根据压力大小进行图案的贴图绘画，用户只需要轻轻几笔就能很容易绘出一片拥有大小形状各异的白云和蓝天。

除了 CG 绘画之外，数位板还有很多用途，比如在绘图应用中，可以配合 Photoshop 进行图片处理；在绘画类软件应用方面进行轻松顺畅的创作体验；在动画制作时配合 Flash 软件应用；在玩游戏的时候，数位板灵敏的感应速度和精准定位可以让玩家有更好的游戏体验等。

2. 选购数位板的注意事项

由于数位板用途的特殊性，在选购时，需要注意其基本的性能指标。

◎ 感应方式：目前市场上数位板的感应方式只有电磁式和电阻式两种，电磁式数位板是主流类型，技术成熟、成本较低、抗干扰效果比较好。

◎ 压感级别：压感级别描述了用笔轻重的感应灵敏度，通常压感级别越高，就可以感应到越细微的不同。压感分为 512（入门）、1024（主流）、2048（专业）3 个等级。

◎ 板面大小：板面大小也称为活动区域或工作区域，是数位板非常重要的参数，板面不是越大越好，太小的板子较难进行精细的绘图操作，最适合绘图的数位板大小应该是将两个手掌放在数位板板面上基本能容纳或者略微大一点。

◎ 读取速度：读取速度就是指数位板的感应速度，由于手臂速度的限制，读取速度的高低对画画的影响并不明显，现行产品最低为 133 点 / 秒，读取速度最高也超过了 230 点 / 秒，100 点 / 秒以上一般不会出现明显的延迟现象，200 点 / 秒基本没有延迟。

◎ 读取分辨率：常见的分辨率有 2540lpi、3048lpi、4000lpi、5080lpi，分辨率越高，数位板的绘画精度越高。

3. 数位板的主流品牌

主流的数位板品牌有 Wacom、汉王、绘王和清华同方等。

4. 数位板产品推荐

下面介绍最热门的数位板产品。

◎ Wacom Bamboo one PM CTL-671/K0-F：这款数位板的感应方式为电磁式，压感级别为 1024，板面大小为 217mmx135mm，读取速度为 133 点 / 秒，读取分辨率为 2540lpi，接口类型为 USB，如图 3-104 所示。

图3-104　Wacom Bamboo one PM CTL-671/K0-F

◎ 索尼 BDX-S600U：这款数位板的感应方式为电磁式，压感级别为 2048，板面大小为 518.4mmx324mm，读取速度为 133 点 / 秒，读取分辨率为 5080lpi，接口类型为 USB，采用 IPS 液晶显示屏，如图 3-105 所示。

图3-105　索尼BDX-S600U

前沿知识与流行技巧

1. 延长投影仪寿命

相对于电脑的其他周边设备来说，投影仪的使用寿命相对较短，但一些良好的使用和操作习惯可以延长其寿命，延长投影仪寿命的方法主要有以下几种。

（1）切换时间间隔应为5分钟左右

投影仪的开关管在频繁的开关过程中会出现自然损耗，这些损耗就会转移成热量散发出来，导致投影仪内部温度升高，再加上另一个热源——灯泡发出的热量，都聚集在投影仪内部狭小的空间里，即便有散热功能，也容易使灯泡过热导致爆炸。所以尽量不要频繁地开关投影仪，如果在关闭投影仪后想重新开机，最好耐心等待 5 分钟左右。

（2）投影环境不宜反光

投影仪灯泡的亮度和灯泡的工作环境好坏有关，工作环境的光线强弱会影响投影仪的投影效果，所以，使用投影仪尽量避免工作环境的光线太强。太强烈的环境光线可能会使灯泡亮度效果变得比较差，可以在房间中安装窗帘以便挡住室外光线，房间的墙壁、地板应该使用不反光的材料，这样就可以最大限度降低灯泡的工作亮度，增加灯泡的寿命。

（3）确保电源的"同一性"

为了防止灯泡发生爆炸或者出现工作功率不匹配的现象，在将投影仪连接到电源插座上时，应注意电源电压的标称值、地线和电源极性，并要注意接地。最好使用随机附带的电源线，同时保证与电源线相连的插座要接地可靠。

（4）开关电源注意先后顺序

关闭投影仪的电源是有顺序的，如果直接关闭，灯泡可能会和投影仪电路部分的电源一起关闭，这样灯泡以及投影仪在工作过程中产生的大量热量不能及时通过风扇排出，可能会导致灯泡爆炸。

正常的投影仪开关机顺序为：在打开投影仪时，首先接通电源，再持续按住投影仪控制面板中的 LAMP 指示灯，直到出现的绿灯不闪烁为止；关机时则应该先持续按住 LAMP 指示灯直到绿灯不闪、投影仪散热风扇停止转动为止，最后再切断电源。

（5）灯泡的工作时间每次应不超过四小时

投影仪的灯泡是投影仪的主要热源，一旦工作时间过长，投影仪内部的成像系统可能会散发出大量热量，引起投影仪内部的温度快速升高，导致灯泡亮度衰减，并且很可能导致灯泡爆炸，所以一定要控制投影仪的工作时间。通常情况下，灯泡的持续工作时间不能超过四个小时。

（6）清洁的环境

灰尘较多的工作环境会减少投影仪的工作寿命，大量灰尘会随散热风扇的转动堆积在过滤网上，阻塞过滤网，影响散热效果。另外，吸烟对投影仪的危害更大，烟雾里的焦油不仅会吸附在过滤网上形成黏性物，黏性物还会黏附灰尘，从而完全堵塞过滤网，并且烟雾中的部分物质还能通过过滤网进入投影仪内部，污损成像元件，影响投影效果；甚至会覆盖在灯泡上，影响灯泡散热，缩短灯泡寿命。

（7）降温

工作环境的温度和通风条件也会影响投影仪的寿命，投影仪在工作时，应该确保没有任何东西阻挡散热孔或影响投影仪的通风散热，投影仪工作完毕并正常关机后，不要用东西立即覆盖投影仪或将投影仪装入收藏包。

2. 认识交换机

交换机是一种能将电脑连接起来的高速数据交流设备。它在电脑网络中的作用相当于一个信息中转站，所有需在网络中传播的信息会在交换机中被指定到下一个传播端口。通俗地说，交换机可以称为更多接口的路由器，它的 LAN 口比路由器多很多，各种接口的连接与路由器完全一致。

3. 认识 ADSL Modem

Modem 就是调制解调器，通常安装在电脑和电话系统之间，使一台电脑能够通过电话线与另一台电脑进行信息交换。ADSL 调制解调器是一种专为 ADSL（非对称用户数字环路）提供调制数据和解调数据的调制解调器，也是目前最为常见的一种调制解调器。

通常的 ADSL 调制解调器有一个电话口（Line-In）和多个网络口（LAN），电话口接入互联网，LAN 则接入电脑网卡或其他网络设备（如路由器）。

4. 选购鼠标垫

鼠标垫的主要作用在于辅助鼠标定位，对于定位要求较高的用户和高档鼠标，只有配上一款合适的鼠标垫，才能满足需要并发挥鼠标的最大性能，因此选择一款好的鼠标垫是很有必要的，应该注意以下几个问题。

◎ 材质：**主流鼠标垫**采用橡胶或布面为原材料，优点是摩擦力较大，便于机械鼠标移动和定位，且价格低廉；缺点是手感粗糙，不能高精确地定位，且容易脏、不易清理。光电鼠标常用的玻璃或铝等材质的鼠标垫，优点是表面有特殊的纹理，增加了光反射的灵敏度和手感，且易于清理；缺点是增大鼠标的磨损，且移动可能有细微声音。

◎ 外观：选购鼠标垫时要考虑到人体工程学，比如某些增加了手托的产品，这也许可以减少使用时手腕的疲劳度，但这并不是真正的人体工程学产品。

◎ 设计：机械鼠标依靠内部的滚轮移动，纹理过粗的鼠标垫会造成移动困难；光电鼠标依靠反射红外线定位，选择红色鼠标垫会使鼠标不灵敏。

第2部分

第4章

组装一台多核电脑

/ 本章导读

　　组装一台多核电脑并不是一件简单的事情，首先需要了解选购电脑硬件的相关知识，这些内容在第3章中已经学习了，接下来就需要制订多核电脑的装机方案，并按照方案选购各种硬件；然后了解组装流程和注意事项，准备组装工具，最后按照步骤进行组装。

4.1 设计多核电脑装机方案

设计一套完美的多核电脑装机方案是组装电脑的一个重要步骤，设计方案前，多逛各大硬件网站的 DIY 论坛，查看装机高手写的组装攒机帖以及各个配件的帖子，然后根据需要找到适合的配置，并熟悉各种硬件的相关性能，最后根据需要列举出最终的产品型号（最好有替补，甚至多个方案），这样才能在组装时有充分的选择空间。

4.1.1 在网络中模拟装机配置

现在网上有很多专业的电脑硬件网站，可以通过选择不同的电脑硬件，选配符合自己要求的电脑，比如中关村在线、泡泡网等专业的电脑硬件网站，还有一些购物网站也提供了模拟配置电脑的服务，如京东商城。

微课：在网络中模拟装机配置

本小节将在中关村在线的模拟攒机网页中设计一台电脑的配置单，具体操作步骤如下。

STEP 1　设置装机地址

❶打开网络浏览器，在地址栏中输入中关村在线模拟攒机主页的网址，按【Enter】键；❷在打开的"【模拟攒机 - 模拟装机】在线攒机"网页中单击地名右侧的下拉按钮；❸在打开的下拉列表中单击"北京"超链接，如图 4-1 所示。

图4-1　设置装机的地址

STEP 2　设置条件

❶在下面的"推荐品牌"栏中单击"Intel"超链

接；❷在"CPU 系列"栏中单击"酷睿 i7"超链接，如图 4-2 所示。

图4-2　设置选择CPU的条件

STEP 3　加入配置单

展开的列表框中将显示所有符合设置条件的CPU 产品，选择一个符合条件的产品，单击右侧的"加入配置单"按钮，如图 4-3 所示。

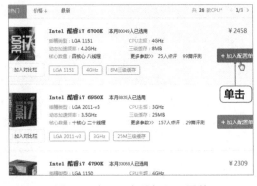

图4-3　将CPU产品加入配置单

STEP 4　查看选择的产品

在左侧的"装机配置单"列表框中可看到添加的 CPU 产品，在"请选择配件"栏中单击"主板"按钮，如图 4-4 所示。

图4-4　查看选择的CPU产品

STEP 5　选择主板产品

❶在右侧的"请选择主板"任务窗格的"主芯片组"栏中单击"Z270"超链接；❷在"主板板型"栏中单击"ATX（标准型）"超链接；❸在展开的产品列表框中选择一个符合条件的产品，单击"加入配置单"按钮，如图 4-5 所示。

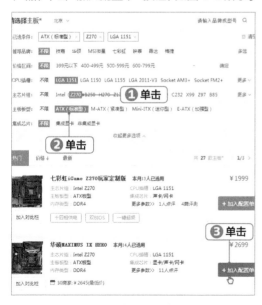

图4-5　选择主板产品

STEP 6　选择其他电脑产品

❶用相同的方法选择电脑的其他硬件，包括内存、硬盘、固态硬盘、显卡、机箱、电源、显示器、鼠标及键盘，单击"更多"按钮；❷在打开的下拉列表中单击"音箱"超链接，如图 4-6 所示，然后设置条件，选择音箱产品。

图4-6　选择音箱产品

STEP 7　完成模拟装机配置

用同样的方法选择声卡，在左侧的"装机配置单"列表框中可看到添加的所有电脑产品及估价，如图 4-7 所示。

图4-7　查看配置单

第 **4** 章　组装一台多核电脑

4.1.2 注意硬件配置的木桶效应

木桶效应是指一只木桶能盛多少水并不取决于最长的那块木板，而是取决于最短的那块木板，也可称为短板效应。组装电脑也容易产生木桶效应，一个硬件选择不当就会引起整台电脑的木桶效应。比如，一个 1GB 的 DDR3 内存搭配酷睿 i7 处理器，由于内存性能瓶颈，会导致整机性能低下，处理器性能发挥不完全。

在设计组装电脑的配置单时，需要理性思考硬件配置，根据电脑的市场定位进行各种硬件的选购和搭配，并注意以下几个问题，尽量避免出现"木桶效应"。

◎ 拒绝商家"偷梁换柱"：无论是在网上还是实体店组装电脑，最终的硬件配置和最初自己的配置单都会有一定的差别，导致这种结果的原因一般是商家会通过调换配置的方法来获得更多的利润，比如将配置单上的独立显卡换成同样品牌的 TC 显卡（当显卡显存不够用的时候共享系统内存的显卡），商家获得利润的同时，配置可能因显卡的短板而产生"木桶效应"。对自己的配置坚持选购，拒绝商家"偷梁换柱"，下单前一定要问清货源、品牌、型号等，这些都需要在组装电脑时注意。

◎ 严防商家"瞒天过海"：这种情况主要是针对 CPU 产品，选购 CPU 时，尽量选择盒装的，并仔细检查处理器包装，防止二次封装。杜绝奸商用瞒天过海的小伎俩骗取利润，比如将酷睿 i5 6500 打磨成酷睿 i5 6600K，外观上看不出来，普通用户无法识别。如果发现 CPU 有问题，整机不稳定，应该立即找商家调换。另外，选择硬件时，要仔细认真，确保采用全新的硬件是组装电脑的前提。付款前一定要测试检查其兼容性与稳定性，切忌先交费再组装、组装并安装好系统就离开卖场。

◎ 电源切忌"小马拉大车"：在组装电脑时，经常容易忽视的一个硬件就是电源，低端电源或者杂牌山寨电源普遍会出现功率虚标的现象，切记不要被所谓的峰值功率迷惑。电源供电不足会给整机的各零部件带来不可逆转的损伤，如硬盘、主板芯片、CPU 和显卡等。

◎ 固态硬盘和机械硬盘的选择：现在的硬盘逐渐成为短板硬件之一，如果用户想获得更强的整机性能，建议选购一个固态硬盘当系统盘，来加速系统的运行。如果对系统的存储空间有需求，可以使用固态硬盘（系统盘）+ 机械硬盘（存储盘）的组合。

总之，在组装电脑的过程中，设计的配置多多少少都存在"木桶效应"，这个没有最优，只有无限地接近均衡。

4.1.3 经济实惠型电脑配置方案

经济实惠型电脑主要用以实现基本的电脑功能，如上网和办公等，主要针对普通家庭用户、学生和公司商务，追求性能和价格的最佳配合，下面就分别介绍两款配置方案。

1. 方案一

方案一是采用 AMD CPU 的电脑配置，特点是性价比很超值，玩游戏可以开中低特效，多任务处理能力强，睿频能力不错，如果购买电脑的预算不多，可以考虑这款配置，该配置也非常适合公司使用，具体配置如表 4-1 所示。

表 4-1　AMD 方案

CPU	AMD 870K（散装）
散热器	九州风神冰凌 Mini 旗舰版
主板	技嘉 GA-F2A88XM-DS2-TM
内存	芝奇 8G DDR3 1600
固态硬盘	闪迪 Z400S（128GB）
机械硬盘	
显卡	迪兰恒进 R7 360 超能 V2NM
显示器	三星 S22F350FH
声卡	主板集成
机箱	激战 3 黑色
电源	游戏悍将红警 X4 RPO 400X
键盘	雷柏 X120 键鼠套装
鼠标	雷柏 X120 键鼠套装

◎ 配置优势：高主频，低功耗的四核 CPU，
 多任务处理比较强，而且可以睿频到 4.3G，
 对性能提升比较明显。一线技嘉主板，搭
 配一线迪兰恒进的中高端显卡 R7 360，
 无论是网游还是办公，都不是问题。整体
 配置比较省电。

◎ 配置劣势：4G 内存太小，功耗和发热问
 题是 AMD CPU 产品的问题，散热器可能
 无法很好地处理发热问题。另外，可以要
 求加一块机械硬盘作为存储。

2. 方案二

　　方案二是采用 Intel CPU 的电脑配置，特
点是性价比很高，入门级的配置，使用酷睿 i5
CPU，多任务处理能力强，睿频能力较好，无
论家用还是办公都很不错，基本性能齐全，具
体配置如表 4-2 所示。

表 4-2　Intel 方案

CPU	Intel 酷睿 i3 4170（盒装）
散热器	盒装自带
主板	七彩虹战斧 C.B85K-HD 魔音版
内存	威刚 绿色 8G—DDR3 1600
固态硬盘	金泰克 S300 SATA 3.0（120GB）
机械硬盘	
显卡	CPU 集成
显示器	明基 VW2245
声卡	主板集成
机箱	GAMEMAX 英雄 2 白色
电源	金河田智能眼 3200
键盘	惠普藏羚羊三代键鼠套装
鼠标	惠普藏羚羊三代键鼠套装

◎ 配置优势：双核四线程的 i3 4170 主频
 3.7Hz，虽然主机没有配备独显，但 CPU
 的核显表现也挺不错，配合 8GB 内存，主
 要以家用办公为主，白色的机身简洁漂亮，
 线条分明。

◎ 配置劣势：这个配置的 SSD 效果一般，
 开机时间为 15 秒左右，且存储空间太小，
 可以要求加一块机械硬盘或者直接将固态
 硬盘更换为机械硬盘。温度过高，散热器
 的噪声就会很大。

4.1.4　疯狂游戏型电脑配置方案

　　疯狂游戏型电脑的主要功能就是玩游戏，如各种单机和主流的网络游戏等，主要针对游戏玩家和

职业游戏选手，对于电脑中的 CPU、内存、显卡、显示器，甚至机箱、散热、鼠标和键盘都有特殊的要求，下面就分别介绍两款配置方案。

1. 方案一

方案一是采用 AMD CPU 的电脑配置，使用 AMD FX8300 CPU，日常性能与 i5 持平，主板、CPU 和显卡的配置较好，玩游戏可以开中低特效，性价比很超值，具体配置如表 4-3 所示。

表 4-3　AMD 方案

CPU	AMD FX-8300（散装）
散热器	九州风神水元素 120
主板	技嘉 GA-970A-DS3P(rev.1.0)
内存	芝奇 8G 1600 DDR3
固态硬盘	金泰克 S310（128GB）
机械硬盘	
显卡	蓝宝石 R9 370X 4G D5 Toxic
显示器	飞利浦 274E5QSB/93
声卡	主板集成
机箱	至睿蜂巢 GX10
电源	游戏悍将红警 X4 RPO 400X
键盘	达尔优机械合金版机械
鼠标	雷柏 V310 激光游戏

◎ 　配置优势：FX8300+370X 足够流畅运行 GTA5 等大型游戏的中高特效，支持其他单机游戏特效全开，一体水冷散热可以使用户不必担心玩游戏时电脑温度的问题。

◎ 　配置劣势：固态硬盘存储空间太小，可以考虑增加一块机械硬盘。电源功率也比较小，为了稳定性，可以更换更大功率电源。

2. 方案二

方案二是采用 Intel CPU 的电脑配置，性能卓越，性价比高，容量大，兼容性很好，可以完美运行市面上所有游戏，而且还有升级的可能性，具体配置如表 4-4 所示。

表 4-4　Intel 方案

CPU	Intel 酷睿 i5 6500（盒装）
散热器	九州风神冰凌 Mini 旗舰版
主板	微星 B150M PRO-VDH D3
内存	芝奇 8GB DDR4 2133
固态硬盘	三星 750 EVO SATA 3.0（120GB）
机械硬盘	西部数据 1TB
显卡	Inno3D GTX 970 冰龙版
显示器	HKC G27
声卡	主板集成
机箱	撒哈拉飞行者 AX9 至尊版 黑
电源	红警 RPO 500
键盘	罗技 G710+ 机械
鼠标	Razer 奥罗波若蛇

◎ 　配置优势：全新一代的 i5 6500，无论功耗还是性能都要比前代提升 20%，显卡是映众 GTX970 冰龙版，高端显卡，支持所有游戏的运行。一线微星主板，军工品质。该方案的配置比较均衡，主机尤其适合游戏用户。

◎ 　配置劣势：散热是短板，噪音较大，可以考虑更换水冷。

4.1.5 图形音像型电脑配置方案

图形音像型电脑的主要功能是进行图形和视频的处理与编辑，如图形工作站、视频剪辑等，主要用户群为专业图形处理用户，下面分别介绍两款配置方案。

1. 方案一

方案一是采用 Intel CPU 的电脑配置，入门级别的制图电脑，适合图形图像设计，性价比很高，具体配置如表 4-5 所示。

表 4-5　入门方案

CPU	Intel 酷睿 i7 4790（盒装）
散热器	九州风神玄冰智能版
主板	技嘉 GA-B85M-HD3-A
内存	芝奇 8G 1600 DDR3
固态硬盘	
机械硬盘	西部数据 1TB 64MB SATA3
显卡	丽台 Quadro K620
显示器	LG 27UD88
声卡	主板集成
机箱	恩杰 幻影 P240
电源	长城 GW-6500
键盘	海盗船 K70 银轴机械
鼠标	微软 ArcTouch

◎ 配置优势：丽台 K620 在美工设计方面的表现十分不俗，搭配 i7 处理器，多开制图软件切换流畅，渲染的时候也不用担心软件半途崩溃的问题。搭配专用驱动，3D 显示非常逼真，渲染 3D 模型也非常流畅。

◎ 配置劣势：内存稍小、风扇声音略大，电

源功率略小。

2. 方案二

方案二是采用 Intel CPU 的电脑配置，没有明显的短板，2D、3D 绘图都非常流畅，具体配置如表 4-6 所示。

表 4-6　工作站方案

CPU	Intel 酷睿 i7 6700（盒装）
散热器	九州风神玄冰智能版
主板	微星 B150M PRO-VDH D3
内存	金士顿 骇客神条 Blu 系列 8G*2
固态硬盘	三星 750 EVO SATA 3.0（120GB）
机械硬盘	
显卡	丽台 Quadro K2200
显示器	HKC G27
声卡	主板集成
机箱	恩杰幻影 P240
电源	长城 GW-6500（88+）
键盘	Cherry MX board 8.0 背光机械
鼠标	苹果 Magic Mouse 2

◎ 配置优势：丽台 Quadro K2200 作为专业制图卡性能强大，建模细节运行非常流畅，i7 主频也非常理想，VRay 置换贴图的渲染速度很快。

◎ 配置劣势：散热和存储是短板，可以考虑更换水冷和大容量机械硬盘。

第 **4** 章　组装一台多核电脑

4.1.6 | 豪华发烧型电脑配置方案

豪华发烧型电脑的主要功能是探寻电脑硬件的性能极限，享受电脑的极致体验，主要针对资金充足的电脑发烧玩家，下面分别介绍两款配置方案。

1. 方案一

方案一是采用 Intel CPU 的电脑配置，完全采用顶级硬件，主要用于电脑游戏，具体配置如表 4-7 所示。

表 4-7　游戏发烧方案

CPU	Intel 酷睿 i7 5960X（盒装）
散热器	分体式水冷
主板	华硕 X99 ROG Rampage V Extrem
内存	海盗船复仇者 LPX 64GB DDR4 2133
固态硬盘	浦科特 G256M6e M.2
机械硬盘	西部数据蓝盘 6TB 64M
显卡	双路 GTX Titan SLI
显示器	三星 C34F791WQ
声卡	主板集成
耳机	森海塞尔 RS220
机箱	IN WIN H-Frame Mini
电源	安钛克 HCP1000+ 定制模组线
键盘	Mad Catz S.T.R.I.K.E.5
鼠标	Mad Catz R.A.T.9 雪妖版

◎ 配置优势：双路 SLI TITAN，任何大型游戏都能全特效运行；CPU 并不是顶级，但仍然性能优良；内存双路 8G 恰到好处；机械硬盘用于存储，固态硬盘作为系统盘，读写速度很快。

◎ 配置劣势：没有独立的声卡，音频效果稍差。

2. 方案二

方案二是采用 Intel CPU 的电脑配置，几乎使用了目前最顶级的硬件，可以运用在电脑的任何方面，具体配置如表 4-8 所示。

表 4-8　豪华发烧方案

CPU	Intel 酷睿 i7 6950X（盒装）
散热器	COOLLION BMR 波浪 A-1
主板	微星 X99A Godlike Gaming CARBON
内存	芝奇 Ripjaws4 128GB DDR4 2400*2
固态硬盘	FengLei F9316 PCI-E（4TB）
机械硬盘	希捷 8TB 7200 转 256MB
显卡	丽台 NVIDIA Quadro M6000 24GB*2
显示器	戴尔 UP3218K*2
声卡	华硕 Essence III
音箱	惠威 MS2
机箱	IN WIN S-Frame
电源	振华 LEADEX P 2000W
键盘	Mad Catz S.T.R.I.K.E.7
鼠标	Mad Catz R.A.T. Pro X

◎ 配置优势：基本使用目前最贵和最顶级的硬件配置，没有最好，只有最贵，价格可以媲美一台豪华轿车。

◎ 配置劣势：没有考虑兼容性的问题，只是最好硬件的简单组合。

第 2 部分

4.2 组装电脑前的准备工作

在组装电脑之前，进行适当的准备十分必要，充分的准备工作可确保组装过程的顺利，并在一定程度上提高组装的效率与质量。首先需要将组装电脑的所有硬件都整齐地摆放在一张桌子上，并准备好所需的各种工具，然后了解组装的步骤和流程，最后再了解相关的注意事项。

4.2.1 组装电脑的常用工具

组装电脑时需要用到一些工具来完成硬件的安装和检测，如十字螺丝刀、尖嘴钳和镊子。对于初学者来说，有些工具在组装过程中可能不会涉及，但在维护电脑的过程中则可能用到，如万用表、清洁剂、吹气球和小毛刷等。

◎ 螺丝刀：是电脑组装与维护过程中使用最频繁的工具，其主要功能是用来安装或拆卸各电脑部件之间的固定螺丝。由于电脑中的固定螺丝都是十字接头的，因此常用的螺丝刀是十字螺丝刀，如图4-8所示。

图4-9 尖嘴钳

◎ 镊子：由于电脑机箱内的空间较小，在安装各种硬件后，一旦需要对其进行调整，或有东西掉入其中，就需要使用镊子进行操作，如图4-10所示。

图4-8 十字螺丝刀

多学一招

使用磁性螺丝刀

由于电脑机箱内空间狭小，因此应尽量选用带磁性的螺丝刀，这样可降低安装的难度，但螺丝刀上的磁性不宜过大，否则会对部分硬件造成损坏，磁性的强度以能吸住螺丝钉且不脱离为宜。

图4-10 镊子

◎ 尖嘴钳：用来拆卸一些半固定的电脑部件，如机箱中的主板支撑架和挡板等，如图4-9所示。

◎ 万用表：用于检查电脑部件的电压是否正常和数据线的通断等电气线路问题，现在比较常用的是数字式万用表，如图 4-11

第 **4** 章 组装一台多核电脑

所示。

图4-11　万用表

◎ 清洁剂：用于清洁一些重要硬件上的顽固污垢，如显示器屏幕等，如图 4-12 所示。

图4-12　清洁剂

◎ 吹气球：用于清洁机箱内部各硬件之间的较小空间或各硬件上不宜清除的灰尘，如图 4-13 所示。

图4-13　吹气球

◎ 小毛刷：用于清洁硬件表面的灰尘，如图 4-14 所示。

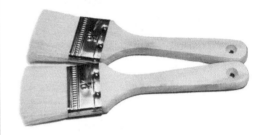

图4-14　小毛刷

◎ 毛巾：用于擦除电脑显示器和机箱表面的灰尘，如图 4-15 所示。

图4-15　毛巾

4.2.2　电脑的组装流程

　　组装电脑之前还应该梳理组装的流程，做到胸有成竹，一鼓作气将整个操作完成。虽然组装电脑的流程并不固定，但通常可按以下流程进行。

STEP 1　安装机箱内部的各种硬件

① 安装电源；
② 安装 CPU 和散热风扇；
③ 安装内存；
④ 安装主板；
⑤ 安装显卡；

⑥ 安装其他硬件卡，如声卡、网卡；

⑦ 安装硬盘（固态硬盘或普通硬盘）；

⑧ 安装光驱（可以不安装）。

STEP 2 **连接机箱内的各种线缆**

① 连接主板电源线；

② 连接硬盘数据线和电源线；

③ 连接光驱数据线和电源线（可以不安装）；

④ 连接内部控制线和信号线。

STEP 3 **连接主要的外部设备**

① 连接显示器；

② 连接键盘和鼠标；

③ 连接音箱（可以不安装）；

④ 连接主机电源。

4.2.3 | 组装电脑的注意事项

在开始组装电脑前，需要对一些注意事项有所了解，包括以下几点。

◎ 通过洗手或触摸接地金属物体的方式释放身上所带的静电，防止静电对电脑硬件产生损害。部分人认为在装机时，只需释放一次静电即可，其实这种观点是错误的，因为在组装电脑的过程中，由于手和各部件不断地摩擦，也会产生静电，因此建议多次释放。

◎ 在拧各种螺丝时，不能拧得太紧，拧紧后应往反方向拧半圈。

◎ 各种硬件要轻拿轻放，特别是硬盘。

◎ 插板卡时一定要对准插槽均衡向下用力，并且要插紧；拔卡时不能左右晃动，要均衡用力地垂直插拔，更不能盲目用力，以免损坏板卡。

◎ 安装主板、显卡和声卡等部件时应安装平稳，并将其固定牢靠，对于主板，应尽量安装绝缘垫片。

多学一招

注意装机环境

　　组装电脑需要有一个干净整洁的平台，要有良好的供电系统，并远离电场和磁场，然后将各种硬件从包装盒中取出，放置在平台上，将硬件中的各种螺丝钉、支架和连接线也放置在平台上。

4.3 组装一台多核电脑

　　在购买了所有电脑硬件，并做好一切准备工作后，就可以开始组装电脑了。这里的组装只是指硬件设备的安装，不包括软件安装。

4.3.1 | 拆卸机箱并安装电源

　　组装电脑并没有一个固定的步骤，通常由个人习惯和硬件类型决定，这里按照专业装机人员最常用的装机步骤进行操作。首先需要打开机箱侧面板，然后将电源安装到机箱中，其具体操作步骤如下。

微课：拆卸机箱并安装电源

STEP 1 **拆卸机箱盖固定螺丝**

首先将机箱平放在工作台上，用手或十字

螺丝刀拧下机箱后部的固定螺丝（通常是 4 颗，每侧两颗），如图 4-16 所示。

第 **4** 章 组装一台多核电脑

图4-16 拧螺丝

STEP 2 **拆卸机箱侧面板和显卡挡片**

❶在拧下机箱盖一侧的两颗螺丝后，按住该机箱侧面板向机箱后部滑动，拆卸掉侧面板；❷使用尖嘴钳取下机箱后部的显卡挡片，如图4-17所示。

第2部分

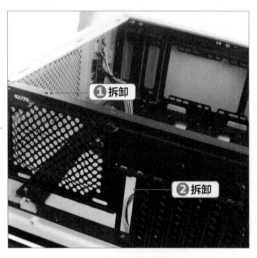

图4-17 拆卸机箱侧面板和显卡挡片

多学一招

拆卸板卡挡片

通常机箱后部的板卡条形挡片都是点焊在机箱上的（有些是通过螺丝固定），可以使用尖嘴钳直接将其拆下。

STEP 3 **安装主板外部接口挡板**

因为主板的外部接口不同，因此需要安装主板附带的挡板，这里将主板包装盒中附带的主板专用挡板扣在该位置（这一步也可以在安装主板时进行，通常由个人习惯决定），如图4-18所示。

图4-18 安装主板外部接口挡板

STEP 4 **拆卸机箱另外一个侧面板**

在安装硬盘或电源时，通常需要将其固定在机箱的支架上，且两侧都要使用螺丝固定，所以最好将机箱两侧的面板都拆卸掉，可以使用同样的方法拆卸机箱另外一个侧面板，如图4-19所示。

图4-19 拆卸机箱另外一个侧面板

STEP 5 **放入电源**

接着放置电源，将电源有风扇的一面朝向机箱上的预留孔，然后将其放置在机箱的电源固定架上，如图4-20所示。

图4-20　放入电源

知识提示

电源的安装位置

过去的电源固定架通常在机箱的上部，现在有很多机箱将电源固定架设置在机箱底部，安装起来更加方便。

STEP 6 　固定电源

最后固定电源，将其后的螺丝孔与机箱上的孔位对齐，使用机箱附带的粗牙螺丝将电源固定在电源固定架上，然后用手上下晃动电源观察其是否稳固，如图 4-21 所示。

图4-21　固定电源

4.3.2　安装 CPU 与散热风扇

安装完电源后，通常先安装主板，再安装 CPU，但由于机箱内的空间比较小，对于初次组装电脑的用户来说，操作起来比较麻烦。为了保证安装顺利进行，可以先将 CPU、散热风扇和内存安装到主板上，再将主板固定到机箱中。下面介绍安装 CPU 和散热风扇的方法，其具体操作步骤如下。

微课：安装 CPU 与散热风扇

STEP 1 　放置主板

将主板从包装盒中取出，放置在附带的防静电绝缘垫上，如图 4-22 所示。

STEP 2 　推开 CPU 拉杆

推开主板上的 CPU 插座拉杆，如图 4-23 所示。

STEP 3 　打开 CPU 挡板

打开 CPU 插座上的 CPU 挡板，如图 4-24 所示。

图4-22　放好主板

图4-23 拉开拉杆

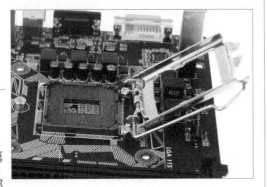

图4-24 打开挡板

STEP 4 放入 CPU

接着安装 CPU，使 CPU 两侧的缺口对准插座缺口，将其垂直放入 CPU 插座中，如图 4-25 所示。

图4-25 放入CPU

多学一招

安装CPU

没有绝缘垫时，可以使用主板包装盒中的矩形泡沫垫代替，将其放置在包装盒上就可以安装主板。另外，有些CPU的一角上有个小三角形标记，如图4-26所示，将其对准主板CPU插座上的标记即可安装。

图4-26 CPU插座挡板上的标记

STEP 5 固定 CPU

此时不可用力按压，应使CPU自由滑入插座内，然后盖好 CPU 挡板并压下拉杆，完成 CPU 的安装，如图 4-27 所示。

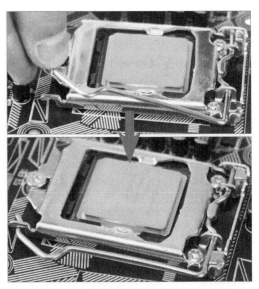

图4-27 固定CPU

第2部分

STEP 6 **涂抹导热硅脂**

在 CPU 背面涂抹导热硅脂，方法是使用购买硅脂时赠送的注射针筒，挤出少许硅脂到 CPU 中心，如图 4-28 所示。

图4-28 涂抹导热硅脂

多学一招

涂抹导热硅脂

涂抹硅脂后，可以给手指戴上胶套（防杂质，胶套多为附送），将硅脂涂抹均匀。另外，盒装正品CPU自带散热风扇，与CPU接触面已经涂抹了导热硅脂，如图4-29所示，直接安装即可。

图4-29 已经涂抹了硅脂的CPU风扇

STEP 7 **安装散热风扇支架**

❶将 CPU 风扇的 4 个膨胀扣对准主板上的风扇孔位；❷然后向下用力使膨胀扣卡槽进入孔位中，如图 4-30 所示。

① 对齐

② 安装

图4-30 安装散热风扇支架

STEP 8 **安装支架螺帽**

将风扇支架螺帽插入膨胀扣中，如图 4-31 所示。

图4-31 安装支架螺帽

STEP 9 **固定散热风扇支架**

用同样的方法将其他螺帽插入膨胀扣中，固定风扇支架，如图 4-32 所示。

图4-32　固定散热风扇支架

STEP 10 **安装风扇**

将散热风扇一边的卡扣安装到支架一侧的扣具上，如图 4-33 所示。

图4-33　安装风扇卡扣

4.3.3　安装内存

　　内存也可以在将主板放入机箱前进行安装，内存的安装方法比较简单，其具体操作步骤如下。

STEP 11 **固定散热风扇**

将散热风扇另一边的卡扣安装到支架另一侧的扣具上，固定好风扇，如图 4-34 所示。

图4-34　固定风扇

STEP 12 **连接风扇电源**

将散热风扇的电源插头插入主板的 CPU_FAN 插槽，如图 4-35 所示。

图4-35　连接风扇的电源插头

微课：安装内存

STEP 1　打开内存插槽的卡扣

将内存条插槽上的固定卡座向外轻微用力扳开，打开内存插槽的卡扣，如图 4-36 所示。

图4-36　打开内存插槽的卡扣

STEP 2　安装内存

将内存条上的缺口与插槽中的防插反凸起对齐，向下均匀用力将内存水平插入插槽中，直到内存的金手指和内存插槽完全接触，再将内存卡座扳回，使其卡入内存卡槽中，如图 4-37 所示。

图4-37　安装并固定内存

4.3.4　安装主板

安装主板就是将安装了 CPU 和内存的主板固定到机箱的主板支架上，其具体操作步骤如下。

STEP 1　清理电源线缆

由于现在的主板都采用框架式的结构，可以通过不同的框架进行线缆的走位和固定，方便硬件的安装，这里需要将电源的各种插头进行走位，方便在安装主板后将插头插入对应的插槽，如图 4-39 所示。

 知识提示

内存插槽的颜色

内存插槽一般用两种颜色来表示不同的通道，如果需要安装两根内存条来组成双通道，则需要将两根内存条插入相同颜色的插槽。如果是三通道，则需要将3根内存条插入相同颜色的插槽，如图4-38所示。

图4-38　安装三通道内存对比

微课：安装主板

 知识提示

安装六角螺栓

如果机箱内没有固定主板的螺栓，需要观察主板螺丝孔的位置，然后根据该位置将六角螺栓安装在机箱内，如图4-40所示。

图4-39　整理线缆

图4-40　安装固定主板的六角螺栓

STEP 2　放入主板

将主板平稳地放入机箱内，使主板上的螺丝孔与机箱上的六角螺栓对齐，然后使主板的外部接口与机箱背面安装好的该主板专用挡板孔位对齐，如图4-41所示。

图4-41　放入主板

STEP 3　固定主板

此时，主板的螺丝孔与六角螺栓也相应对齐，然后用螺丝将主板固定在机箱的主板架上，如图4-42所示。

图4-42　固定主板

4.3.5 安装硬盘

硬盘的类型主要有固态硬盘和机械硬盘，本次组装电脑两种都安装，其具体操作步骤如下。

微课：安装硬盘

STEP 1 放入固态硬盘

首先将固态硬盘放置到机箱内 3.5 英寸（约9cm）的驱动器支架上，将固态硬盘的螺丝口与驱动器的螺丝口对齐，如图 4-43 所示。

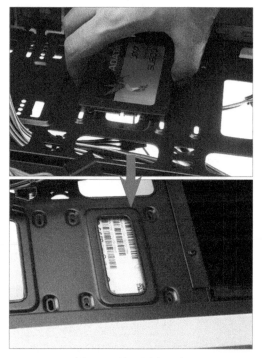

图4-43 放入固态硬盘

STEP 2 固定固态硬盘

用细牙螺丝将固态硬盘固定在驱动器支架上，如图 4-44 所示。

知识提示

对角固定硬盘

通常为了保证硬盘的稳定，需要用4颗螺丝固定，有时为了方便拆卸，可以使用两颗螺丝对角安装的方式固定。

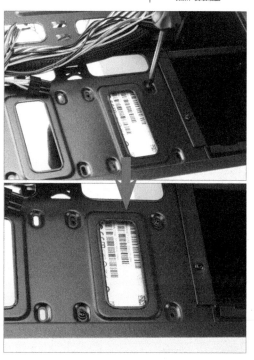

图4-44 固定固态硬盘

STEP 3 安装机械硬盘

用同样的方法将机械硬盘固定到机箱的另一个驱动器支架上，如图 4-45 所示。

图4-45 安装机械硬盘

4.3.6 安装显卡、声卡和网卡

很多主板都集成了显卡、声卡和网络芯片，但也可以根据需要安装独立的显卡、声卡和网卡，其操作方法都相差不大，下面以安装独立显卡为例，其具体操作步骤如下。

微课：安装显卡、声卡和网卡

STEP 1 拆卸板卡挡板

先拆卸掉机箱后侧的板卡挡板（有些机箱不需要进行本步骤），如图 4-46 所示。

图4-46 拆卸板卡挡板

STEP 2 打开卡扣

通常主板上的 PCI-Express 显卡插槽上都设计有卡扣，首先需要向下按压卡扣将其打开，如图 4-47 所示。

图4-47 打开卡扣

STEP 3 安装显卡

将显卡的金手指对准主板上的 PCI-Express 接口，然后轻轻按下显卡，如图 4-48 所示。

图4-48 安装显卡

STEP 4 固定显卡

衔接完全后用螺丝将其固定在机箱上，完成显卡的安装，如图 4-49 所示。

图4-49 固定显卡

知识提示

安装显卡的注意事项

在听到"咔哒"一声后，即可检查显卡的金手指是否全部进入插槽，从而确定是否安装成功。另外，显卡的卡扣类型有几种，除了有向下按开的卡扣，还有向侧面拖动来打开的卡扣。

第2部分

4.3.7 连接机箱中各种内部线缆

微课：连接机箱中各种内部线缆

在安装了机箱内部的硬件后，连接机箱内的各种线缆，主要包括各种电源线、信号线和控制线，具体操作步骤如下。

STEP 1　连接硬盘电源

❶现在常用 SATA 接口的硬盘，其电源线的一端为"L"型，在主机电源的连线中找到该电源线插头，将其插入硬盘对应的接口中，这里先连接固态硬盘的电源；❷再连接机械硬盘的电源，如图 4-50 所示。

图4-50　连接硬盘电源

STEP 2　连接主板电源

用 20 针主板电源线对准主板上的电源插座插入，如图 4-51 所示。

图4-51　连接主板电源

STEP 3　连接主板辅助电源

用 4 针的主板辅助电源线对准主板上的辅助电源插座插入，如图 4-52 所示。

图4-52　连接主板辅助电源

STEP 4　连接机箱外置面板控制线

❶在机箱的前面板连接线中找到 USB 3.0 的插头，将其插入主板相应的插座上；❷再在机箱的前面板连接线中找到音频连线的插头，将其插入主板相应的插座上；❸再在机箱的前面板连接线中找到前置 USB 的插头，将其插入主板相应的插座上，如图 4-53 所示。

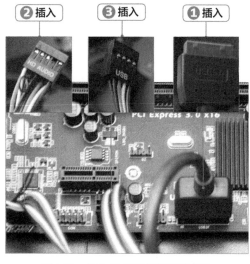

图4-53　插入外置面板控制线插头

STEP 5　连接机箱信号线和控制线

❶从机箱信号线中找到主机开关电源工作状态

179

指示灯信号线（是独立的两芯插头），将其和主板上的 POWER LED 接口相连；❷找到机箱的电源开关控制线插头，该插头为一个两芯的插头，和主板上的 POWER SW（QS）或 PWR SW 插座相连；❸找到硬盘工作状态指示灯信号线插头，其为两芯插头，一根线为红色，另一根线为白色，将该插头和主板上的 H.D.D LED 接口相连；❹找到机箱上的重启键控制线插头，并将其和主板上的 RESET SW（QS）接口相连，如图 4-54 所示。

图4-54　连接机箱信号线和控制线

STEP 6　连接硬盘的数据线插头

❶ SATA 硬盘的数据线两端接口都为"L"型（该数据线属于硬盘的附件，在硬盘包装盒中），按正确的方向将一条数据线的插头插入固态硬盘的 SATA 接口中；❷再将另一条数据线的插头插入机械硬盘的 SATA 接口中，如图 4-55 所示。

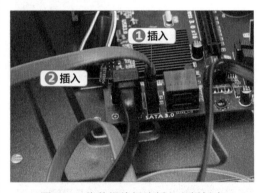

图4-56　将数据线插头插入主板插座

图4-55　插入数据线插头

STEP 7　将数据线连接到主板

❶将对应的固态硬盘的数据线的另一个插头插入主板的 SATA 插座中；❷再将机械硬盘的数据线的插头插入主板的 SATA 插座中，如图 4-56 所示。

知识提示

主板上的信号线和控制线

　　主板上的信号线和控制线的接口都有文字标识，用户也可通过主板说明书查看对应的位置。其中，H.D.D LED信号线连接硬盘信号灯，RESET SW（QS）控制线连接重新启动按钮，POWER LED信号线连接主机电源灯，SPEAKER信号线连接主机喇叭，POWER SW（QS）控制线连接开机按钮，USB控制线和AUDIO控制线分别连接机箱前面板中的USB接口和音频接口。

知识提示

信号线和控制线的正负极

有些信号线或控制线的插头需要区分正负极，通常白色线为负极，主板上的标记为⊝；红色线为正极，主板上的标记为⊕。

STEP 8 整理线缆

将机箱内部的信号线放在一起，将光驱、硬盘的数据线和电源线理顺后用扎带捆绑固定起来，并将所有电源线捆扎起来，如图 4-57 所示。

图4-57 整理线缆

4.3.8 连接周边设备

这也是组装电脑硬件的最后步骤，需要安装机箱侧面板，然后连接显示器和键盘鼠标，并将电脑通电，具体操作步骤如下。

微课：连接周边设备

STEP 1 安装侧面板

将拆除的两个侧面板装上，然后用螺丝固定，如图 4-58 所示。

图4-58 安装侧面板

STEP 2 连接显卡、键盘和鼠标

❶首先将显示器包装箱中配置的数据线的 VGA 插头插入显卡的 VGA 接口中（如果显示器的数据线是 DVI 或 HDMI 插头，对应连接机箱后的接口即可），然后拧紧插头上的两颗固定螺丝；❷再将 USB 鼠标连接线插头对准主机后的 USB 接口并插入；❸将 PS/2 键盘连接线插头对准主机后的紫色键盘接口并插入，如图 4-59 所示。

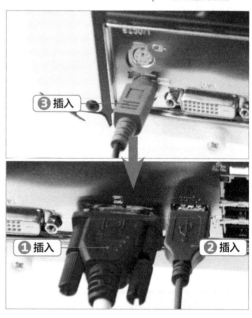

图4-59 连接显卡、键盘和鼠标

STEP 3 连接电源线

检查前面安装的各种连线，确认连接无误后，将主机电源线连接到主机后的电源接口，如图 4-60 所示。

第 **4** 章 组装一台多核电脑

图4-60　连接电源线

STEP 4　连接显示器

❶将显示器包装箱中配置的电源线一头插入显示器电源接口中；❷再将显示器数据线的另外一个插头插入显示器后面的 VGA 接口上，并拧紧插头上的两颗固定螺丝，如图 4-61 所示。

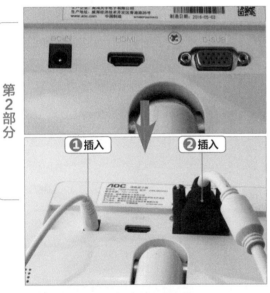

图4-61　连接显示器

STEP 5　主机通电

先将显示器电源插头插入电源插线板中，

再将主机电源线插头插入电源插线板中，完成电脑整机的组装操作，如图 4-62 所示。

图4-62　主机通电

知识提示

组装后的通电检测

　　电脑全部配件组装完成后，通常需再次检测电脑是否安装成功。启动电脑，若能正常开机并显示自检画面，则说明整个电脑已组装成功，否则会发出报警声音。出错的硬件不同，报警声也不相同。最易出现的错误是显卡和内存条未插好，通常将其拔下重新插入即可解决问题。

前沿知识与流行技巧

1. 组装电脑的常见技巧

　　对于新手来说，组装电脑的时候，不能只是按照前面介绍的流程进行，因为每台电脑的主板、机箱、电源等都不一样，对于疑惑的地方，不妨查阅一下说明书。下面就介绍一些组装电脑的常用技巧。

◎ 选择PCI-E插槽：对于有多条PCI-E插槽的主板，靠近CPU的PCI-E插槽能给显卡提供更完整的性能，通常应该选择该插槽安装显卡。但在一些电脑中，由于CPU散热器体积过于庞大（如水冷），与显卡散热器的位置会发生冲突，为了给CPU和显卡更大的散热空间，就需要将显卡安装在第二条PCI-E插槽上。

◎ 注意固定主板螺丝的顺序：主板螺丝的安装有着一定顺序，先将主板螺丝孔位与背板螺钉对齐，安装主板对角线位置的两颗螺丝，这样的做法是为了避免在安装之后主板发生位移，但这两颗螺丝不必拧紧，再安装其余4颗螺丝，同样不必拧紧，6颗螺丝都安装完毕之后，再依次拧紧，避免因受力不均导致主板变形。

◎ 选择安装硬件的顺序：对于组装电脑的顺序，不同的人有不同的看法，按照自己的习惯进行即可。对于组装电脑的新手而言，最好先将硬盘、电源安装到机箱后，再将安装好CPU、显卡的主板安装到机箱中，这样做的优势是可以避免在安装电源和硬盘时失手，撞坏主板。

2. 水冷散热器的安装注意事项

由于在散热效率和静音等方面有着种种优势，电脑水冷散热器现在已经开始流行，为了使元件充分地发挥其额定性能并加强使用中的可靠性，除必须科学地选择散热器外还需正确安装，由于水冷散热器的安装比较复杂，因此在安装元件与散热器时，应注意以下事项。

◎ 水冷散热器的接触面必须与硬件接触面尺寸相匹配，防止压扁、压歪损坏硬件。

◎ 水冷散热器接触面必须具有较高的平整度和光洁度。建议接触面粗糙度小于或等于1.6μm，平整度小于或等于30μm。安装时硬件接触面与散热器接触面应保持清洁干净无油污等脏物。

◎ 安装时要保证硬件接触面与水冷散热器的接触面完全平行、同心。安装过程中，要求通过硬件中心线施加压力，以使压力均匀分布在整个接触区域。用户手工安装时，建议使用扭矩扳手，对所有紧固螺母交替均匀用力，压力的大小要达到数据表中的要求。

◎ 在重复使用水冷散热器时，应特别注意检查其接触面是否光洁、平整，水腔内是否有水垢和堵塞，尤其要注意接触面是否出现下陷情况，若出现了上述情况应予以更换。

3. 组装笔记本电脑准系统

笔记本电脑通常不能组装，因为所有笔记本电脑都是有散热专利的，每一款笔记本的硬件都有自己独特的规格型号，不容易进行组装。但现在有一种笔记本准系统 Barebone，它是一款只提供了笔记本最主要框架部分的产品，如基座、液晶显示屏、主板等，其他部分诸如 CPU、硬盘、光驱等则需要用户自己来选购并且安装。目前华硕、微星、精英等厂商都已发布了多款这样的产品。

下面以微星 MSI MS-1029 笔记本准系统为组装对象进行介绍，该对象的主板使用了ATI 芯片组，并提供了 ATI Mobility Radeon X700 显卡、双层 DVD 刻录机和 15.4 英寸（约39cm） WXGA 宽屏 LCD，接下来为该笔记本准系统选择安装 CPU、硬盘、无线网卡和内存，具体操作步骤如下。

❶ 拆卸挡板。首先将笔记本电脑反置，找好合适的螺丝刀（笔记本螺丝比台式机的要小，应该选择小一号的十字螺丝刀），使用螺丝刀将笔记本电脑背部能够拆卸的挡板全部卸下来。

❷ 安装 CPU。首先将 CPU 插座右侧的杠杆拉起上推到垂直的位置，把 CPU 上的针脚缺口与插座上的缺口对准进行安装，再将右侧的杠杆放回原位，CPU 即可安全地安装在 CPU 插座上。

❸ 安装 CPU 散热管。将热管散热器对准 CPU，先将热管散热片显示核心散热的部分对好之后，再进行固定螺丝的工作。将 CPU 散热部分的 4 颗螺丝固定好，再将显示核心散热部分的螺丝固定好。

❹ 安装 CPU 散热风扇。先把风扇电源与主板上的电源接口连接好，接着将风扇放进凹槽，将 3 颗螺丝旋紧，即可固定好风扇。

❺ 安装内存。将内存以大约 40°的角度斜插入内存插槽，然后小心地向下轻轻一按，内存即可插入合适的位置。

❻ 安装无线网卡。其安装方法与内存的安装方法基本一致，先斜斜地把网卡与插槽对好，然后再轻轻地往里向下按压即可。接着再将 Mini PCI 无线网卡上的天线装好，注意接口要安装正确。

❼ 安装硬盘。先将硬盘与保护盒结合在一起，将硬盘的数据接口与笔记本主板上的硬盘接口对接好，再将硬盘放入硬盘仓，接着再将硬盘四周的 4 个螺丝固定好，完成硬盘的安装。

❽ 安装电源。先将电池仓两侧的锁扣松下，然后拿好电池，对准接口轻轻地推进去，电池装好后再将两侧的锁扣关上。

❾ 安装光驱和挡板。只需要轻轻往光驱仓里面一插即可安装好光驱，然后再安装挡板，整个硬件的组装就完成了。

4. 怎么拆开散热器和 CPU

有些情况下，散热硅脂将 CPU 和散热器紧密粘在一起，无法拆卸，这时可以启动电脑，运行一些比较占用 CPU 资源的程序，使 CPU 的发热量增加，十几分钟之后关闭电脑，此时即可拆卸散热器。

第 5 章

设置最新 UEFI BIOS

/ 本章导读

　　BIOS 是电脑启动和操作的基础，若电脑系统中没有 BIOS，则所有硬件设备都不能正常使用。UEFI 是目前最新的 BIOS 类型，以后会逐渐取代传统的 BIOS。本章将认识和学习 BIOS 的基础知识，并介绍设置 UEFI BIOS 和传统 BIOS 的相关操作。

5.1 认识 BIOS

BIOS（Basic Input and Output System，基本输入/输出系统）是被固化在只读存储器（Read Only Memory，ROM）中的程序，因此又称为 ROM BIOS 或 BIOS ROM。BIOS 程序在开机时即运行，执行了 BIOS 后才能使硬盘上的程序正常工作。由于 BIOS 是存储在只读存储器（即 BIOS 芯片）中的，因此它只能读取而不能修改，且断电后能保持数据不丢失。

5.1.1 了解 BIOS 的基本功能

BIOS 的功能主要包括中断服务程序、系统设置程序、开机自检程序和系统启动自举程序 4 项，但经常使用到的只有后面 3 项。

◎ 中断服务程序：实质上是指电脑系统中软件与硬件之间的一个接口，操作系统中对硬盘、光驱、键盘和显示器等外围设备的管理，都建立在 BIOS 的基础上。

◎ 系统设置程序：电脑在对硬件进行操作前必须先知道硬件的配置信息，这些配置信息存放在一块可读写的 RAM 芯片中，而 BIOS 中的系统设置程序主要用来设置 RAM 中的各项硬件参数，这个设置参数的过程就称为 BIOS 设置。

◎ 开机自检程序：在按下电脑电源开关后，POST（Power On Self Test，自检）程序将检查各个硬件设备是否工作正常，自检包括对 CPU、640kB 基本内存、1MB 以上的扩展内存、ROM、主板、CMOS 存储器、串并口、显示卡、软/硬盘子系统及键盘的测试，一旦在自检过程中发现问题，系统将给出提示信息或警告。

◎ 系统启动自举程序：在完成 POST 自检后，BIOS 将先按照 RAM 中保存的启动顺序来搜寻软硬盘、光盘驱动器和网络服务器等有效的启动驱动器，然后读入操作系统引导记录，再将系统控制权交给引导记录，最后由引导记录完成系统的启动。

5.1.2 认识 UEFI BIOS 和传统 BIOS

UEFI BIOS 只有一种类型，传统的 BIOS 则分为 AMI 和 Phoenix-Award 两种类型。

1. UEFI BIOS

UEFI（Unified Extensible Firmware Interface，统一的可扩展固件接口）是一种详细描述全新类型接口的标准，是适用于电脑的标准固件接口，旨在代替 BIOS 并提高软件互操作性和解决 BIOS 的局限性，现在通常把具备 UEFI 标准的 BIOS 设置称为 UEFI BIOS。作为传统 BIOS 的继任者，UEFI BIOS 拥有前辈所不具备的诸多功能，比如图形化界面、多种多样的操作方式、允许植入硬件驱动等。这些特性让 UEFI BIOS 相比于传统 BIOS 更加易用、更加实用、更加方便。而 Windows 8 操作系统在发布之初就对外宣称全面支持 UEFI，这也促使众多主板厂商纷纷转投 UEFI，并将此作为主板的标准配置之一。

UEFI BIOS 具有以下几个特点。

◎ 通过保护预启动或预引导进程，抵御 bootkit 攻击，从而提高安全性。

◎ 缩短了启动时间和从休眠状态恢复的时间。

◎ 支持容量超过 2.2TB 的驱动器。

第 2 部分

◎ 支持 64 位的现代固件设备驱动程序，系统在启动过程中可以使用它们来对超过 172×10^8GB 的内存进行寻址。

◎ UEFI 硬件可与 BIOS 结合使用。

图 5-1 所示为 UEFI BIOS 芯片和 UEFI BIOS 开机自检画面。

图5-1　UEFI BIOS

2. 传统 BIOS

传统BIOS的类型是按照品牌进行划分的，主要有以下两种。

◎ AMI BIOS：它是AMI公司生产的BIOS，最早开发于20世纪80年代中期，占据了早期台式机的市场，286和386大多采用该BIOS，它具有即插即用、绿色节能和PCI总线管理等功能。图5-2所示为一块AMI BIOS芯片和AMI BIOS开机自检画面。

◎ Phoenix-Award BIOS：目前新配置的电脑大多使用Phoenix-Award BIOS，其

功能和界面与Award BIOS基本相同，只是标识的名称代表了不同的生产厂商，因此可以将Phoenix-Award BIOS当作是新版本的Award BIOS。图5-3所示为一块Phoenix-Award BIOS芯片和Phoenix-Award BIOS开机自检画面。

图5-2　AMI BIOS

图5-3　Phoenix-Award BIOS

5.1.3 | 如何进入 BIOS 设置程序

不同的 BIOS，其进入方法有所不同，下面就根据不同的品牌和种类进行介绍。

◎ UEFI BIOS：不同品牌的主板，其 UEFI BIOS 的设置程序可能会有一些不同，但普遍都是中文界面，比较好操作，且进入设置程序的方法是相同的，启动电脑时按【Delete】或【F2】键即可出现屏幕提示。图 5-4 所示为微星主板的 UEFI BIOS 主界面。

图5-4　UEFI BIOS

187

◎ AMI BIOS：启动电脑，按【Delete】或【Esc】键，即可出现屏幕提示，图 5-5 所示为 AMI BIOS 的主界面。

◎ Phoenix-Award BIOS：启动电脑，按【Delete】键，即可出现屏幕提示，图 5-6 所示为 Phoenix-Award BIOS 的主界面。

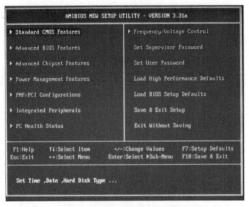

图5-5 AMI BIOS主界面

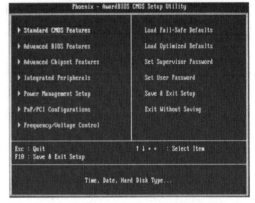

图5-6 Phoenix-Award BIOS主界面

5.1.4 学习 BIOS 的基本操作

UEFI BIOS 可以直接通过鼠标操作，传统 BIOS 进入设置主界面后，可通过快捷键进行操作，这些快捷键同样在 UEFI BIOS 中适用。

◎ 【←】、【→】、【↑】和【↓】键：用于在各设置选项间切换和移动。

◎ 【+】或【Page Up】键：用于切换选项设置递增值。

◎ 【-】或【Page Down】键：用于切换选项设置递减值。

◎ 【Enter】键：确认执行和显示选项的所有设置值并进入选项子菜单。

◎ 【F1】键或【Alt + H】键：弹出帮助（help）窗口，并显示说明所有功能键。

◎ 【F5】键：用于载入选项修改前的设置值。

◎ 【F6】键：用于载入选项的默认值。

◎ 【F7】键：用于载入选项的最优化默认值。

◎ 【F10】键：用于保存并退出 BIOS 设置。

◎ 【Esc】键：回到前一级界面或主界面，或从主界面中结束设置程序。按此键也可不保存设置直接退出 BIOS 程序。

5.2 设置 UEFI BIOS

UEFI BIOS 通常是中文界面，通过鼠标可以直接设置，通常包括系统设置、高级设置、CPU 设置、固件升级、安全设置、启动设置和保存退出等选项，本节以微星主板的 UEFI BIOS 设置为例，讲解具体的操作方法。

5.2.1 认识 UEFI BIOS 中的主要设置项

UEFI BIOS 中的主要设置项包括以下几种。

◎ 系统状态：主要用于显示和设置系统的各
种状态信息，包括系统日期、时间、各种
硬件信息等，如图 5-7 所示。

图5-7 系统状态界面

◎ 高级：主要用于显示和设置电脑系统的高
级选项，包括 PCI 子系统、主板中的各种
芯片组、电源管理、电脑硬件监控及外部
运行的设备控制等，如图 5-8 所示。

图5-8 高级界面

◎ Overclocking：主要用于显示和设置硬件
频率和电压，包括 CPU 频率、内存频率、
CPU 电压、内存电压、PCI 电压等，如图
5-9 所示。

◎ M-Flash：主要用于 UEFI BIOS 的固件
升级，如图 5-10 所示。

图5-9 Overclocking界面

图5-10 M-Flash界面

◎ 安全：主要用于设置系统安全密码，包括
管理员密码、用户密码和机箱入侵设置等，
如图 5-11 所示。

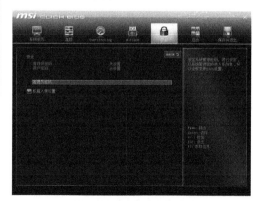

图5-11 安全界面

◎ 启动：主要用于显示和设置系统的启动信息，包括启动配置、启动模式和设置启动顺序等，如图 5-12 所示。

图5-12 启动界面

◎ 保存并退出：主要用于显示和设置 UEFI BIOS 的操作更改，包括保存选项和更改的操作等，如图 5-13 所示。

图5-13 保存并退出界面

5.2.2 设置电脑启动顺序

微课：设置电脑启动顺序

启动顺序是指系统启动时将按设置的驱动器顺序查找并加载操作系统，在启动界面中进行设置。下面在启动界面中设置电脑通过光驱和 U 盘启动，具体操作步骤如下。

第2部分

STEP 1 选择启动选项

①启动电脑，当出现自检画面时按【Delete】键，进入 UEFI BIOS 设置主界面，单击上面的"启动"按钮；②打开"启动"界面，在"设定启动顺序优先级"栏中选择"启动选项 #1"选项，如图 5-14 所示。

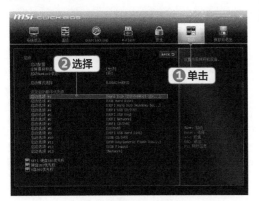

图5-14 选择启动选项

STEP 2 设置光驱启动

打开"启动选项 #1"对话框，选择"UEFI CD/DVD"选项，如图 5-15 所示。

图5-15 设置光驱启动

STEP 3 设置第二启动硬件

返回"启动"界面，在"设定启动顺序优先级"栏中选择"启动选项 #2"选项，如图 5-16 所示。

图5-16 选择第二启动选项

STEP 4 设置 U 盘启动

打开"启动选项 #2"对话框，选择"USB Hard Disk"选项，如图 5-17 所示。

图5-17 设置U盘启动

STEP 5 保存并退出

❶返回"启动"界面，单击上面的"保存并退出"按钮；❷打开"保存并退出"界面，在"保存

并退出"栏中选择"储存变更并重新启动"选项，如图 5-18 所示。

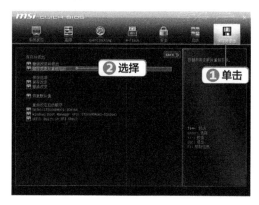

图5-18 保存更改并重新启动

STEP 6 确认操作

在打开的提示框中要求用户确认是否保存并重新启动，单击"是"按钮，如图 5-19 所示，完成电脑启动顺序的设置。

图5-19 确认设置

5.2.3 设置 BIOS 管理员密码

通常在 BIOS 设置中有两种密码形式，一种是管理员密码，设置这种密码后，电脑开机时需要输入该密码，否则无法开机登录；另一种是用户密码，设置这种密码后，电脑可以正常开机使用，但进入 BIOS 时需要输入该密码。下面就以设置管理员密码为例进行讲解，具体操作步骤如下。

微课: 设置 BIOS 管理员密码

STEP 1 选择安全选项

❶进入 UEFI BIOS 设置主界面，单击上面的

"安全"按钮；❷打开"安全"界面，在"安全"栏中选择"管理员密码"选项，如图 5-20 所示。

图5-20　选择安全选项

STEP 2　输入密码

打开"建立新密码"对话框，输入密码后按【Enter】键，如图 5-21 所示。

图5-21　输入密码

STEP 3　确认密码

打开"确认新密码"对话框，再次输入相同的密码后按【Enter】键，如图 5-22 所示。

图5-22　确认密码

STEP 4　完成操作

返回"安全"界面，显示管理员密码已设置，如图 5-23 所示，然后保存变更并重新启动电脑，即可打开需要输入密码登录的界面，输入刚才设置的管理员密码即可启动电脑。

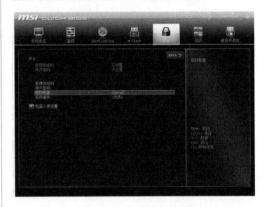

图5-23　完成密码设置

5.2.4　设置意外断电后恢复状态

通常在电脑意外断电后，需要重新启动电脑，但在 BIOS 中可以对断电恢复进行设置，一旦电源恢复，电脑将自动启动。下面就在 UEFI BIOS 中设置电脑的自动断电后重启，具体操作步骤如下。

STEP 1　选择高级选项

❶进入 UEFI BIOS 设置主界面，单击上面的"高级"按钮；❷打开"高级"界面，在"高级"栏中选择"电源管理设置"选项，如图 5-24

所示。

STEP 2　设置电源管理

在"高级 / 电源管理设置"栏中选择"AC 电源掉电再来电的状态"选项，如图 5-25 所示。

192

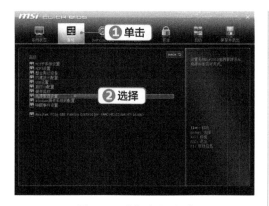

图5-24　选择高级选项

图5-25　电源管理设置

5.2.5　升级 BIOS 来兼容最新硬件

对于 UEFI BIOS 来说，可以通过升级的方式来兼容最新的电脑硬件，提升电脑的性能，具体操作步骤如下。

STEP 1　选择 M-Flash 选项

❶进入 UEFI BIOS 设置主界面，单击上面的"M-Flash"按钮；❷打开"M-Flash"界面，在"M-Flash"栏中选择"选择一个用于更新 BIOS 和 ME 的文件"选项，如图 5-27 所示。

STEP 2　选择升级的文件

打开"选择 UEFI 文件"对话框，在其中选择一个要升级的文件，如图 5-28 所示，系统将自动升级 BIOS 并自动重新启动电脑。

STEP 3　完成操作

打开"AC 电源掉电再来电的状态"对话框，选择"开机"选项，如图 5-26 所示，然后保存变更并重新启动电脑。

图5-26　设置断电恢复的选项

多学一招

断电恢复的状态选项

系统默认是"关机"选项，如果选择"掉电前的最后状态"选项，系统将恢复到掉电前电脑的状态。

微课：升级 BIOS 来兼容最新硬件

图5-27　选择M-Flash选项

图5-28　选择升级的文件

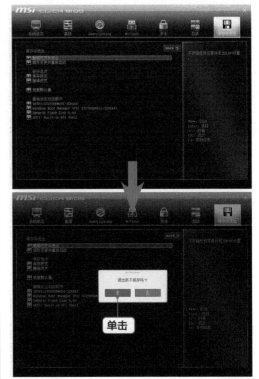

图5-29　不保存设置退出

多学一招

不保存设置退出

如果对于设置不满意，需要直接退出BIOS，可以在BIOS界面中单击上面的"保存并退出"按钮，打开"保存并退出"界面，在"保存并退出"栏中选择"撤销改变并退出"选项，在打开的提示框中单击"是"按钮确认退出而不保存，如图5-29所示。

5.3 设置传统的 BIOS

　　和 UEFI BIOS 不同，传统的 BIOS 通常是英文界面，通过键盘的按键进行设置。传统 BIOS 虽然有两种类型，但 Phoenix-Award BIOS 的使用更加广泛，下面就以 Phoenix-Award BIOS 为例，讲解设置传统 BIOS 的相关操作。

5.3.1 认识传统 BIOS 的主要设置项

　　传统 BIOS 中的常用选项设置包括标准 CMOS 设置、高级 BIOS 特性设置、高级芯片组设置、外部设备设置、电源管理设置、PnP 和 PCI 配置设置、频率和电压控制设置、载入最安全默认值和载入最优化默认值等。

◎　Standard CMOS Features（标准 CMOS 设置）：这项功能主要包括对日期和时间、硬盘和光驱以及启动检查等选项的设置，设置界面如图 5-30 所示。

◎　Advanced BIOS Features（高级 BIOS 特性设置）：在其中可以对 CPU 的运行频率、病毒报警功能、磁盘引导顺序以及密码检查方式等选项进行设置，设置界面如图 5-31 所示。

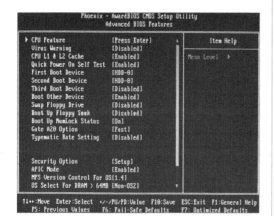

图5-30　Standard CMOS Features界面

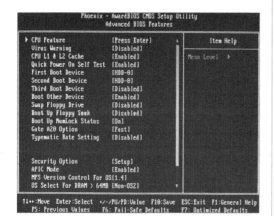

图5-31　Advanced BIOS Features界面

知识提示

传统 BIOS 常见参数

通常"Enabled"表示该功能正在运行;"Disabled"表示该功能不能运行;"On"表示该功能处于启动状态;"Off"表示该功能处于未启动状态。

◎ Advanced Chipset Features（高级芯片组设置）：该项主要针对主板采用的芯片组运行参数，通过其中各个选项的设置可更好地发挥主板芯片的功能。但其设置内容非常复杂，稍有不慎将导致系统无法开机或出现死机现象，所以不建议用户更改其中的任何参数，设置界面如图 5-32 所示。

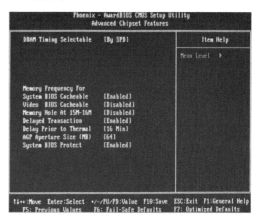

图5-32　Advanced Chipset Features界面

◎ Integrated Peripherals（外部设备设置）：该项主要对外部设备运行的相关参数进行设置，主要包括芯片组内建第一和第二个 Channel 的 PCI IDE 界面、第一和第二个 IDE 主控制器下的 PIO 模式、USB 控制器、USB 键盘支持以及 AC97 音效等，其设置界面如图 5-33 所示。

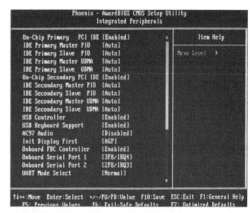

图5-33　Integrated Peripherals界面

◎ Power Management Setup（电源管理设置）：该项用于配置电脑的电源管理功

能，降低系统的耗电量。电脑可以根据设置的条件自动进入不同阶段的省电模式，设置界面如图 5-34 所示。

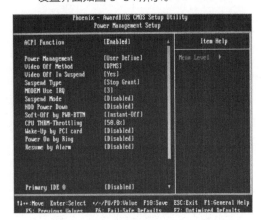

图5-34　Power Management Setup界面

◎ PnP/PCI Configuration（PnP/PCI 配置设置）：该项主要用于对 PCI 总线部分的系统设置。其配置设置内容技术性较强，通常采用系统默认值即可，设置界面如图 5-35 所示。

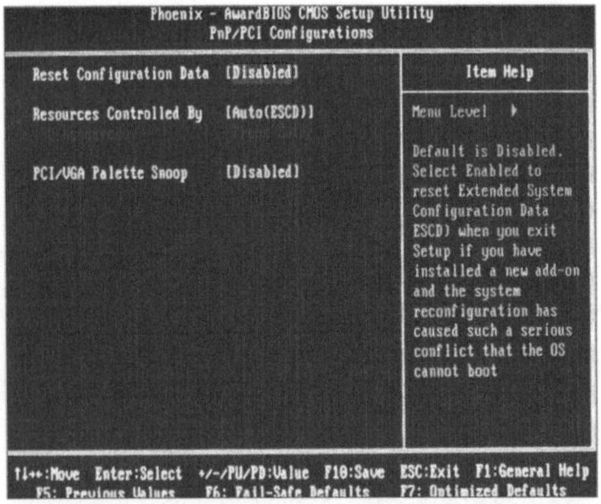

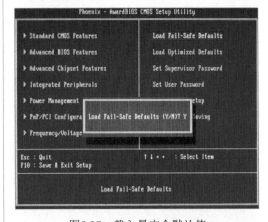

图5-35　PnP/PCI Configurations界面

◎ Frequency/Voltage Control（频率和电压控制设置）：频率和电压控制功能主要用来调整 CPU 的工作电压和核心频率，帮助 CPU 进行超频，设置界面如图 5-36 所示。

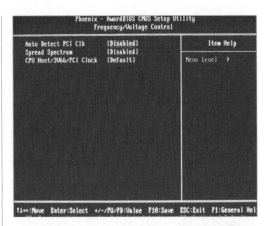

图5-36　Frequency/Voltage Control界面

◎ Load Fail-Safe Defaults（载入最安全默认值）：最安全默认值是 BIOS 为用户提供的保守设置，以牺牲一定的性能为代价最大限度地保证电脑中硬件的稳定性。用户可在 BIOS 主界面中选择"Load Fail-Safe Defaults"选项将其载入，如图 5-37 所示。

图5-37　载入最安全默认值

◎ Load Optimized Defaults（载入最优化默认值）：最优化默认值是指将各项参数更改为针对该主板的最优化方案。用户可在 BIOS 主界面中选择"Load Optimized Defaults"选项将其载入，如图 5-38 所示。

第
2
部
分

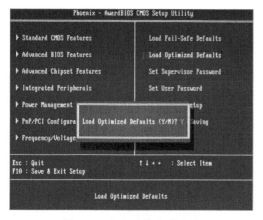

图5-38　载入最优化默认值

◎ 退出 BIOS：在 BIOS 主界面中选择
"Save&Exit Setup"选项可保存更改并
退出 BIOS 系统；若选择"Exit Without

Saving"选项，将不保存更改并退出
BIOS 系统，如图 5-39 所示。

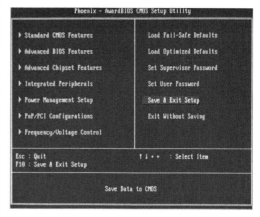

图5-39　退出BIOS

5.3.2　设置电脑启动顺序

微课：设置电脑启动顺序

传统 BIOS 设置电脑启动顺序是在高级 BIOS 设置界面中进行的，本小节
将设置光驱启动为第一启动设备，第一主硬盘为第二启动设备，具体操作步骤
如下。

STEP 1　**选择高级 BIOS 设置**
在 BIOS 设置主界面中，按【↓】键将光标
移动到"Advanced BIOS Features（高级
BIOS 设置）"选项上，如图 5-40 所示。

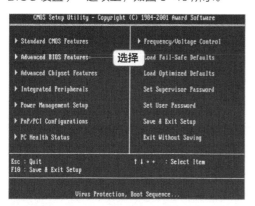

图5-40　选择高级BIOS设置

STEP 2　**选择设置启动顺序的选项**
按【Enter】键进入高级 BIOS 设置界面，按【↓】

键将光标移动到"First Boot Device"选项上，
如图 5-41 所示。

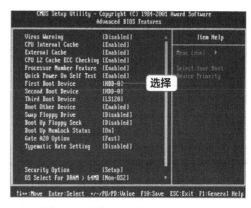

图5-41　选择设置启动顺序的选项

STEP 3　**选择第一启动设备**
按【Enter】键打开"First Boot Device"对
话框。按【↓】键移动光标到"CDROM"选
项上，即设置光驱为第一启动设备，设置完成

后按【Enter】键，返回高级 BIOS 设置界面，如图 5-42 所示。

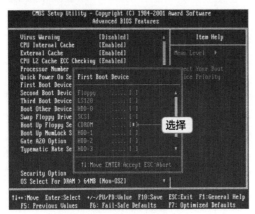

图5-42　选择第一启动设备

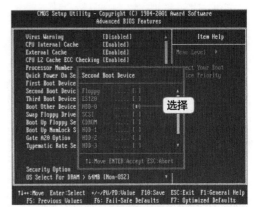

图5-43　选择第二启动设备

STEP 4 选择第二启动设备

移动光标到 "Second Boot Device" 选项上，以同样的方法设置 HDD-0（第一主硬盘）为第二启动设备，如图 5-43 所示。设置完成后按【Esc】键，返回 BIOS 设置主菜单。

知识提示

启动设备的参数

在打开的提示框中，"Floppy" 选项表示软盘驱动器；"LS120" 选项表示 LS120 软盘驱动器；"HDD-0、HDD-1、HDD-2……" 选项表示硬盘；"SCSI" 选项表示 SCSI 设备；"USB" 选项表示 USB 设备。

5.3.3　设置超级用户密码

传统 BIOS 中也能设置两种密码，分别是超级用户密码和用户密码，超级用户密码功能与 UEFI BIOS 的管理员密码相同。本小节设置超级用户密码，具体操作步骤如下。

微课：设置超级用户密码

STEP 1 选择选项

在 BIOS 主界面中按方向键选择 "Set Supervisor Password（设置超级用户密码）" 选项，然后按【Enter】键，如图 5-44 所示。

删除或更改BIOS密码

设置了 BIOS 密码后，进入 BIOS 设置主界面，在 "Set Supervisor Password" 选项或 "Set User Password" 选项上连续按 3 次【Enter】键即可删除密码。更改密码的操作与设置密码的操作相同。

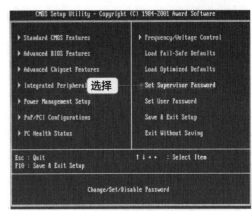

图5-44　选择选项

左侧竖排：第2部分

STEP 2　输入密码

系统将打开"Enter Password"文本框，在文本框中输入要设置的超级用户密码，然后按【Enter】键，如图 5-45 所示。

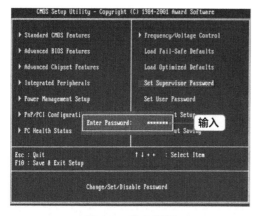

图5-45　输入密码

STEP 3　确认密码

系统将提示再次输入密码，在文本框中再次输入要设置的密码，然后按【Enter】键，如图5-46所示。

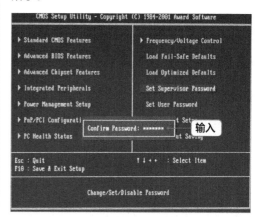

图5-46　确认密码

5.3.4　保存并退出 BIOS

对 BIOS 进行设置后，需要保存设置并重新启动电脑，相关设置才会生效，本小节介绍退出 BIOS 的方法，具体操作步骤如下。

微课：保存并退出 BIOS

STEP 1　保存后退出

在 BIOS 设置主界面中选择"Save & Exit Setup"（保存后退出）选项并按【Enter】键打开提示对话框，按【Y】键，再按【Enter】键，即可保存并退出 BIOS，如图 5-47 所示。

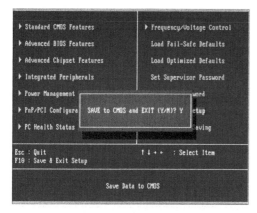

图5-47　保存后退出

STEP 2　不保存退出

如果需不保存设置并退出 BIOS，则选择"Exit Without Setup"（不保存退出）选项并按【Enter】键打开提示对话框，按【Y】键，再按【Enter】键直接退出 BIOS，如图 5-48 所示。

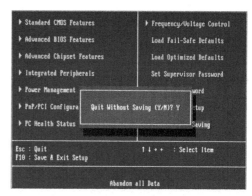

图5-48　不保存退出

199

前沿知识与流行技巧

1. BIOS 的通用密码

若忘记了已设置的密码，无法进入 BIOS，可试试 BIOS 厂商的通用密码。为方便工程人员使用，厂商一般都会设置一个 BIOS 通用密码，无论用户设置什么密码，该通用密码都能进入 BIOS 进行设置。其中 AMI BIOS 的通用密码是"AMI（仅适用于 1992 年以前的版本）"，Award BIOS 的通用密码是"Award""H996""WANTGIRL""Syxz"等（注意区分大小写）。其次是对主板进行放电处理，将主板中的 CMOS 电池取下并等待 5 分钟以上，然后再将电池放回原位即可。

2. 传统 BIOS 设置 U 盘启动

不同类型的 BIOS，设置 U 盘启动的方式有差别。

◎ Phoenix-AwardBIOS主板（适合2010年之前的主流主板）：启动电脑，进入BIOS设置界面，选择"Advanced BIOS Features"选项，在打开的"Advanced BIOS Features"界面中选择"Hard Disk Boot Priority"选项，进入BIOS开机启动项优先级选择，选择"USB-FDD"或者"USB-HDD"之类的选项（电脑会自动识别插入电脑中的U盘）。

◎ Phoenix-AwardBIOS主板（适合2010年之后的主流主板）：启动电脑，进入BIOS设置界面，选择"Advanced BIOS Features"选项，在打开的"Advanced BIOS Features"界面中选择"First Boot Device"选项，在打开的界面中选择"USB-FDD"选项。

◎ 其他的一些BIOS：启动电脑，进入BIOS设置界面，按方向键选择"Boot"选项，在打开的"Boot"界面中选择"Boot Device Priority"选项，然后选择"1st Boot Device"选项，再选择插入电脑中的U盘作为第一启动设备。

3. 传统 BIOS 设置温度报警

CPU 过热有可能会导致电脑出现重启或死机等故障，严重时还可能烧毁 CPU，因此，可以在 BIOS 中为其设置报警温度，即当 CPU 达到设定的温度时发出报警声，以提醒用户及时发现问题并解决。方法是：启动电脑，按【Delete】键进入 BIOS 设置主界面，按【↓】键移动光标到"PC Health Status（电脑健康状况）"选项上，然后按【Enter】键；在电脑健康状况设置界面中将光标移动到"CPU Warning Temperature"选项上，然后按【Enter】键；在打开的对话框中选择"70℃ /158°F"选项，再按【Enter】键；按【↓】键移动光标到"Shutdown Temperature（系统重启温度）"选项上，然后按【Enter】键，进入设置系统重启温度的界面，将系统重启温度设置为75℃ /167°F，即设置当 CPU 温度达到75℃时，系统将自动重新启动。

第2部分

第6章

超大容量硬盘分区与格式化

/ 本章导读

在设置完 BIOS 后，启动电脑后就需要对硬盘进行分区和格式化，分区的目的是为了更好地管理数据，格式化则是在硬盘中存储数据的基础。本章将详细介绍在 TB 级大容量硬盘中分区和格式化的相关操作。

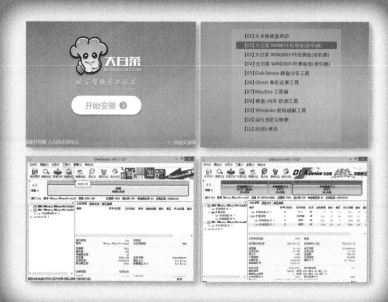

6.1 认识 TB 级大容量硬盘分区

硬盘分区是指在一块物理硬盘上创建多个独立的逻辑单元，以提高硬盘利用率，并实现数据的有效管理，这些逻辑单元即通常所说的 C 盘、D 盘和 E 盘等。随着硬盘容量的不断提升，过去的硬盘分区方式已经不能兼容 2TB 以上容量的硬盘，下面就来认识一下现在 TB 级大容量硬盘分区的相关知识。

6.1.1 硬盘分区的原因、原则和类型

要了解硬盘分区，首先需要了解分区的原因、原则和类型等基础知识。

1. 硬盘分区的原因

硬盘进行分区的原因主要有以下两个方面。

◎ 引导硬盘启动：新出厂的硬盘并没有进行分区激活，这使得电脑无法对硬盘进行读写操作。在进行硬盘分区时可为其设置好各项物理参数，并指定硬盘的主引导记录及引导记录备份的存放位置。只有主分区中存在主引导记录，才可以正常引导硬盘启动，从而实现操作系统的安装及数据的读写。

◎ 方便管理：未进行分区前的新硬盘只具有一个原始分区，但随着硬盘容量越来越大，一个分区不仅会使硬盘中的数据变得没有条理性，而且不利于电脑性能的发挥，因此有必要对硬盘空间进行合理分配，将其划分为几个容量较小的分区。

2. 硬盘分区的原则

在对硬盘进行分区时不可盲目分配，需按照一定的原则来完成分区操作。分区的原则一般包括合理分区、实用为主、根据操作系统的特性分区和常见分区等。

◎ 合理分区：合理分区是指分区数量要合理，不可太多。分区数量过多将降低系统启动及读写数据的速度，并且也不方便磁盘管理。

◎ 实用为主：根据实际需要来决定每个分区的容量大小，每个分区都有专门的用途。这种做法可以使各个分区之间的数据相互独立，不易产生混淆。

◎ 根据操作系统的特性分区：同一种操作系统不能支持全部类型的分区格式，因此，在分区时应考虑将要安装何种操作系统，以便能作合理安排。

◎ 常见分区：分为系统、程序、数据和备份4 个区，除了系统分区要考虑操作系统容量外，其余分区可平均进行分配。

3. 硬盘分区的类型

分区类型是在最早的 DOS 操作系统中出现的，其作用是描述各个分区之间的关系。分区类型主要包括主分区、扩展分区与逻辑分区。

◎ 主分区：是硬盘上最重要的分区。一个硬盘上最多能有 4 个主分区，但只能有一个主分区被激活。主分区被系统默认分配为 C 盘。

◎ 扩展分区：主分区外的其他分区统称为扩展分区。

◎ 逻辑分区：逻辑分区从扩展分区中分配，只有逻辑分区的文件格式与操作系统兼容，操作系统才能访问它。逻辑分区的盘符默认从 D 盘开始（前提条件是硬盘上只存在一个主分区）。

第 2 部分

6.1.2 传统的 MBR 分区格式

MBR（Master Boot Record）是在磁盘上存储分区信息的一种方式，这些分区信息包含了分区从哪里开始的信息，这样操作系统才知道哪个扇区是属于哪个分区的以及哪个分区是可以启动的。

MBR 的意思是"主引导记录"，它是存在于驱动器开始部分的一个特殊的启动扇区。这个扇区包含了已安装的操作系统的启动加载器和驱动器的逻辑分区信息。如果安装了 Windows 操作系统，Windows 启动加载器的初始信息就放在这个区域里——如果 MBR 的信息被覆盖导致 Windows 不能启动，就需要使用 Windows 的 MBR 修复功能来使其恢复正常。MBR 支持最大 2TB 硬盘，它无法处理大于 2TB 容量的硬盘。MBR 还只支持最多 4 个主分区——如果要更多分区，需要创建"扩展分区"，并在其中创建逻辑分区。

传统的 MBR 分区文件格式有 FAT32 与 NTFS 两种，以 NTFS 为主，这种文件格式的硬盘分区占用的簇更小，支持的分区容量更大，并且还引入了一种文件恢复机制，可最大限度地保证数据安全。Windows 系列操作系统通常都使用这种分区的文件格式。

6.1.3 2TB 以上容量的硬盘使用 GPT 分区格式

GPT 也称为 GUID（全局唯一标识符）分区表，这是一个正逐渐取代 MBR 的新分区标准，它和 UEFI 相辅相成——UEFI 用于取代老旧的 BIOS，而 GPT 则取代老旧的 MBR。

GUID 分区表的由来是：驱动器上的每个分区都有一个全局唯一的标识符，这是一个随机生成的字符串，可以保证为地球上的每一个 GPT 分区都分配完全唯一的标识符。

这个标准没有 MBR 的那些限制。磁盘驱动器容量可以大得多，甚至大到操作系统和文件系统都没法支持。它同时还支持几乎无限个分区数量，限制只在于操作系统——Windows 支持最多 128 个 GPT 分区，而且还不需要创建扩展分区。

在 MBR 磁盘上，分区和启动信息是保存在一起的。如果这部分数据被覆盖或被破坏，硬盘通常就不容易恢复了。相对的，GPT 会在整个磁盘上保存多个这部分信息的副本，因此它更为安全，并可以恢复被破坏的这部分信息。GPT 还为这些信息保存了循环冗余校验码（CRC），以保证其完整和正确——如果数据被破坏，GPT 会发觉这些破坏，并从磁盘上的其他地方进行恢复。而 MBR 则对这些问题无能为力——只有在问题出现后，才会发现电脑已无法启动，或者磁盘分区都"不翼而飞"。

6.2 制作 U 盘启动盘

现在很多电脑都没有安装光驱，所以需要通过 U 盘来启动电脑并进行系统的分区、格式化和软件安装，下面介绍如何制作 U 盘启动盘来启动电脑。

6.2.1 制作 U 盘 Windows PE 启动盘

Windows PE 是 U 盘启动盘最常用的操作系统，下面就以制作大白菜 U 盘启动盘为例介绍具体操作步骤。

微课：制作 U 盘 Windows PE 启动盘

第 **6** 章　超大容量硬盘分区与格式化

第2部分

STEP 1 **下载并安装U盘启动盘制作软件**

打开大白菜官网，下载并安装U盘启动盘的制作软件（下载与安装软件的具体操作将在第8章中详细讲解），如图6-1所示。

图6-1 下载并安装软件

STEP 2 **设置制作模式**

❶启动安装好的U盘启动盘制作工具软件，打开选择安装模式的对话框，单击"ISO模式"选项卡；❷其他保持默认设置，单击"开始制作"按钮，如图6-2所示。

图6-2 设置制作模式

知识提示

制作模式的选择

大白菜U盘启动盘制作工具软件一般有三种制作模式，普通用户可以选择"默认模式"进行安装，如果安装不成功（通常是U盘原因造成），再安装ISO模式。

STEP 3 **插入U盘**

将一个U盘插入电脑的USB接口，如图6-3所示。

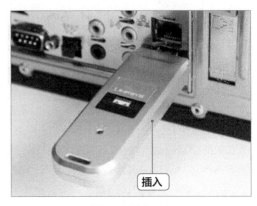

图6-3 插入U盘

STEP 4 **确认操作**

弹出一个提示框，要求用户确认是否开始制作，单击"确定"按钮，如图6-4所示。

图6-4 确认操作

STEP 5 **选择U盘**

❶打开"写入硬盘映像"对话框，在"硬盘驱动器"下拉列表中选择创建启动盘的U盘驱动器；❷其他保持默认设置，单击"写入"按钮，如图6-5所示。

STEP 6 **继续操作**

打开一个提示框，提示将删除U盘中的所有数据，要求用户确认是否继续操作，单击"是"按钮，如图6-6所示。

图6-5　选择U盘

图6-6　继续操作

STEP 7　开始制作

开始制作 U 盘启动盘，并显示制作的进度，如图 6-7 所示。

图6-7　显示制作的进度

STEP 8　完成制作

完成后，将打开提示框提示启动 U 盘制作成功，单击"否"按钮，如图 6-8 所示。

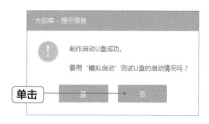

图6-8　完成制作

6.2.2　使用 U 盘启动电脑

　　Windows PE 是作为独立的预安装环境以及其他安装程序和恢复技术的完整组件使用的，通过 U 盘启动的 Windows PE 是用 Windows PE 定义制作的操作系统，可直接使用。下面就使用 U 盘启动电脑并进入 Windows PE 操作系统，具体操作步骤如下。

微课：使用 U 盘启动电脑

STEP 1　进入菜单界面

首先启动电脑，在 BIOS 中设置 U 盘为第一启动驱动器（相关操作在第 5 章中已经详细讲解过，这里不再赘述），然后插入制作好的启动 U 盘，重新启动电脑，电脑将通过 U 盘中的启动程序启动，进入启动程序的菜单选择界面，按方向键选择"【02】大白菜 WIN8 PE 标准版（新机器）"选项，按【Enter】键，如图 6-9

所示。

STEP 2　进入 Windows PE

电脑将自动进入 Windows PE 操作系统，如图 6-10 所示，在其中可对电脑进行硬盘分区、格式化以及操作系统的安装、系统备份等操作。在电脑的操作系统被破坏的情况下，也可以通过 U 盘启动电脑对操作系统进行恢复和优化。

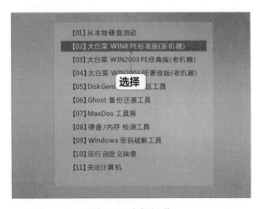

图6-9 选择操作

图6-10 进入Windows PE

6.3 对不同容量的硬盘进行分区

对于硬盘分区来说，2TB 是个分水岭，针对不同容量的硬盘，其分区的操作也有一些不同之处。DiskGenius 是 Windows PE 中自带的专业硬盘分区软件，可以对目前所有容量的硬盘进行分区，下面就以该软件为例，介绍不同容量硬盘的分区方法。

6.3.1 使用 DiskGenius 为 60GB 硬盘分区

60GB 低于 2TB，可以使用 MBR 的分区格式，下面使用 DiskGenius 为 60GB 的硬盘进行分区，具体操作步骤如下。

微课：使用 DiskGenius 为
60GB 硬盘分区

STEP 1 启动 DiskGenius

使用 U 盘启动电脑，进入 Windows PE 操作系统界面，双击"DiskGenius 分区工具"软件图标，如图 6-11 所示。

图6-11 启动分区软件

STEP 2 选择分区的硬盘

❶打开软件的工作界面，在左侧的列表框中选择需要分区的硬盘；❷单击硬盘对应的区域；❸单击"新建分区"按钮，如图 6-12 所示。

图6-12 选择分区的硬盘

STEP 3　建立主磁盘分区

❶打开"建立新分区"对话框，在"请选择分区类型"栏中单击选中"主磁盘分区"单选项；❷在"请选择文件系统类型"下拉列表中选择"NTFS"选项；❸在"新分区大小"数值框中输入"20"；❹在右侧的下拉列表中选择"GB"选项；❺单击"确定"按钮，如图 6-13 所示。

图6-13　建立主磁盘分区

STEP 4　选择空闲硬盘空间

❶返回 DiskGenius 工作界面，即可看到已经划分好的硬盘主磁盘分区，单击空闲的硬盘空间；❷单击"新建分区"按钮，如图 6-14 所示。

图6-14　选择空闲硬盘空间

STEP 5　建立扩展磁盘分区

❶打开"建立新分区"对话框，在"请选择分区类型"栏中单击选中"扩展磁盘分区"单选项；❷在"请选择文件系统类型"下拉列表中选择

"Extend"选项；❸在"新分区大小"数值框中输入"40"；❹在右侧的下拉列表中选择"GB"选项；❺单击"确定"按钮，如图 6-15 所示。

图6-15　建立扩展磁盘分区

STEP 6　继续进行硬盘分区

❶返回 DiskGenius 工作界面，即可看到已经将刚才选择的硬盘空闲空间划分为扩展硬盘分区，继续单击空闲的硬盘空间；❷单击"新建分区"按钮，如图 6-16 所示。

图6-16　继续硬盘分区

STEP 7　建立第一个逻辑分区

❶打开"建立新分区"对话框，在"请选择分区类型"栏中单击选中"逻辑分区"单选项；❷在"请选择文件系统类型"下拉列表中选择"NTFS"选项；❸在"新分区大小"数值框中输入"10"；❹在右侧的下拉列表中选择"GB"选项；❺单击"确定"按钮，如图 6-17 所示。

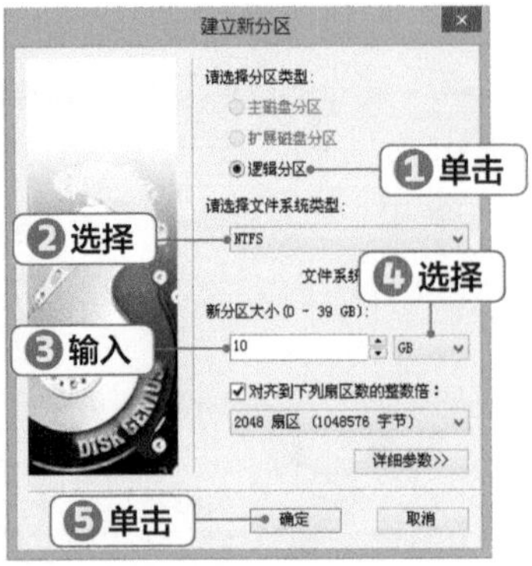

图6-17　建立第一个逻辑分区

STEP 8　继续硬盘分区

❶返回 DiskGenius 工作界面，即可看到已经将刚才选择的硬盘空闲空间划分出一个逻辑分区，继续单击剩余的空闲硬盘空间；❷单击"新建分区"按钮，如图 6-18 所示。

图6-18　继续硬盘分区

STEP 9　建立第二个逻辑分区

❶打开"建立新分区"对话框，在"请选择分区类型"栏中单击选中"逻辑分区"单选项；❷在"请选择文件系统类型"下拉列表中选择"NTFS"选项；❸在"新分区大小"数值框中输入"30"；❹在右侧的下拉列表中选择"GB"选项；❺单击"确定"按钮，如图 6-19 所示。

STEP 10　保存更改

返回 DiskGenius 工作界面，即可看到已经将硬盘划分为 3 个分区，单击"保存更改"按钮，

如图 6-20 所示。

图6-19　建立第二个逻辑分区

图6-20　保存更改

STEP 11　确认更改

弹出提示框，要求用户确认是否保存分区的更改，单击"是"按钮，如图 6-21 所示。

图6-21　确认更改

STEP 12　是否格式化分区

弹出提示框，询问用户是否对新建立的硬盘分区进行格式化，单击"否"按钮，如图 6-22 所示。

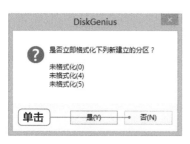

图6-22　是否格式化分区

STEP 13　完成硬盘分区

返回 DiskGenius 工作界面，即可看到硬盘分区的最终效果，如图 6-23 所示。

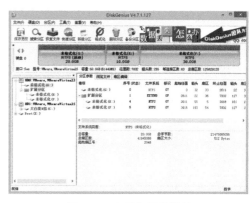

图6-23　查看分区的效果

6.3.2 | 使用 DiskGenius 为 6TB 硬盘分区

　　6TB 的硬盘需要使用 GPT 的分区格式，下面就使用 DiskGenius 为 6TB 的硬盘进行分区，为了区别上一种分区方式，这里采用自动快速分区的方法，将硬盘分为两个区，具体操作步骤如下。

微课：使用 DiskGenius 为
6TB 硬盘分区

STEP 1　选择要分区的硬盘

❶利用 U 盘启动电脑并进入 Windows PE 操作系统，启动并打开 DiskGenius 软件的工作界面，在左侧的列表框中选择需要分区的硬盘；❷单击硬盘对应的区域；❸单击"快速分区"按钮，如图 6-24 所示。

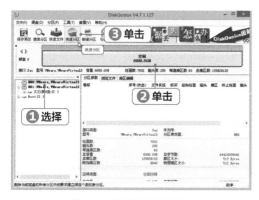

图6-24　选择分区的硬盘

STEP 2　设置快速分区

❶打开"快速分区"对话框，在左侧的"分区表类型"栏中单击选中"GUID"单选项；❷在"分区数目"栏中单击选中"自定"单选项；

❸在右侧的下拉列表中选择"2"选项；❹在"高级设置"栏的第一行的文本框中输入"2000"；❺在右侧"卷标"下拉列表中选择"系统"选项；❻在"高级设置"栏第二行的文本框中输入"4000"；❼在右侧的"卷标"下拉列表中选择"数据"选项；❽勾选"对齐分区到此扇区数的整数倍"复选框；❾单击"确定"按钮，如图 6-25 所示。

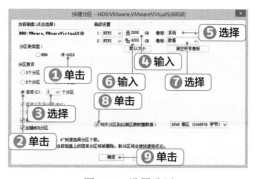

图6-25　设置分区

STEP 3　开始分区

DiskGenius 开始按照设置对硬盘进行快速分区，分区完成后，并自动对分区进行格式化操作，如图 6-26 所示。

图6-26　开始分区

区的最终效果，如图 6-27 所示。

图6-27　查看分区的效果

STEP 4　**完成硬盘分区**

返回 DiskGenius 工作界面，即可看到硬盘分

6.4　格式化硬盘

硬盘格式化是指对创建的分区进行初始化，并确定数据的写入区，只有经过格式化的分区，才可以安装软件及存储数据。执行格式化操作后，已存储数据的分区中的所有内容将被清除。

6.4.1　格式化硬盘的类型

格式化硬盘通常有两种类型，即平时所说的低格和高格。

◎　低级格式化（低格）：低级格式化又叫物理格式化，它将空白的磁盘划分出柱面和磁道，再将磁道划分为若干个扇区。硬盘在出厂时已经进行过低级格式化操作，常见的低级格式化工具有 LFormat、DM 及硬盘厂商推出的各种硬盘工具等。

◎　高级格式化（高格）：高级格式化只是重置硬盘分区表，并清除硬盘上的数据，而不对硬盘的柱面、磁道与扇区作改动。通常所说的格式化都是指高格，常见的高级格式化工具有 DiskGenius、Fdisk 和 Windows 操作系统自带的格式化工具等。

6.4.2　使用 DiskGenius 格式化硬盘

即使硬盘的容量不同，但其格式化操作基本相同，下面对刚才已经分区的 60GB 硬盘进行格式化，具体操作步骤如下。

微课：使用 DiskGenius
格式化硬盘

STEP 1　**选择格式化分区**

❶启动并打开 DiskGenius 软件的工作界面，选择需要分区的硬盘并单击硬盘主分区对应的区域；❷单击"格式化"按钮，如图 6-28 所示。

STEP 2　**设置格式化**

打开"格式化分区"对话框，在其中设置格式化分区的各种选项，这里保持默认设置，单击"格式化"按钮，如图 6-29 所示。

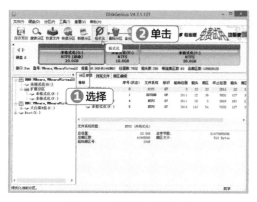

图6-28 选择格式化分区

图6-29 设置格式化

STEP 3 确认格式化

打开提示框，要求用户确认是否保存格式化分区，单击"是"按钮，如图 6-30 所示。

图6-30 确认格式化

STEP 4 开始格式化

DiskGenius 开始格式化分区，并显示进度，如图 6-31 所示。

STEP 5 查看格式化效果

格式化完成后自动返回 DiskGenius 软件的工作界面，如图 6-32 所示。

图6-31 开始格式化

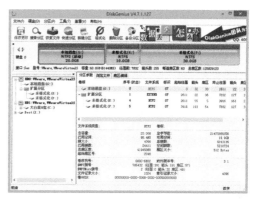

图6-32 查看格式化效果

STEP 6 完成格式化操作

按照相同的方法继续进行格式化操作，将其他两个硬盘分区格式化，完成格式化操作的最终效果如图 6-33 所示。

图6-33 完成格式化操作

前沿知识与流行技巧

1. 2TB 以上大容量硬盘分区的注意事项

对 2TB 以上的大容量硬盘进行分区，必须使用 GPT 分区才可识别整个硬盘容量。如果使用 GPT 分区，系统盘采用 GPT 格式，则需要对电脑的硬件有以下要求。

◎ 必须使用采用 EFI BIOS 的主板。

◎ 主板的南桥驱动要求兼容 Long LBA。

◎ 必须安装 64 位操作系统。

2. 利用硬盘自带软件对 2TB 以上大容量硬盘分区

很多 2TB 以上的大容量硬盘都会自带硬盘分区工具软件，比如希捷硬盘的 DiscWizard 软件，无论是在 Windows XP 还是 Windows 7 操作系统中，无论主板 BIOS 是否支持 UEFI，利用 DiscWizard 工具软件都可以实现让希捷 2TB 以上的大容量硬盘作为数据盘或者系统盘的分区操作。

3. 在 Windows 7/10 操作系统中给硬盘分区

Windows 7/10 操作系统自带了一个硬盘分区工具，可以对目前各种容量的硬盘进行分区。首先需要在一个硬盘中安装好 Windows 7/10 操作系统，然后再安装一块硬盘，利用自带的分区工具对第二块硬盘进行分区，具体操作步骤如下。

❶ 单击"开始"按钮，并在"开始"菜单中的"计算机"选项上单击鼠标右键，在弹出的快捷菜单中选择"管理"命令。

❷ 打开"计算机管理"窗口，在左边导航栏中展开"存储"项，选择"磁盘管理"选项，这时会在右边的窗格中加载磁盘管理工具。

❸ 在磁盘 1（若是第二块硬盘，则是磁盘 0，以此类推）中的"未分配"选项上单击鼠标右键，在弹出的快捷菜单中选择"新建简单卷"命令。

❹ 打开"新建简单卷向导"对话框，单击"下一步"按钮，打开"指定卷大小"界面，设定分区大小，单击"下一步"按钮。

❺ 打开"分配驱动器号和路径"界面，设置一个盘符或路径，单击"下一步"按钮，打开"格式化分区"界面，设置格式化分区，单击"下一步"按钮。

❻ 打开"新建简单卷向导"的完成页面，单击"完成"按钮。

第2部分

第7章

安装 32/64 位
Windows 7/10 操作系统

/ 本章导读

完成了硬盘的分区和格式化操作后，接下来就可以为电脑安装操作系统和硬件的驱动程序了。本章主要介绍通过光驱安装操作系统和通过虚拟机安装操作系统两种操作方式，以及使用光盘安装硬件驱动的方法。

7.1 光盘安装 32/64 位 Windows 7 操作系统

操作系统是电脑软件的核心，是电脑能正常运行的基础，没有操作系统，电脑将无法完成任何工作，其他应用软件只能在安装了操作系统后再进行安装，因为没有操作系统的支持，应用软件也不能发挥作用。Windows 系列操作系统是目前的主流操作系统，使用较多的版本是 Windows XP、Windows 7 和 Windows 10。

7.1.1 操作系统的安装方式

操作系统的安装方式通常有两种，分别是升级安装和全新安装，其中全新安装又分为使用光盘安装和使用 U 盘安装。

1. 升级安装

升级安装是在电脑中已安装有操作系统的情况下，将其升级为更高版本的操作系统。但是，由于升级安装会保留已安装系统的部分文件，为避免旧系统中的问题遗留到新的系统中，建议删除旧系统，使用全新安装的方式。

2. 全新安装

全新安装是在电脑中没有安装任何操作系统的基础上安装一个全新的操作系统。

◎ 光盘安装：指购买正版的操作系统安装光盘，将其放入光驱，通过该安装光盘启动电脑，然后将光盘中的操作系统安装到电脑硬盘的系统分区中。这是过去很长一段时间里最常用的操作系统安装方式，图 7-1 所示为 Windows 7 的安装光盘。

图7-1　Windows 7安装光盘

◎ U 盘安装：这是一种现在非常流行的操作系统安装方式，首先从网上下载正版的操作系统安装文件，将其放置到硬盘或移动存储设备中，然后通过 U 盘启动电脑，在 Windows PE 操作系统中找到安装文件，并通过该安装文件安装操作系统。

7.1.2 Windows 7 操作系统对硬件配置的要求

Windows 操作系统对于电脑硬件的配置要求可分为两种，一种是 Microsoft 官方要求的最低配置，另一种是能够得到较满意运行效果的推荐配置（工作中建议采用）。Windows 7 操作系统配置的具体要求如下。

◎ CPU：1GHz 或更快的 32 位（x86）或 64 位（x64）。

◎ 内存：1GB RAM（32 位）或 2GB RAM（64 位）。

◎ 硬盘：16 GB 可用硬盘空间（32 位）或 20 GB 可用硬盘空间（64 位）。

◎ 显卡：DirectX 9 图形设备（WDDM 1.0 或更高版本的驱动程序）。

7.1.3 | 选择 Windows 7 操作系统版本

Windows 7操作系统的版本主要有6种，不同版本的功能、定位和价格等都不同，用户可根据需要进行选择。

◎ Windows7 Starter：Windows 7 简易版或初级版，它是功能最少的 Windows 7 版本，可以加入家庭组，任务栏上有变化，有 Jump List 菜单，但没有 Aero 效果，仅限于上网本市场。

◎ Windows 7 Home Basic：Windows 7 家庭普通版，也叫家庭基础版，Windows 7 的家庭普通版主要针对中、低级的家庭电脑，所以 Windows Aero 功能也没有，仅限于新兴市场来发布。

◎ Windows 7 Home Premium：Windows 7 家庭高级版，这个版本是针对家用主流电脑市场而开发的版本，它包含了各种 Windows Aero 功 能、Windows Media Center 媒体中心以及触控屏幕的控制功能，在美化效果上也较突出，因此这个版本得到了大部分家庭用户的青睐。

◎ Windows 7 Professional：Windows 7 专业版，这个版本主要面向小企业用户和电脑爱好者，它不仅包含了家庭高级版的所有功能，同时还增加了包括远程桌面、服务器、加密的文件系统、展示模式、位置识别打印、软件限制方针以及 Windows XP 模式等在内的新功能，是目前使用最多的版本之一。

◎ Windows 7 Enterprise：Windows 7 企业版，Windows 7 Enterprise 提供了一系列企业级增强功能，如内置或外置驱动器数据保护的 BitLocker、锁定非授权软件运行的 AppLocker、无缝连接基于 Windows Server 2008 R2 企业网络的 DirectAccess 以 及 Windows Server 2008 R2 网络缓存等，主要便用与企业和服务器相关的应用，用的人相对较少。

◎ Windows 7 Ultimate：Windows 7 旗 舰版，这个版本是授权给一般用户使用的高级版本，它包括了 Windows 7 企业版的所有功能，是 Windows 7 各版本中最为灵活的一个版本，是目前使用最多的版本之一，如图 7-2 所示。

图7-2　Windows 7旗舰版

7.1.4 | 安装 32/64 位 Windows 7 操作系统

操作系统的位数与 CPU 的位数是一个意思，在 64 位 CPU 的电脑中需要安装 64 位的操作系统才能发挥其最佳性能（也可以安装 32 位操作系统，但 64 位效能就会大打折扣），而在 32 位 CPU 的电脑中只能安装 32 位的操作系统。32/64 位操作系统的安装操作基本一致，在电脑中通过光盘安装 32 位 Windows 7 操作系统的具体操作步骤如下。

微课：安装 32/64 位 Windows 7 操作系统

STEP 1 放入安装光盘

将 Windows 7 的安装光盘放入光驱，启动电脑后将自动运行光盘中的安装程序。这时将对光盘进行检测，屏幕中将显示安装程序正在加载安装需要的文件，如图 7-3 所示。

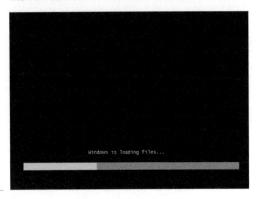

图7-3 载入光盘文件

STEP 2 设置系统语言

❶文件复制完成后将运行 Windows 7 的安装程序，在打开的窗口中进行设置，这里保持默认设置；❷单击"下一步"按钮，如图 7-4 所示。

图7-4 设置系统语言

STEP 3 开始安装

在打开的界面中单击"现在安装"按钮，安装 Windows 7，如图 7-5 所示。

STEP 4 接受许可条款

❶打开"请阅读许可条款"界面，勾选"我接受许可条款"复选框；❷单击"下一步"按钮，如图 7-6 所示。

图7-5 开始安装

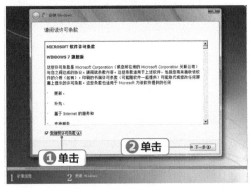

图7-6 接受许可条款

STEP 5 选择安装的类型

打开"您想进行何种类型的安装"界面，单击相应的选项，如图 7-7 所示。

图7-7 选择安装的类型

STEP 6 选择安装的硬盘分区

❶在打开的"您想将 Windows 安装在何处？"

界面中选择安装 Windows 7 的磁盘分区；
❷单击"下一步"按钮，如图 7-8 所示。

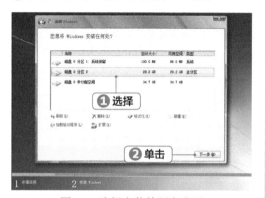

图7-8 选择安装的硬盘分区

STEP 7 **正在安装**

在打开的"正在安装 Windows"界面中将显示
安装进度，如图 7-9 所示。

图7-9 正在安装

STEP 8 **更新注册表**

在安装过程中将显示一些安装信息，包括更新
注册表设置和正在启动服务等，用户只需等待
自动安装即可，如图 7-10 所示。

STEP 9 **继续安装**

在安装复制文件的过程中会要求重启电脑，约
10 秒后会自动重启。重启后将继续进行安装，
图 7-11 所示表示正在进行最后的安装。

STEP 10 **重新启动**

安装完成后会提示安装程序将在重启电脑后继
续进行安装，如图 7-12 所示。

图7-10 更新注册表

图7-11 继续安装

图7-12 重新启动

STEP 11 **设置用户名**

❶重启电脑后，将打开"设置 Windows"对
话框，在"键入用户名"文本框中输入用户名，
在"键入计算机名称"文本框中输入该电脑在
网络中的标识名称；❷单击"下一步"按钮，
如图 7-13 所示。

图7-13　设置用户名

STEP 12　设置密码

❶在打开的"为账户设置密码"界面的"键入密码""再次键入密码""键入密码提示"文本框中分别输入用户密码和密码提示；❷单击"下一步"按钮，如图7-14所示。

第2部分

图7-14　设置密码

知识提示

操作系统的产品密钥

操作系统的产品密钥就是软件的产品序列号，一般在安装光盘包装盒的背面。正版操作系统的安装光盘背面有一张黄色的不干胶贴纸，上面的25位数字和字母的组合就是产品密匙。

STEP 13　输入产品密钥

❶打开"键入您的 Windows 产品密钥"界面，在"产品密钥"文本框中输入产品密钥；❷勾

选"当我联机时自动激活 Windows"复选框；❸单击"下一步"按钮，如图7-15所示。

图7-15　输入产品密钥

STEP 14　设置自动更新

打开"帮助自动保护 Windows"界面，设置系统保护与更新，选择"使用推荐设置"选项，如图7-16所示。

图7-16　设置自动更新

STEP 15　设置系统日期和时间

❶打开"查看时间和日期设置"界面，在"时区"下拉列表中选择"(UTC+08:00) 北京，重庆，香港特别行政区，乌鲁木齐"选项；❷设置正确的日期和时间；❸单击"下一步"按钮，如图7-17所示。

STEP 16　设置网络

打开"请选择计算机当前的位置"界面，设置电脑当前所在位置，这里选择"公共场所"选项，

如图 7-18 所示。

图7-17　设置系统日期和时间

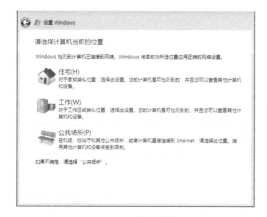

图7-18　设置网络

STEP 17 **完成设置**

打开"设置 Windows"对话框，等待程序自动完成 Windows 7 的设置，如图 7-19 所示。

图7-19　完成设置

STEP 18 **个性化设置**

此时将登录 Windows 7 并显示正在进行个性化设置，稍后即可进入 Windows 7 操作系统，如图 7-20 所示。

图7-20　个性化设置

STEP 19 **登录系统**

在登录 Windows 7 操作系统时若设置了用户密码，需在登录界面中输入用户密码后再按【Enter】键登录，如图 7-21 所示。

图7-21　登录系统

STEP 20 **显示桌面**

登录完成后将显示出 Windows 7 操作系统的系统桌面，基本完成 Windows 7 的安装，如图 7-22 所示。

STEP 21 **选择操作**

❶单击"开始"按钮；❷在打开的菜单中的"计算机"命令上单击鼠标右键；❸在弹出的快捷

菜单中选择"属性"命令，如图 7-23 所示。

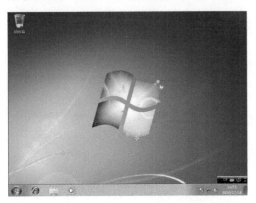

图7-22　显示桌面

图7-23　选择操作

STEP 22　更改产品密钥

打开"系统"窗口，在下面的"Windows 激活"栏中单击"更改产品密钥"超链接，如图 7-24 所示。

图7-24　更改产品密钥

STEP 23　输入产品密钥

❶打开"Windows 激活"对话框，在"产品密钥"文本框中输入产品密钥；❷单击"下一步"按钮，如图 7-25 所示。

图7-25　输入产品密钥

STEP 24　激活系统

操作系统开始进行激活操作，过程大约需要几分钟，且需要电脑连接到 Internet，完成后返回"系统"窗口，下面的"Windows 激活"栏中会显示操作系统已激活，如图 7-26 所示。

图7-26　激活系统

　知识提示

操作系统的激活方式

激活Windows操作系统的方式有两种，如果选择普通激活，则必须使电脑连接到Internet，通过产品密钥进行激活；如果选择电话激活，则可致电客服代表，号码可以在光盘包装盒的背面找到，激活操作最好由电脑用户自行操作。

7.2 VM 虚拟机安装 32/64 位 Windows 10 操作系统

VMware Workstation（简称 VM）是一款比较专业的虚拟机软件，当需要在电脑中进行一些没有进行过的操作时，如重装系统、安装多系统或 BIOS 升级等，就可以使用 VW 模拟这些操作。VM 可以同时运行多个虚拟的操作系统，在软件测试等专业领域使用较多，该软件属于商业软件，普通用户需要付费购买。

7.2.1 VM 的基本概念

VM 的功能相当强大，应用也非常广泛，只要是涉及使用电脑的职业，都能派上用场，如教师、学生、程序员和编辑等，都可以利用它来解决一些工作上相应的难题。在使用 VM 之前需先了解一些相关的专用名词，下面分别对这些专用名词进行讲解。

◎ 虚拟机：指通过软件模拟具有电脑系统功能，且运行在一个完全隔离的环境中的完整电脑系统。通过虚拟机软件，可以在一台物理电脑上模拟出一台或多台虚拟的电脑，这些虚拟的电脑（简称虚拟机）可以像真正的电脑一样进行工作，如可以安装操作系统和应用程序等。虚拟机只是运行在电脑上的一个应用程序，但对于虚拟机中运行的应用程序而言，可以得到与在真正的电脑中进行操作一致的结果。

◎ 主机：指运行虚拟机软件的物理电脑，即用户所使用的电脑。

◎ 客户机系统：指虚拟机中安装的操作系统，也称"客户操作系统"。

◎ 虚拟机硬盘：由虚拟机在主机上创建的一个文件，其容量大小受主机硬盘的限制，即存放在虚拟机硬盘中的文件大小不能超

过主机硬盘大小。

◎ 虚拟机内存：虚拟机运行所需内存是由主机提供的一段物理内存，其容量大小不能超过主机的内存容量。

 知识提示

虚拟软件的优点

使用虚拟机软件，用户可以同时运行Linux各种发行版、Windows各种版本、DOS和UNIX等各种操作系统，甚至可以在同一台电脑中安装多个Linux发行版或多个Windows操作系统版本。在虚拟机的窗口上模拟了多个按键，分别代表打开虚拟机电源、关闭虚拟机电源和Reset键等。这些按键的功能和电脑真实的按键一样，使用起来非常方便。

7.2.2 VM 对系统和主机硬件的基本要求

虚拟机在主机中运行时，要占用部分系统资源，特别是对 CPU 和内存资源的使用较大。所以，运行 VMware Workstation 需要主机的操作系统和硬件配置达到一定的要求，这样才不会因运行虚拟机而影响系统的运行速度。

1. VM 能够安装的操作系统

VMware Workstation 几乎能够支持所有

操作系统的安装，如下所示。

◎ Microsoft Windows：从 Windows 3.1 到

最新的 Windows 7/8/10。

◎ Linux：各种 Linux 版本，从 Linux 2.2.x 核心到 Linux 2.6.x 核心。

◎ Novell NetWare：Novell NetWare 5 和 Novell NetWare 6。

◎ Sun Solaris：Solaris 8、Solaris 9、Solaris 10 和 Solaris 11 64-bit。

◎ VMware ESX：VMware ESX/ESXi 4 和 VMware ESXi 5。

◎ 其他操作系统：MS-DOS、FreeBSD、eComSta-tion、eComStation 2 等。

2. VM 对主机硬件的要求

在 VM 中安装不同的操作系统对主机的硬件要求也不同，表 7-1 列出了安装常见操作系统时的硬件配置要求。

表 7-1　VM 对主机硬件的要求

操作系统版本	主机磁盘剩余空间	主机内存容量
Windows XP	至少 40GB	至少 512MB
Windows Vista	至少 40GB	至少 1GB
Windows 7/8/10	至少 60GB	

7.2.3　VM 的常用快捷键

快捷键指自身或与其他按键组合能够起到特殊作用的按键，在 VM 中的快捷键默认为【Ctrl】键。在虚拟机运行过程中，【Ctrl】键与其他键组合所能实现的功能如下所示。

◎ 【Ctrl+B】键：开机。
◎ 【Ctrl+E】键：关机。
◎ 【Ctrl+R】键：重启。
◎ 【Ctrl+Z】键：挂起。
◎ 【Ctrl+N】键：新建一个虚拟机。
◎ 【Ctrl+O】键：打开一个虚拟机。
◎ 【Ctrl+F4】键：关闭所选择虚拟机的概要或控制视图。如果打开了虚拟机，将出现一个确认对话框。
◎ 【Ctrl+D】键：编辑虚拟机配置。
◎ 【Ctrl+G】键：为虚拟机捕获鼠标和键盘焦点。
◎ 【Ctrl+P】键：编辑参数。
◎ 【Ctrl+Alt+Enter】键：进入全屏模式。
◎ 【Ctrl+Alt】键：返回正常（窗口）模式。
◎ 【Ctrl+Alt+Tab】键：当鼠标和键盘焦点在虚拟机中时，在打开的虚拟机中切换。
◎ 【Ctrl+Shift+Tab】键：当鼠标和键盘焦点不在虚拟机中时，在打开的虚拟机中切换。前提是 VMware Workstation 应用程序必须在活动应用状态上。

7.2.4　创建一个安装 Windows 10 的虚拟机

在 VMware Workstation 的官方网站可以下载最新版本的软件，将其安装到电脑中后，就可以创建和使用虚拟机了。下面以创建一个 Windows 10 操作系统的虚拟机为例进行讲解，具体操作步骤如下。

微课：创建一个安装 Windows 10 的虚拟机

STEP 1　选择菜单命令

❶启动 VMware Workstation，打开主界面，单击"Workstation"按钮；❷在打开的下拉菜单中选择"文件"命令；❸在其子菜单中选

第2部分

择"新建虚拟机"命令，如图 7-27 所示。

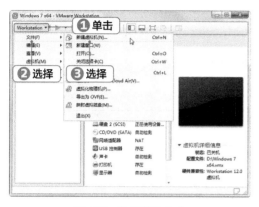

图7-27　选择菜单命令

STEP 2　**选择配置类型**

❶打开"新建虚拟机向导"对话框，在其中选择配置的类型，这里单击选中"典型"单选项；❷单击"下一步"按钮，如图 7-28 所示。

图7-28　选择配置类型

STEP 3　**选择如何安装**

❶打开"安装客户机操作系统"对话框，单击选中"安装程序光盘映像文件"单选项；❷单击"浏览"按钮，如图 7-29 所示。

STEP 4　**选择映像文件**

❶打开"浏览 ISO 映像"对话框，选择操作系统的安装映像文件，这里选择一个从网上下载的 Windows 10 的映像文件；❷单击"打开"按钮，如图 7-30 所示。

图7-29　选择如何安装

图7-30　选择映像文件

STEP 5　**确认安装**

返回"安装客户机操作系统"对话框，单击"下一步"按钮，如图 7-31 所示。

图7-31　确认安装

STEP 6　设置虚拟机

❶打开"简易安装信息"对话框，在"Windows 产品密钥"文本框中输入 Windows 10 的安装密钥；❷在"全名""密码""确认"文本框中输入该操作系统的个性化设置；❸单击"下一步"按钮，如图 7-32 所示。

图7-32　设置虚拟机

STEP 7　设置保存位置

❶打开"命名虚拟机"对话框，在"位置"文本框中输入新建虚拟机的保存位置；❷单击"下一步"按钮，如图 7-33 所示。

图7-33　设置保存位置

STEP 8　指定磁盘容量

❶打开"指定磁盘容量"对话框，在"最大磁盘大小"数值框中输入创建虚拟机的磁盘大小；

❷单击选中"将虚拟磁盘存储为单个文件"单选项；❸单击"下一步"按钮，如图 7-34 所示。

图7-34　指定磁盘容量

STEP 9　准备创建

❶打开"已准备好创建虚拟机"对话框，取消勾选"创建后开启此虚拟机"复选框；❷单击"完成"按钮，如图 7-35 所示。

图7-35　准备创建

STEP 10　新建虚拟机

VM 开始创建虚拟机，并显示进度，如图 7-36 所示。创建完成后，在 VM 主界面窗口左侧的"库"任务窗格中可以看到创建好的虚拟机，在右侧窗格的"设备"栏中可查看该虚拟机的相关信息。

图7-36　新建虚拟机

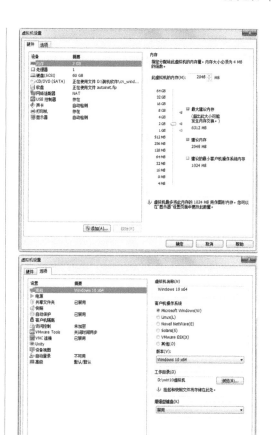

多学一招

设置虚拟机

一般在虚拟机创建完成后，需要对其进行简单配置，如新建虚拟硬盘、设置内存的大小及设置显卡和声卡等虚拟设备，但VM通常在创建虚拟机时就已经完成了设置，用户可以对这些设置进行修改。打开VM主界面窗口，在创建的虚拟机的选项卡中单击"编辑虚拟机设置"超链接，打开"虚拟机设置"对话框，在其中可对虚拟机进行相关的设置，如图7-37所示。

图7-37　设置虚拟机

7.2.5 │ 使用 VM 安装 32/64 位 Windows 10 操作系统

在 VM 中安装操作系统的操作与在电脑中安装操作系统基本相同，不同之处是可以通过 ISO 文件直接启动虚拟机并进行安装，下面通过 Windows 10 的 64 位 ISO 文件安装操作系统，具体操作步骤如下。

微课：使用 VM 安装 32/64 位
Windows 10 操作系统

STEP 1 开启虚拟机

❶启动 VMware Workstation，打开其主界面，在左侧的"库"任务窗格中展开"我的计算机"选项，选择"Windows 10 x64"选项；❷在右侧的"Windows 10 x64"选项卡中间的任务窗格中选择"开启此虚拟机"选项，如图 7-38 所示。

STEP 2 开始安装

VM 将启动刚才创建的 Windows 10 虚拟机，并启动安装程序开始安装 Windows 10，包括复制 Windows 文件、准备安装的文件、安装功能和安装更新等，如图 7-39 所示。在安装过程中，VM 将按照安装程序的设置自动重新启动虚拟机。

第 **7** 章　安装 32/64 位 Windows 7/10　操作系统

图7-38　开启虚拟机

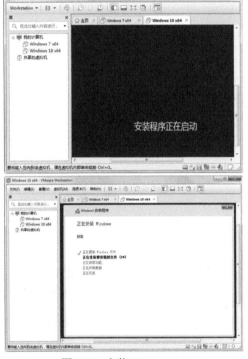

第2部分

图7-39　安装Windows 10

STEP 3　设置电脑网络

稍等片刻，完成 Windows 10 的安装后，打开"网络"对话框，在其中设置操作系统的网络，如图 7-40 所示。

图7-40　设置电脑网络

STEP 4　完成安装

进入 Windows 10 的操作界面，完成在 VM 中通过虚拟机安装操作系统的操作，如图 7-41 所示。

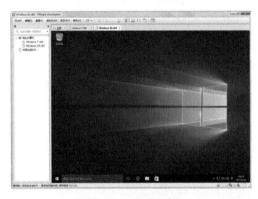

图7-41　完成安装

7.3　安装硬件的驱动程序

　　硬件的驱动程序即是设备驱动程序（Device Driver），它是添加到操作系统中的一小段代码，作用是向操作系统解释如何使用该硬件设备，其中包含有关硬件设备的信息。如果没有驱动程序，电脑中的硬件就无法正常工作。

7.3.1 从光盘和网上获取驱动程序

获取硬件驱动程序的主要有两种方法：一是购买硬件时附带的安装光盘；二是从网上下载。

1. 安装光盘

在购买硬件设备时，其包装盒内通常会附带一张安装光盘，通过该光盘便可进行硬件设备的驱动安装。用户需妥善保管驱动程序的安装光盘，方便以后重装系统时再次安装驱动程序，图 7-42 所示为主板盒中的驱动光盘和说明书。

图7-42　驱动安装光盘

2. 网络

网络已经成为人们工作和生活中十分重要的一部分，在网络中可方便地获取各种资源，驱动程序也不例外，通过网络可查找和下载各种硬件设备的驱动程序。在网上主要可通过以下两种方式获取硬件的驱动程序。

◎ 访问硬件厂商的官方网站：当硬件的驱动程序有新版本发布时，在其官方网站都可找到。

◎ 访问专业的驱动程序下载网站：最著名的专业驱动程序下载网站是"驱动之家"，在该网站中几乎能找到所有硬件设备的驱动程序，并且有多个版本供用户选择，如图 7-43 所示。

图7-43　驱动程序下载网站

3. 选择驱动程序的版本

同一个硬件设备的驱动程序在网上会有很多版本，如公版、非公版、加速版、测试版和 WHQL 版等，用户可以根据需要及硬件的具体情况下载不同的版本进行安装。

◎ 公版：由硬件厂商开发的驱动程序，具有最大的兼容性，适合使用该硬件的所有产品。如 NVIDIA 官方网站下载的所有显卡驱动都属于公版。

◎ 非公版：由硬件厂商为其生产的产品量身定做的驱动程序，这类驱动程序会根据具体硬件产品的功能进行改进，并加入一些调节硬件属性的工具，可以最大限度地提高该硬件产品的性能。只有微星和华硕等知名大厂才具有实力开发这类驱动。

◎ 加速版：是由硬件爱好者对公版驱动程序进行改进后产生的版本，其目的是使硬件设备的性能达到最佳，不过其兼容性和稳定性要低于公版和非公版驱动程序。

◎ 测试版：硬件厂商在发布正式版驱动程序前会提供测试版驱动程序供用户测试，这类驱动分为 Alpha 版和 Beta 版，其中 Alpha 版是厂商内部人员自行测试版本，

Beta 版是公开测试版本。此类驱动程序的稳定性未知，适合喜欢尝新的用户。

◎ WHQL 版：WHQL（Windows Hardware Quality Labs，Windows 硬件质量实验室）版主要负责测试硬件驱动程序

的兼容性和稳定性，验证其是否能在 Windows 系列操作系统中稳定运行。该版本的特点是通过了 WHQL 认证，可以最大限度地保证操作系统和硬件的稳定运行。

7.3.2 通过光盘安装驱动程序

Windows 操作系统通常会自动识别电脑硬件并安装驱动程序，但为了保证充分发挥各个硬件的性能，通常都需要利用安装光盘为显卡和主板等安装驱动程序，下面就以安装某款显卡的驱动程序为例进行介绍，其具体操作步骤如下。

微课：通过光盘安装驱动程序

STEP 1　启动驱动光盘

将显卡驱动光盘放入光驱，操作系统自动启动显卡驱动的安装程序，单击"板载显卡驱动（可选）"超链接，如图 7-44 所示。

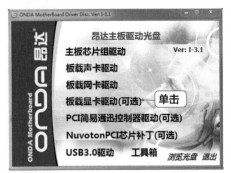

图7-44　启动驱动光盘

STEP 2　选择驱动版本

进入驱动版本选择界面，单击"Windows 7/Vista 32bit 驱动"超链接，如图 7-45 所示。

图7-45　选择驱动版本

STEP 3　开始安装

打开安装显卡驱动程序的对话框，这里保持默认设置，单击"Install"按钮，如图 7-46 所示。

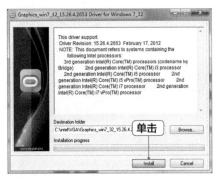

图7-46　开始安装

STEP 4　选择操作

打开"英特尔（R）核芯显卡驱动程序"对话框，保持默认设置不变，单击"下一步"按钮，如图 7-47 所示。

图7-47　选择操作

第2部分

第
7
章

安装 32/64 位 Windows 7/10

操作系统

STEP 5 **接受许可协议**

打开"许可协议"对话框，单击"是"按钮，如图 7-48 所示。

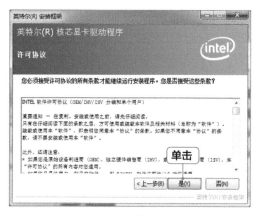

图7-48 接受许可协议

STEP 6 **选择操作**

打开"Readme 文件信息"对话框，单击"下一步"按钮，如图 7-49 所示。

图7-49 选择操作

STEP 7 **显示安装进度**

打开"安装进度"对话框，开始安装显卡的驱动程序，并显示进度，安装完成后单击"下一步"按钮，如图 7-50 所示。

图7-50 显示安装进度

STEP 8 **完成安装**

打开"安装完毕"对话框，选中"是，我要现在就重新启动计算机"单选项，单击"完成"按钮，重启电脑，完成显卡驱动的安装，如图 7-51 所示。

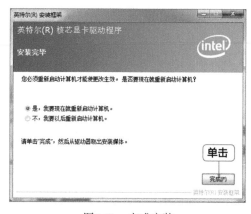

图7-51 完成安装

7.3.3 安装网上下载的驱动程序

网上下载的驱动程序通常保存在硬盘或 U 盘中，直接找到并启动其安装程序即可进行安装。下面就以安装网上下载的声卡驱动程序为例进行介绍，具体操作步骤如下。

微课：安装网上下载的驱动程序

STEP 1 开始安装

在硬盘或 U 盘中找到下载的声卡驱动程序，双击安装程序，打开声卡驱动程序的安装界面，单击"下一步"按钮，如图 7-52 所示。

图7-52 开始安装

STEP 2 检测声卡

驱动程序开始检测电脑的声卡设备，并显示进度，如图 7-53 所示。

图7-53 检测声卡

驱动程序的安装文件

从网上下载的安装文件通常会进行压缩，用户在安装时需找到启动安装文件的可执行文件，其名称一般为"setup.exe"或"install.exe"，有的以软件名称命名。

STEP 3 安装驱动

检测完毕，开始安装声卡驱动程序，如图 7-54 所示。

图7-54 安装驱动

STEP 4 完成安装

安装完成后，重新启动电脑，保持默认设置，单击"完成"按钮，如图 7-55 所示。重新启动电脑后，即可完成声卡驱动程序的安装操作。

图7-55 重启电脑

利用软件更新驱动程序

可以使用操作系统自带的驱动程序，然后安装系统安全维护软件，如360安全卫士等，然后通过这些软件更新驱动程序。

第2部分

前沿知识与流行技巧

1. 安装双操作系统

安装多操作系统的目的是根据各操作系统的特点，充分发挥操作系统的作用。例如，家庭和企业常常使用 Windows 7 或 Windows XP 操作系统；平板电脑等移动设备用户则可能采用 Windows 8 或 Windows 10 操作系统。由于 Windows 系列的操作系统各具优点，因此安装多操作系统不但可以让用户体验不同操作系统的特点，还可方便用户在不同的场合下选用最适合的操作系统。下面在一台电脑中同时安装 Windows XP 和 Windows 7 两个操作系统，具体操作步骤如下。

❶ 按照前面介绍的方法安装 Windows XP 操作系统，进入 Windows XP 操作系统，打开"我的电脑"窗口，单击选择各个磁盘，在左侧下方可以查看磁盘的文件格式和可用空间大小，准备将 Windows 7 安装到最后一个分区。

❷ 将 Windows 7 的安装光盘放入光驱，在打开的安装对话框中单击"现在安装"按钮，打开"获取安装的重要更新"对话框，单击"不获取最新安装更新"选项。

❸ 打开"请阅读许可条款"对话框，勾选"我接受许可条款"复选框，单击"下一步"按钮。

❹ 打开"您想进行何种类型的安装"对话框，选择"自定义（高级）"选项，打开选择安装分区的对话框，选择 Windows 7 要安装的逻辑分区 5，即最后一个硬盘分区，单击"下一步"按钮。

❺ 在打开的"正在安装 Windows"对话框中将显示安装进度，接下来开始正式安装 Windows 7 操作系统，需要设置用户名、时间和密码等，只需要按照安装向导提示操作即可。

❻ 完成双系统的安装后重启电脑，在启动过程中将显示启动菜单，用户可以选择启动"早期版本的 Windows"，即 Windows XP，或选择启动 Windows 7。

2. 在 VM 中设置 U 盘启动

下面以设置 U 盘启动虚拟机为例讲解在 VM 中设置 U 盘启动，具体操作步骤如下。

❶ 先将 U 盘连接到电脑中，启动 VMware Workstation，单击创建的虚拟机的选项卡"Windows 7"，单击"编辑虚拟机设置"超链接。

❷ 打开"虚拟机设置"对话框，单击"添加"按钮，打开添加硬件向导的"硬件类型"对话框，在"硬件类型"栏中选择"硬盘"选项，单击"下一步"按钮。

❸ 打开"选择磁盘类型"对话框，在"虚拟磁盘类型"栏中单击选中"IDE"单选项，单击"下一步"按钮。

❹ 打开"选择磁盘"对话框，在"磁盘"栏中单击选中"使用物理磁盘"单选项，单击"下一步"按钮。

❺ 打开"选择物理磁盘"对话框，在"设备"下拉列表框中选择 U 盘对应的选项（通常 PhysicalDrive0 代表虚拟硬盘，U 盘通常是最下面的一个选项），单击"下一步"按钮。

❻ 打开"指定磁盘文件"对话框，在其中设置磁盘文件的保存位置，通常保持默认设置，

单击"完成"按钮。

❼ 返回"虚拟机设置"对话框，即可看到新建的设备"新硬盘（IDE）"，单击"确定"按钮，返回该 Windows 7 虚拟机的主界面，在左侧的"设备"任务窗格中可以看到创建好的硬盘设备。

❽ 单击左上角的"开启此虚拟机"超链接，VM 将自动启动虚拟机，并按照启动顺序启动 U 盘（本例中 U 盘是第二启动设备，第一启动设备是虚拟硬盘）。

3. 其他虚拟软件

目前流行的虚拟机软件有 VMware Workstation、Oracle VM VirtualBox 和 Microsoft Virtual PC，它们都能在 Windows 系统中虚拟出多个电脑。

- Oracle VM VirtualBox：该软件是一款功能强大的虚拟机软件，具备虚拟机的所有功能，且操作简单，完全免费，升级速度快，非常适合普通用户使用。
- Microsoft Virtual PC：该软件是一款由 Microsoft 公司开发，支持多个操作系统的虚拟机软件，具有功能强大、使用方便的特点，主要应用于重装系统、安装多系统和 BIOS 升级等，该软件的缺点是升级较慢，无法跟上操作系统的更新步伐。

4. VM 的上网方式

综合来说，主机上网无非有两种，一种是拨号上网，另一种是非拨号上网。拨号上网包括家庭 ADSL 拨号上网、小区宽带拨号上网、无线网卡拨号上网，或者单位家属院专用拨号上网等。非拨号上网（主机不需要拨号即可以上网）包括单位直接上网、家庭通过路由器共享上网等。而虚拟机上网则有 3 种方式，直接上网、通过主机共享上网和通过 VMware 内置的 NAT 服务共享上网等。与主机上网方式组合，则有 6 种方式：主机拨号上网，虚拟机拨号上网；主机拨号上网，虚拟机通过主机共享上网；主机拨号上网，虚拟机使用 VMware 内置的 NAT 服务共享上网；主机直接上网，虚拟机直接上网；主机直接上网，虚拟机通过主机共享上网；主机直接上网，虚拟机使用 VMware 内置的 NAT 服务共享上网。

5. 在 VM 中使用物理电脑的文件夹

根据需要，用户可以将物理电脑中的文件夹共享给虚拟机进行使用。在虚拟机中打开"虚拟机设置"对话框，单击"选项"选项卡，在左侧的列表框中选择"共享文件夹"选项，在右侧的"文件夹共享"栏中单击选中"总是启用"单选项，单击"添加"按钮，在打开的"添加共享文件夹向导"对话框的提示下，选择需要共享的文件夹，完成向导的操作。

第2部分

第8章

安装常用软件并测试电脑性能

/ 本章导读

通过在电脑中安装各种应用软件，能帮助人们解决生活和工作的各种问题。对于自己组装电脑的用户来说，在完成电脑的组装后，还需利用各种软件来测试电脑的性能，本章就主要介绍这两个方面的操作。

8.1 在多核电脑中安装常用软件

安装常用软件是组装电脑的最后一步，只有安装了软件，电脑才能进行各种操作，如安装 Office 软件进行文档制作和数据计算，安装 Photoshop 软件进行图形绘制和图像处理，安装 360 安全卫士软件进行系统维护和安全防范等。

8.1.1 获取和安装软件的方式

在安装应用软件前，首先我们需要获取它，然后通过不同的方式来安装。

1. 软件的获取途径

常用软件的获取途径主要有两种，分别是从网上下载软件安装文件和购买软件安装光盘。

◎ 网上下载：许多软件开发商会在网上公布一些共享软件和免费软件的安装文件，用户只需要到软件下载网站上查找并下载这些安装文件即可。

◎ 购买安装光盘：到正规的软件商店或网上购买正版的软件安装光盘，不但软件的质量有保证，还能享受升级服务和技术支持，这对电脑的正常运行很有帮助。

2. 软件的安装方式

软件安装主要是指将软件安装到电脑中的过程，由于软件的获取途径主要有两种，所以其安装方式也主要包括向导安装和解压安装两种。

◎ 通过向导安装：在软件专卖店购买的软件，均采用向导安装的方式进行安装。这类软件的特点是运行相应的可执行文件可启动安装向导，然后在安装向导的提示下进行安装。

◎ 解压安装：在网络中下载的软件，由于网络传输速度方面的原因，一般都会制作成压缩文件。这类软件在使用解压缩软件解压到一个目录后，一些需要通过安装向导进行安装，另一些（如绿色软件）直接运行主程序就可启动。

8.1.2 应该选择哪个版本

了解软件的版本有助于选择适合的软件，常见的软件版本主要包括以下几种。

◎ 测试版：软件的测试版表示软件还在开发中，其各项功能并不完善，也不稳定。开发者会根据使用测试版用户反馈的信息对软件进行修改，通常这类软件会在软件名称后面注明是测试版或 Beta 版。

◎ 试用版：试用版是软件开发者将正式版软件有限制地提供给用户使用，如果用户觉得软件符合使用要求，可以通过付费的方法解除限制的版本。试用版又分为全功能限时版和功能限制版。

◎ 正式版：正式版是正式上市，用户通过购买即可使用的版本，它经过开发者测试，已经能稳定运行。对于普通用户来说，应该尽量选用正式版的软件。

◎ 升级版：升级版是软件上市一段时间后，软件开发者在原有功能基础上增加部分功能，并修复已经发现的错误和漏洞，然后推出的更新版本。安装升级版需要先安装软件的正式版，然后在其基础上安装更新或补丁程序。

第 2 部分

8.1.3 安装常用软件

软件的类型虽然很多,但其安装过程却大致相似,下面就以安装从网上下载的驱动人生软件为例,讲解安装软件的基本方法,具体操作如下。

微课: 安装常用软件

STEP 1 **开始安装**

❶双击安装程序,打开程序的安装界面,勾选"同意驱动人生6的许可协议"复选框;❷在"安装目录"和"备份目录"文本框中设置程序的安装位置和驱动程序的备份位置;❸单击"立即安装"按钮,如图8-1所示。

图8-1 开始安装

STEP 2 **显示安装进度**

开始安装驱动人生软件,并显示进度,如图8-2所示。

图8-2 显示安装进度

STEP 3 **完成安装**

安装完成后将给出提示,单击"立即体验"按钮,

如图8-3所示。

图8-3 完成安装

STEP 4 **启动软件**

此时将直接启动该软件,进入操作界面,如图8-4所示。

图8-4 软件的操作界面

知识提示

安装软件的注意事项

对于应用软件而言,最好将其安装在非系统盘中,并统一安装在某一个文件夹中。另外,现在很多网上下载的软件都捆绑了其他一些软件,在安装时可以通过设置取消这些附带软件的安装。

8.1.4 卸载不需要的软件

微课：卸载不需要的软件

用户在使用了安装的应用软件后，若对其不满意或不需要再使用该应用软件时，还可以将其从电脑中卸载，以释放磁盘空间。卸载软件的操作通常都在"控制面板"窗口中进行。下面以卸载360驱动大师软件为例介绍卸载软件的方法，具体操作步骤如下。

STEP 1　打开"开始"菜单

❶在操作系统界面中单击"开始"按钮；❷在打开的菜单中选择"控制面板"命令，如图8-5所示。

图8-5　打开"开始"菜单

STEP 2　选择操作

打开"控制面板"窗口，在"程序"选项栏中单击"卸载程序"超链接，如图8-6所示。

图8-6　选择操作

STEP 3　开始安装

❶打开"卸载或更改程序"界面，在右下角的

列表框中选择"360驱动大师"选项；❷单击"卸载/更改"按钮，如图8-7所示。

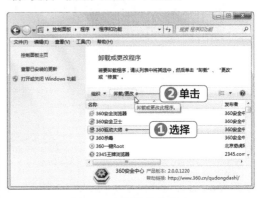

图8-7　选择卸载的程序

STEP 4　接受许可条款

❶打开"360驱动大师 卸载"对话框，单击选中"我要直接卸载360驱动大师"单选项；❷单击"继续"按钮，如图8-8所示。

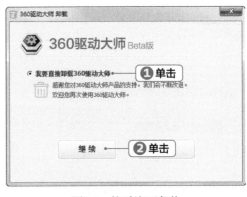

图8-8　接受许可条款

STEP 5　删除备份

弹出提示框，询问是否删除备份，单击"是"按钮，如图8-9所示。

第2部分

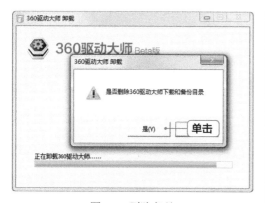

图8-9　删除备份

STEP 6　完成卸载

单击"完成"按钮，完成 360 驱动大师软件的

卸载操作，如图 8-10 所示。

图8-10　完成卸载

8.2　利用软件给电脑跑分

　　电脑跑分指利用软件对电脑的硬件进行测试，然后根据测试结果给出一个分数，来了解硬件的性能高低。尤其是 CPU、显卡这些电脑核心硬件，跑分似乎已经成为了所有购买新产品用户，甚至于每一款新产品上市之前所必须经过的一个环节，也是组装电脑的一个必要环节。

8.2.1　Windows 体验指数

　　Windows 体验指数是一种度量标准，它可以检测电脑运行 Windows 的状况，并可使用基本分数对电脑用户获得的体验进行评分。较高的基本分数通常表示与基本分数较低的电脑相比，该电脑的运行速度更快，响应能力更强。下面就在电脑中刷新 Windows 体验指数，具体操作步骤如下。

微课：Windows 体验指数

STEP 1　选择菜单命令

❶在 Windows 7 操作系统界面中单击"开始"按钮；❷在弹出的菜单中的"计算机"命令上单击鼠标右键；❸在弹出的快捷菜单中选择"属性"命令，如图 8-11 所示。

STEP 2　打开"系统"窗口

打开"系统"窗口，在"查看有关计算机的基本信息"界面的"系统"栏中，单击"要求刷新 Windows 体验指数"超链接，如图 8-12 所示。

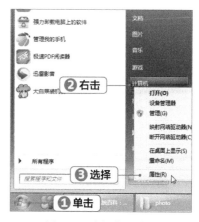

图8-11　选择菜单命令

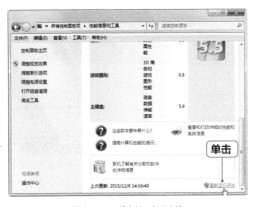

图8-12 "系统"窗口

第2部分

STEP 3 打开"性能信息和工具"窗口

打开"性能信息和工具"窗口，在"为计算机评分并提高其性能"界面中，可以查看目前电脑的 Windows 体验指数评分，单击下面的"重新运行评估"超链接，如图 8-13 所示。

图8-13 重新运行评估

知识提示

Windows 体验指数的基本分数

　　Windows体验指数的基本分数通常在1.0到7.9的范围内，Windows体验指数的总分遵循"木桶原理"，即系统最低分的设备决定了系统的综合分数，因此升级相应的低分设备，可以获得更高的分数。

STEP 4 开始评估电脑性能

Windows 开始评估电脑的性能，并显示评估的进度，如图 8-14 所示。

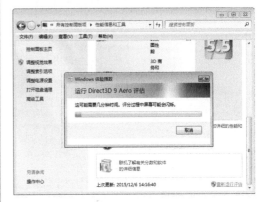

图8-14 评估进度

STEP 5 完成评估

完成评估后，将重新显示 Windows 体验指数，如图 8-15 所示。

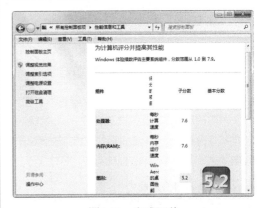

图8-15 完成评估

知识提示

Windows 体验指数的子分数

　　电脑中的每个硬件都有其各自的分数，称为子分数，查看子分数可以了解硬件的性能状况，这可以帮助用户决定是否要对电脑的部分硬件进行升级。

8.2.2 使用鲁大师跑分

鲁大师是一款专业的硬件检测软件，很多人都会使用鲁大师对电脑进行检测，下面就使用鲁大师对电脑进行检测跑分，具体操作步骤如下。

微课：使用鲁大师跑分

STEP 1 启动鲁大师

在电脑中启动鲁大师软件，在其工作界面中单击"性能测试"选项卡，如图 8-16 所示。

图8-16 启动鲁大师

STEP 2 开始检测

进入鲁大师的电脑性能测试页面，单击"开始评测"按钮，如图 8-17 所示。

图8-17 开始检测

STEP 3 检测跑分

鲁大师开始对电脑的主要硬件进行检测，主要包括处理器、显卡、内存和磁盘，这个过程需要较长的时间，且在检测过程中显示器可能出现闪烁或停顿的现象，如图 8-18 所示。

图8-18 检测跑分

STEP 4 显示跑分结果

检测完成后鲁大师将显示电脑的跑分结果，并会单独显示各主要硬件的跑分，如图 8-19 所示。

图8-19 显示跑分结果

8.2.3 | 使用 3DMark 跑分

微课：使用 3DMark 跑分

3DMark 是业内公认的专业图形性能测试工具，是所有硬件网站的测试标准，也是衡量市面上所有显卡和电脑平台性能的标准型测试软件。下面就以 3DMark 11 测试显卡为例介绍具体操作步骤。

STEP 1 启动 **3DMark**

启动 3DMark，进入基础测试界面，单击"Advanced"选项卡，如图 8-20 所示。

图8-20　启动3DMark

知识提示

基础测试选项

Entry、Performance和Extreme的3种选项分别对应入门、主流和极致3种电脑配置。

STEP 2 设置高级选项

进入 3DMark 的高级选项设置界面，这里保持默认的设置，单击"运行 Performance"按钮，如图 8-21 所示。

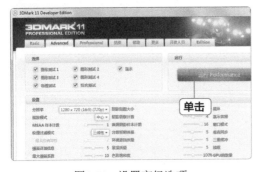

图8-21　设置高级选项

STEP 3 开始演示

3DMark 开始按照前面的选项运行不同的场景 Demo 演示显卡，首先是"DEEP SEA"（深海），如图 8-22 所示。

图8-22　演示1

STEP 4 演示 **2**

然后是"HIGH TEMPLE"（高阶神庙），这一幕 Demo 着重演示了光影及特效，如图 8-23 所示。

图8-23　演示2

STEP 5 图形测试 **1**

接着开始正式的显卡测试，首先是 GRAPHICS TEST 1，基于"DEEP SEA"场景运行，主要测试阴影及体积光照处理能力，未加入曲面细分功能，如图 8-24 所示。

图8-24　图形测试1

STEP 6　图形测试 2

然后是 GRAPHICS TEST 2，基于"DEEP
SEA"场景运行，阴影及体积光照的等级有所
上升，要求 GPU 有较强的处理能力，还加入
了中等等级的曲面细分，如图 8-25 所示。

图8-25　图形测试2

STEP 7　图形测试 3

接着是 GRAPHICS TEST 3，基于"HIGH
TEMPLE"场景运行，加入中等等级曲面细分，
用定向光源形成比较真实的阴影，还应用了较
高等级的体积光照技术，可根据不同的媒介材
质实现不同的光影效果，如图 8-26 所示。

STEP 8　图形测试 4

然后是 GRAPHICS TEST 4，基于"HIGH
TEMPLE"场景运行，但对 GPU 的性能要求
比前一场景要高。采用了高级曲面细分、体积
光照及后处理特效技术，如图 8-27 所示。

STEP 9　物理测试

下面开始物理测试（PHYSICS TEST），物

理测试场景不再支持 PhysX 物理技术，而是
转向对 CPU 的物理计算性能提出了要求，更
高的主频和更多的线程会在这一项测试中占有
利位置，如图 8-28 所示。

图8-26　图形测试3

图8-27　图形测试4

图8-28　物理测试

STEP 10　综合测试

最后进行综合测试（COMBINED TEST），
将对 CPU 和 GPU 同时进行测试，其中物体
的下落和倒塌将完全由 CPU 进行物理计算，

而植物、旗帜等物体将由 DirectCompute 技术计算，GPU 则负责进行画面渲染工作以及完成曲面细分等 DirectX 11 特有的画面技术，如图 8-29 所示。

图8-29　综合测试

STEP 11　显示跑分

返回 3DMark 软件主界面，显示最终测试的跑分，如图 8-30 所示。

图8-30　显示跑分

前沿知识与流行技巧

1. ADSL 连接上网

单击"开始"按钮，在打开的菜单中选择"控制面板"命令，打开"控制面板"窗口，在"网络和 Internet"选项中单击"查看网络状态和任务"超链接，打开"网络和共享中心"窗口，在"更改网络设置"栏中单击"设置新的连接或网络"超链接，打开"设置连接或网络"对话框，在"选择一个连接选项"栏中选择"连接到 Internet"选项，单击"下一步"按钮，打开"您想如何连接"对话框，选择"宽带（PPPoE）"选项，打开"连接到 Internet"对话框，在"用户名"和"密码"文本框中输入 ADSL 宽带的对应信息，单击"连接"按钮，即可将电脑通过 ADSL 连接到互联网。

2. 无线上网

设置电脑无线上网，需要在电脑中安装无线网卡，且电脑处于无线网络的信号范围之内（也就是通常所说的有 Wi-Fi），然后单击"开始"按钮，在打开的菜单中选择"控制面板"命令，打开"控制面板"窗口，在"网络和 Internet"选项中单击"查看网络状态和任务"超链接，打开"网络和共享中心"窗口，在"更改网络设置"栏中单击"设置新的连接或网络"超链接，打开"设置连接或网络"对话框，在"选择一个连接选项"栏中选择"连接到 Internet"选项，单击"下一步"按钮，打开"您想如何连接"对话框，选择"无线"选项，电脑开始搜索无线网络；单击操作系统桌面右下角通知栏中的无线网络图标，在打开的下拉列表中将显示搜索到的无线网络，选择需要连接的无线网络，单击"连接"按钮即可连接到 Internet；如果该无线网络设置了密码，则打开"键入网络安全密钥"对话框，在"安全密钥"文本框中输入密码后单击"确定"按钮即可连接到互联网。

第3部分

第9章

对操作系统进行备份与优化

/ 本章导读

在完成了电脑操作系统和各种驱动、软件的安装后，还有一项非常重要的操作需要进行，这项操作也属于电脑维护的重要组成部分，那就是对电脑的操作系统进行备份和优化，一方面可以减少电脑出现故障的概率；另一方面，当系统出现故障时，可以利用备份将操作系统快速恢复到备份时的正常状态。

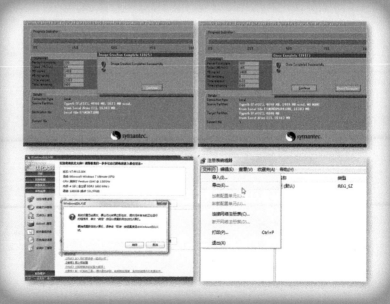

9.1 操作系统的备份与还原

　　备份系统最好在安装完驱动程序后进行，这时的系统最"干净"，也最不容易出现问题，也可在安装完各种软件后才进行备份，这样在还原系统时可省略重装操作系统、重装驱动程序、重装应用软件等很多操作。Ghost 是一款专业的系统备份和还原软件，使用它可以将某个磁盘分区或整个硬盘上的内容完全镜像复制到另外的磁盘分区和硬盘上，并可压缩为一个镜像文件。

9.1.1 利用 Ghost 备份系统

　　Ghost 功能强大、使用方便，但多数版本只能在 DOS 下运行，Windows PE 操作系统也自带了 Ghost 软件，在通过 U 盘启动电脑后，即可利用 Ghost 备份系统，其具体操作步骤如下。

微课：利用 Ghost 备份系统

STEP 1 利用 U 盘启动电脑

利用 U 盘启动电脑，进入 Windows PE 的菜单选择界面，按【↓】键选择"【06】Ghost 备份还原工具"选项，按【Enter】键，如图 9-1 所示。

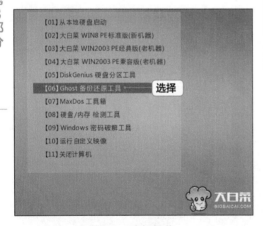

图9-1　选择操作

STEP 2 进入 Ghost 主界面

在打开的 Ghost 主界面中显示了软件的基本信息，单击"OK"按钮，如图 9-2 所示。

STEP 3 选择操作

在打开的 Ghost 界面中选择【Local】/【Partition】/【To Image】命令，如图 9-3 所示。

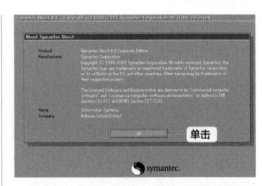

图9-2　Ghost主界面

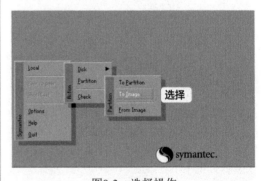

图9-3　选择操作

STEP 4 选择备份的硬盘

在打开的对话框中选择硬盘（在有多个硬盘的情况下需慎重选择），这里直接单击"OK"按钮，如图 9-4 所示。

第3部分

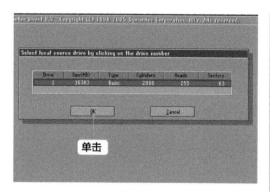

图9-4　选择备份的硬盘

STEP 5　选择备份的分区

❶在打开的对话框中选择要备份的分区，通常选择第 1 分区；❷单击"OK"按钮，如图 9-5 所示。

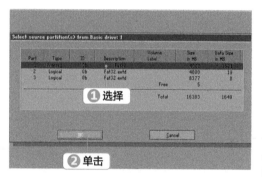

图9-5　选择备份的分区

STEP 6　选择保存位置

在打开对话框的"Look in"下拉列表中选择 E 盘对应的选项，如图 9-6 所示。

图9-6　选择保存位置

STEP 7　输入镜像文件名称

❶在"File name"文本框中输入镜像文件的名称"WIN7"；❷单击"Save"按钮，如图 9-7 所示。

图9-7　输入镜像文件的名称

STEP 8　选择压缩方式

在打开的对话框中选择压缩方式，这里单击"High"按钮，如图 9-8 所示。

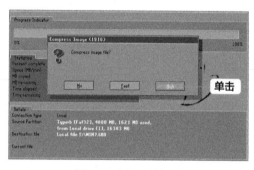

图9-8　选择压缩方式

STEP 9　确认操作

打开的对话框询问是否确认要创建镜像文件，这里单击"Yes"按钮，如图 9-9 所示。

STEP 10　确认操作

Ghost 开始备份第 1 分区，并显示备份进度等相关信息，如图 9-10 所示。

STEP 11　完成备份

备份完成后，将打开一个对话框提示备份成功，单击"Continue"按钮返回 Ghost 主界面，即可完成系统备份，如图 9-11 所示。

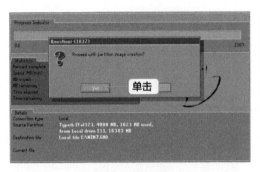

图9-9　确认操作

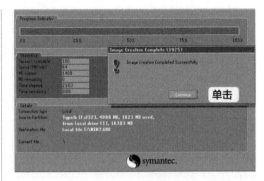

图9-11　完成备份

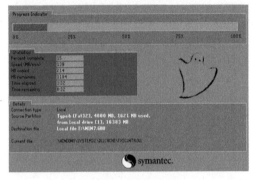

图9-10　开始备份

9.1.2　利用 Ghost 还原系统

　　当系统感染了恶性病毒或遭受到严重损坏时，就可使用 Ghost 软件从备份的镜像文件中快速恢复系统，重塑一个健全的操作系统，具体操作步骤如下。

微课：利用 Ghost 还原系统

STEP 1　进入 Ghost 主界面

利用 U 盘启动 Ghost，在打开的 Ghost 主界面中单击"OK"按钮，如图 9-12 所示。

图9-12　进入Ghost主界面

STEP 2　选择操作

选择【Local】/【Partition】/【From Image】命令，如图 9-13 所示。

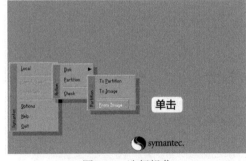

图9-13　选择操作

STEP 3 选择还原的镜像文件

❶在打开的对话框中选择备份的镜像文件
"WINXP604"；❷单击"Open"按钮，如
图9-14所示。

图9-14 选择镜像文件

STEP 4 查看文件信息

在打开的对话框中显示了该镜像文件的大小及
类型等相关信息，单击"OK"按钮，如图9-15
所示。

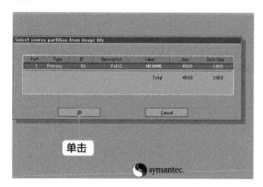

图9-15 查看文件信息

STEP 5 选择还原的硬盘

在打开的对话框中选择需要恢复到的硬盘，这
里只有一个硬盘，单击"OK"按钮，如图9-16
所示。

STEP 6 选择还原的分区

❶在打开的对话框中选择需要恢复到的磁盘分
区，这里选择恢复到第1分区；❷单击"OK"
按钮，如图9-17所示。

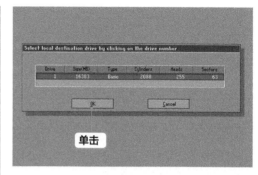

图9-16 选择还原的硬盘

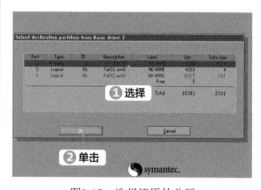

图9-17 选择还原的分区

STEP 7 确认还原

在打开的对话框中询问是否确定恢复，单击
"Yes"按钮，如图9-18所示。

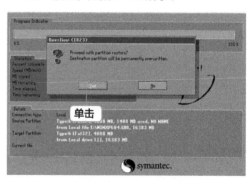

图9-18 确认还原

STEP 8 完成还原

此时 Ghost 开始恢复该镜像文件到系统盘，并
显示恢复速度、进度和时间等信息,恢复完毕后,
在打开的对话框中单击"Reset Computer"

按钮，重新启动电脑，完成还原操作，如图9-19所示。

图9-19　完成还原

9.2　优化操作系统

电脑虽然"聪明"，但也达不到人脑的水平，它只能按照设计的程序运行，并不能分辨这些程序的好坏，所以需要人为对电脑进行优化，提升其性能。优化操作系统是指对系统软件与应用软件一些设置不当的项目进行修改，以加快运行速度。

9.2.1　使用 Windows 优化大师优化系统

Windows 操作系统的许多默认设置并不是最优设置，使用一段时间后难免会出现系统性能下降、频繁出现故障等情况，这时就需要使用专业的操作系统优化软件对系统进行优化与维护，如 Windows 优化大师。下面使用 Windows 优化大师中的自动优化功能优化操作系统，具体操作步骤如下。

微课：使用 Windows 优化大师优化系统

STEP 1　启动 Windows 优化大师
启动 Windows 优化大师，软件自动进入一键优化窗口，单击"一键优化"按钮，如图 9-20 所示。

STEP 2　自动优化系统
Windows 优化大师开始自动优化系统，并在窗口下面显示优化进度，如图 9-21 所示。

STEP 3　启动一键清理
优化完成后，在窗口下面的进度条中显示"完成'一键优化'操作"，单击"一键清理"按钮，如图 9-22 所示。

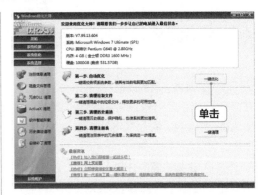

图9-20　Windows优化大师主界面

图9-21　自动优化

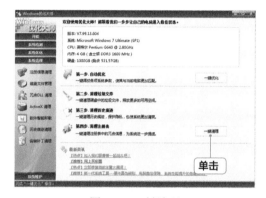

图9-22　一键清理

STEP 4　扫描系统垃圾

Windows 优化大师首先开始清理系统垃圾，准备待分析的目录，如图 9-23 所示。

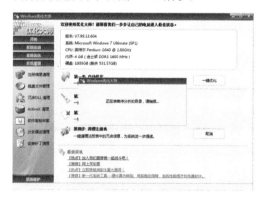

图9-23　扫描系统垃圾

STEP 5　删除系统垃圾

扫描系统垃圾后，Windows 优化大师开始删除垃圾文件，并打开提示框提示用户关闭多余的程序，单击"确定"按钮，如图 9-24 所示。

图9-24　删除系统垃圾

STEP 6　确认操作

Windows 优化大师打开提示框，要求用户确认是否删除这些垃圾文件，单击"是"按钮，如图 9-25 所示。

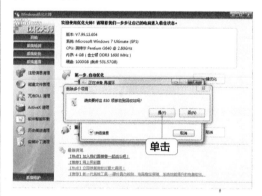

图9-25　确认操作

STEP 7　删除历史记录痕迹

Windows 优化大师开始清理历史痕迹，并打开提示框，要求用户确认是否删除历史记录痕迹，单击"确定"按钮，如图 9-26 所示。

STEP 8　清理注册表

Windows 优化大师开始清理注册表，并打开提示框，要求用户对注册表进行备份，这里单击"否"按钮，如图 9-27 所示。关于注册表备份的操作将在后文进行专门讲解。

图9-26　删除历史记录痕迹

图9-27　备份注册表

STEP 9　**确认操作**

Windows 优化大师弹出提示框，提示用户确认
是否删除扫描到的注册表信息，单击"确定"
按钮，如图 9-28 所示。

图9-28　确认操作

STEP 10　**完成优化**

Windows 优化大师完成电脑所有的优化操作后
弹出提示框，要求用户重新启动电脑使设置生
效，单击"确定"按钮，如图 9-29 所示。

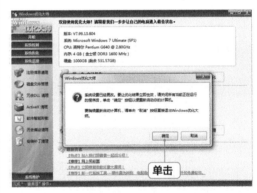

图9-29　完成优化

9.2.2　减少系统启动加载项

　　用户在使用电脑的过程中，会不断安装各种应用程序，而其中一些程序就
会默认加入系统启动项，如一些播放器程序、聊天工具等，但这对于部分用户
来说也许并非必要，反而使电脑开机缓慢。在操作系统中，用户可以通过设置
关闭这些自动运行的程序，加快操作系统启动的速度，具体操作步骤如下。

微课：减少系统启动
加载项

STEP 1　**选择操作**

❶单击"开始"按钮；❷在"搜索程序和文件"
文本框中输入"msconfig"，按【Enter】键，
如图 9-30 所示。

STEP 2　**设置启动项**

❶打开"系统配置"对话框，单击"启动"选项卡；
❷在列表框中列出了随系统启动而自动运行的
程序，撤销勾选该程序前面的复选框；❸单击
"确定"按钮，如图 9-31 所示。

图9-30 选择操作

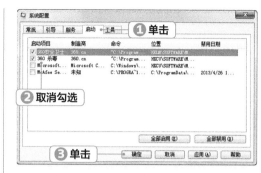

图9-31 设置启动项

9.2.3 备份注册表

微课：备份注册表

注册表是 Windows 操作系统中的一个核心数据库，其中存放着控制系统启动、硬件驱动程序的装载以及一些应用程序运行的参数，从而在整个系统中起着核心作用。下面介绍备份注册表的方法，具体操作步骤如下。

STEP 1 选择操作

❶单击"开始"按钮；❷在"搜索程序和文件"文本框中输入"regedit"，按【Enter】键，如图 9-32 所示。

图9-32 选择操作

STEP 2 选择备份项

打开"注册表编辑器"窗口，在左侧的任务窗格中选择需要备份的注册表项，这里选择"HKEY_CLASSES_ROOT"项，如图 9-33 所示。

STEP 3 选择备份操作

在"注册表编辑器"窗口上面的菜单栏中选择"文件"命令，在打开的菜单中选择"导出"命令，如图 9-34 所示。

图9-33 选择备份项

图9-34 选择命令

STEP 4　设置备份

❶打开"导出注册表文件"对话框，选择注册表备份文件的保存位置；❷在"文件名"文本框中输入备份文件的名称；❸单击"保存"按钮，如图 9-35 所示。

STEP 5　完成备份

Windows 7 操作系统将按照前面的设置对注册表的"HKEY_CLASSES_ROOT"项进行备份，并将其保存为"root.reg"文件，在设置的保存文件夹中即可看到该文件。

图9-35　设置保存

9.2.4　还原注册表

进行注册表备份后，一旦操作系统出现问题，有时可以通过还原注册表的方法排除故障，还原注册表的具体操作步骤如下。

微课：还原注册表

STEP 1　选择操作

打开"注册表编辑器"窗口，选择"文件"命令，在打开的菜单中选择"导入"选项，如图 9-36 所示。

图9-37　选择注册表文件

图9-36　选择操作

STEP 2　选择注册表文件

❶打开"导入注册表文件"对话框，选择已经备份的注册表文件；❷单击"打开"按钮，如图 9-37 所示。

STEP 3　还原注册表

操作系统开始还原注册表文件，并显示进度，如图 9-38 所示。

图9-38　还原注册表

第3部分

9.2.5　优化系统服务

微课：优化系统服务

Windows 操作系统启动时，系统自动加载了很多在系统和网络中发挥着很大作用的服务，但这些服务并不都适合用户，因此有必要将一些不需要的服务关闭以节约内存资源，加快电脑的启动速度。下面以关闭系统搜索索引服务（Windows Search）为例介绍具体操作步骤。

STEP 1　选择菜单命令

❶在 Windows 7 操作系统桌面中单击"开始"按钮；❷在弹出的菜单中的"计算机"命令上单击鼠标右键；❸在弹出的快捷菜单中选择"管理"命令，如图 9-39 所示。

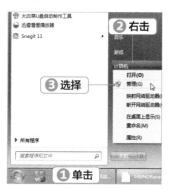

图9-39　选择菜单命令

STEP 2　选择操作

❶打开"计算机管理"窗口，在左侧的任务窗格中选择"服务和应用程序"/"服务"选项；❷在中间的"服务"列表框中选择"Windows Search"选项；❸单击"停止"超链接，如图 9-40 所示。

图9-40　选择操作

STEP 3　停止服务

Windows 系统开始停止该项服务，并显示进度，如图 9-41 所示。

图9-41　停止服务

STEP 4　完成优化

停止服务完成后，单击"启动"超链接可以重新启动该服务，如图 9-42 所示。

图9-42　完成优化

优化系统服务的主动权应该掌握在用户自己手中，因为每个系统服务的使用需要依个人实际使用情况来决定。

前沿知识与流行技巧

1. Windows 操作系统中常见的可以关闭的服务

Windows 7 操作系统中提供的大量服务虽然占据了许多系统内存，且很多用户也完全用不上，但大多数用户并不明白每一项服务的含义，所以不敢随便进行优化。如果用户完全能够明白某服务项的作用，那就可以打开服务项管理窗口逐项检查，通过关闭其中一些服务来提高操作系统的性能。下面介绍一些 Windows 操作系统中常见的可以关闭的服务项。

- ClipBook：该服务允许网络中的其他用户浏览本机的文件夹。
- Print Spooler：打印机后台处理程序。
- Error Reporting Service：系统服务和程序在非正常环境下运行时发送错误报告。
- Net Logon：网络注册功能，用于处理注册信息等网络安全功能。
- NT LM Security Support Provider：为网络提供安全保护。
- Remote Desktop Help Session Manager：用于网络中的远程通信。
- Remote Registry：使网络中的远程用户能修改本地电脑中的注册表设置。
- Task Scheduler：使用户能在电脑中配置和制定自动任务的日程。
- Uninterruptible Power Supply：用于管理用户的 UPS。

2. 加快电脑关机速度

虽然 Windows 7 操作系统的关机速度已经比之前的 Windows 操作系统快很多，但稍微修改一下注册表可以使关机更迅速，具体操作步骤如下。

❶ 单击"开始"按钮，在"搜索程序和文件"文本框中输入"regedit"，按【Enter】键。

❷ 打开"注册表编辑器"窗口，在左侧的任务窗格中展开"HKEY_LOCAL_MACHINE/SYSTEM/CurrentControlSet/Control"键值，在右侧列表框中的"WaitToKill-ServiceTimeout"选项上单击鼠标右键，在弹出的快捷菜单中选择"修改"命令。

❸ 打开"编辑字符串"对话框，在"数值数据"文本框中输入"2000"，单击"确定"按钮。

3. 优化操作系统的关键

从早期版本的 Windows 操作系统开始，系统优化就一直是个很热门的话题，网上也能搜到很多有关如何优化电脑系统的帖子。但系统优化因人而异，对于一般用户而言，优化操作系统的关键是养成良好的安全意识和操作习惯，这才是保证系统安全的核心。

第3部分

第 10 章

对多核电脑进行日常维护

/ 本章导读

　　在使用电脑的过程中，通常还需要对电脑进行日常维护，只有日常维护做好了，电脑才能更好地工作。本章将主要讲解多核电脑日常维护的相关知识，如维护的重要性、保持良好的工作环境、注意安放位置、软件和硬件的维护等。

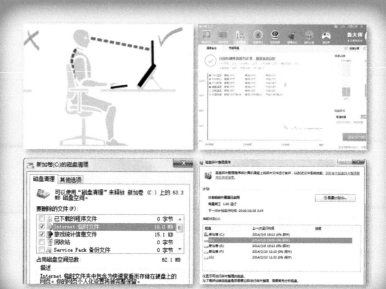

10.1 多核电脑的日常维护事项

　　现今电脑已成为人们生活工作中不可缺少的工具，随着信息技术的发展，电脑在实际使用中开始面临越来越多的系统维护和管理问题，如硬件故障、软件故障、病毒防范和系统升级等，如果不能及时有效地处理这些问题，将会给正常工作和生活带来不良的影响。为此，用户需要全面地针对电脑系统进行维护服务，以较低的成本换来较为稳定的系统性能，保证电脑的正常运行。

10.1.1 保持良好的工作环境

　　电脑对工作环境有较高的要求，长期工作在恶劣环境中很容易出现故障。因此，对于电脑的工作环境主要有以下几点要求。

◎ 做好防静电工作：静电有可能造成电脑中各种芯片的损坏，为防止静电造成的损害，在打开机箱前应当用手接触暖气管或水管等可以放电的物体，将身体的静电放掉。另外，在安装电脑时将机壳用导线接地，也可起到很好的防静电效果。

◎ 预防震动和噪音：震动和噪音会造成电脑内部件的损坏（如硬盘损坏或数据丢失等），因此不能工作在震动和噪音很大的环境中，如确实需要将其放置在震动和噪音大的环境中，应考虑安装防震和隔音设备。

◎ 避免过高的工作温度：电脑应工作在20~25℃的环境中，过高的温度会使电脑在工作时产生的热量散不出去，轻则缩短使用寿命，重则烧毁芯片。因此最好在放置电脑的房间安装空调，以保证电脑正常运行时所需的环境温度。

◎ 湿度不能过高：电脑在工作状态中应保持良好的通风，以降低机箱内的湿度，否则主机内的线路板容易腐蚀，进而导致板卡过早老化。

◎ 防止灰尘过多：由于电脑各部件非常精密，如果在较多灰尘的环境中工作，就可能堵塞电脑的各种接口，使其不能正常工作。因此，不要将电脑置于灰尘过多的环境中，

如果不能避免，应做好防尘工作。另外，最好每月清理一次机箱内部的灰尘，做好电脑的清洁工作，以保证其正常运行。

◎ 保证电脑的工作电源稳定：电压不稳容易对电脑的电路和部件造成损害，由于市电供应存在高峰期和低谷期，电压经常会波动，因此最好配备稳压器，以保证电脑正常工作所需的稳定电源。另外，如果突然停电，则有可能会造成电脑内部数据的丢失，严重时还会造成系统不能启动等故障，因此，要想对电脑进行电源保护，推荐配备一个小型的家用UPS电源（不间断电源供应设备），如图10-1所示。

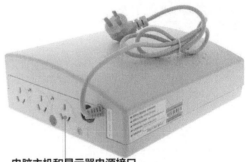

电脑主机和显示器电源接口

图10-1　UPS电源

10.1.2 注意电脑的安放位置

电脑的安放位置也比较重要，在电脑的日常维护中，应该注意以下几点。

◎ 电脑主机的安放应当平稳，并保留必要的工作空间，用于放置磁盘和光盘等常用配件。

◎ 要调整好显示器的高度，位置应保持显示器上边与视线基本平行，太高或太低都容易使操作者疲劳，图 10-2 所示为显示器的摆放位置。

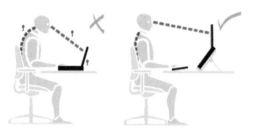

图10-2 错误和正确的显示器摆放位置

◎ 当电脑停止工作时最好能盖上防尘罩，防止灰尘对电脑的侵袭，但在电脑正常使用的情况下，一定要将防尘罩拿下来，以保证散热。

◎ 北方较冷的地方，电脑最好放在有暖气的房间；南方较热的地方，则最好放在有冷气的房间。

多学一招

温度和湿度对电脑的影响

温度过高或过低、湿度较大等都容易使电脑的板卡变形而产生接触不良等故障。尤其是南方的梅雨季节更应该注意，应保证电脑每个月通电一二次，每一次的通电时间应不少于两个小时，以避免潮湿的天气使板卡变形面，而导致电脑不能正常工作。

10.1.3 电脑软件维护的主要项目

软件故障在电脑故障中所占比例很大，特别是频繁地安装和卸载软件，会产生大量的垃圾文件，降低电脑的运行速度，因此软件也需进行维护。操作系统的优化也可以看作电脑软件维护的一个方面，软件维护主要包括以下几个方面的内容。

◎ **系统盘问题**：安装系统时系统盘分区不要太小，否则需要经常对 C 盘进行清理，除了必要的程序以外，其他软件尽量不要安装在系统盘，系统盘的文件格式尽可能选择 NTFS 格式。

◎ **注意杀毒软件和播放器**：很多电脑出现故障都是因为软件冲突，特别是杀毒软件和播放器，一个系统装两个以上的杀毒软件便可能会造成系统运行缓慢甚至死机、蓝屏等，大部分播放器装好后会在后台形成加速进程，两个或两个以上播放器会造成互抢宽带，网速过慢等问题，配置不好的电脑还有可能死机等。

◎ **设置好自动更新**：自动更新可以为电脑的许多漏洞打上补丁，也可以避免病毒利用系统漏洞攻击电脑，所以应该设置好系统的自动更新。

◎ **阅读说明书中关于维护的内容**：很多常见的问题和维护方法在硬件或软件的说明书中都有说明，组装完电脑后应该仔细阅读一下说明书。

◎ **安装防病毒软件**：安装杀毒软件可有效地预防病毒的入侵。

◎ **安装防"流氓"软件**：网络共享软件很多都捆绑了一些插件，初学者在安装这类软件时应注意选择和辨别。

◎ 保存好所有驱动程序安装光盘：原装驱动程序可能不是最好的，但它一般都是最适用的。最新的驱动，不一定能更好地发挥老硬件的性能，不宜过分追求最新的驱动。

◎ 每周维护：清除垃圾文件、整理硬盘里的文件、用杀毒软件深入查杀一次病毒，都是电脑日常维护中的主要工作。此外，还需每月进行一次碎片整理，运行硬盘查错工具。

◎ 清理回收站中的垃圾文件：定期清空回收站释放系统空间，或直接按【Shift+Delete】键完全删除文件。

◎ 注意清理系统桌面：桌面上不宜存放太多东西，以避免影响电脑的运行和启动速度。

◎ 备份重要的文件：很多人（特别是初学者）习惯将文件保存在系统默认的文档里，这里建议将默认文档的存放路径转移到非系统盘。方法是在"开始"菜单的"文档"命令上单击鼠标右键，在弹出的快捷菜单中选择"属性"命令，在打开的"文档 属性"对话框中单击"删除"按钮后再单击"包含文件夹"按钮，在打开的对话框中设置

新的存放路径，如图10-3所示，选择后单击"包括文件夹"按钮即可完成设置。

图10-3 更改默认文档的位置

10.1.4 整理系统盘的文件和碎片

对于电脑的日常软件维护，最常用的就是整理系统盘的垃圾文件和文件碎片，具体操作步骤如下。

微课：整理系统盘的文件和碎片

STEP 1 选择清理的磁盘

❶选择【开始】/【所有程序】/【附件】/【系统工具】/【磁盘清理】命令，打开"磁盘清理：驱动器选择"对话框，在"驱动器"下拉列表中选择需要清理的磁盘；❷单击"确定"按钮，如图10-4所示。

STEP 2 选择清理的文件类型

❶打开"新加卷(C:)的磁盘清理"对话框，在"要

删除的文件"列表框中选择要清理的文件类型；❷单击"确定"按钮，如图10-5所示。

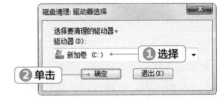

图10-4 选择清理的磁盘

图10-5 选择清理的文件类型

STEP 3 确认操作

弹出提示对话框,单击"删除文件"按钮确认
清理,如图 10-6 所示。

图10-6 确认操作

STEP 4 显示清理进度

系统开始对选择的文件进行清理,并显示进度,
清理完成后将自动退出磁盘清理程序,如图
10-7 所示。

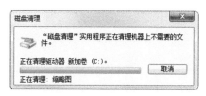

图10-7 显示清理进度

知识提示

磁盘碎片

由于在电脑中频繁地进行存储和删除操
作,完整的文件变成不连续的碎片形式存储在
磁盘上,这不仅影响文件打开的速度,严重时
还会导致存储的文件丢失等。

STEP 5 选择磁盘

❶选择【开始】/【所有程序】/【附件】/【系
统工具】/【磁盘碎片整理程序】命令,打开"磁
盘碎片整理程序"对话框,在列表框中选择要
整理的磁盘;❷单击"分析磁盘"按钮,如图
10-8 所示。

图10-8 选择磁盘

STEP 6 分析磁盘

系统开始分析所选硬盘分区中的磁盘碎片,并
显示进度,如图 10-9 所示。

图10-9 分析磁盘

STEP 7 整理磁盘碎片

系统将分析结果以百分比形式显示出来(10%
以下通常不需要进行碎片整理),单击"磁盘

第 **10** 章 对多核电脑进行日常维护

碎片整理"按钮，如图 10-10 所示。

显示进度，整理完毕后，单击"关闭"按钮完成操作，如图 10-11 所示。

图10-10　整理磁盘碎片

图10-11　完成整理

STEP 8　完成整理

系统开始整理所选硬盘分区中的磁盘碎片，并

10.2 多核电脑硬件的日常维护

很多电脑专家明确提出，电脑硬件是需要进行日常维护的，因为在使用电脑的过程中由于操作不当等人为因素，很可能造成硬件故障，所以应对这些硬件进行维护。由于各种硬件有不同的功能，所以不同硬件的维护方法也不同。

10.2.1　维护多核 CPU

CPU 的运行状态会对整机的稳定性产生直接影响，对 CPU 的维护主要在于频率和散热两方面，其日常维护方法如下。

◎ 用好硅脂：将硅脂涂于 CPU 表面内核上，薄薄的一层即可，若过量使用有可能会渗漏到 CPU 表面接口处。且硅脂在使用一段时间后会干燥，这时可以除净后再重新涂上硅脂。

◎ 正确安装：如果 CPU 和散热风扇安装过紧，可能导致 CPU 的针脚或触点被压损，因此在安装 CPU 和散热风扇时应该注意用力要均匀，压力亦要适中。

◎ 保证良好的散热：CPU 的正常工作温度为 50℃ 以下，具体工作温度根据不同 CPU 的主频而定。另外，CPU 风扇散热片质量要好，最好带有测速功能，这样可与主板监控功能配合监测风扇工作情况，图 10-12 所示为鲁大师软件监控电脑各种硬件的温度情况，包括CPU温度和风扇转速。另外散热片的底层以厚为佳，这样有利于主动散热，保障机箱内外的空气流通。

图10-12　硬件温度监测

10.2.2　维护主板

主板是电脑的核心部件，部分硬件故障是因为主板与其他部件接触不良或主板损坏所产生的。做好主板的维护可以保证电脑的正常运行，还可以延长电脑的使用寿命。主板维护主要包括以下几点内容。

◎ **防范高压**：停电时应立刻拔掉主机电源，避免突然来电时产生的瞬间高压烧毁主板。

◎ **防范灰尘**：清理灰尘是主板最重要的日常维护，清理时可以使用比较柔软的毛刷清除主板上的灰尘，平时使用时，不要将机箱盖打开，减少灰尘积聚。

◎ **最好不要带电拔插**：除了支持即插即用的设备外（即使是这种设备，最好也要减少带电拔插的次数），在电脑运行时，禁止带电拔插各种控制板卡和连接电缆，因为在拔插瞬间产生的静电放电和信号电压的不匹配等容易损坏芯片。

10.2.3　维护硬盘

硬盘是电脑中主要的数据存储设备，其日常维护应该注意以下几项。

◎ **正确地开关电脑电源**：硬盘处于工作状态时（读或写盘时），尽量不要强行关闭主机电源，因为硬盘在读写过程中突然断电容易造成硬盘物理性损伤或丢失各种数据等，尤其是正在进行高级格式化时。

◎ **工作时一定要防震**：必须要将电脑放置在平稳、无震动的工作平台上，尤其是在硬盘处于工作状态时要尽量避免移动，此外在硬盘启动或停机过程中也不要移动。

◎ **保证硬盘的散热**：硬盘温度直接影响其工作的稳定性和使用寿命，硬盘在工作中的温度以 20 ～ 25℃为宜。

◎ **不能私自拆卸硬盘**：拆卸硬盘需要在无尘的环境下进行，因为如果灰尘进入到了硬盘内部，那么磁头组件在高速旋转时就可能带动灰尘将盘片划伤或磁头自身损坏，

第 **10** 章　对多核电脑进行日常维护

这势必会导致数据的丢失，硬盘也极有可能损坏。

◎ **最好不要压缩硬盘**：不要使用 Windows 操作系统自带的"磁盘空间管理"进行硬盘压缩，因为压缩之后硬盘读写数据的速度会大大减慢，而且读盘次数也会因此变得频繁。这会对硬盘的发热量和稳定性产生影响，还可能缩短硬盘的使用寿命。

10.2.4 维护显卡和显示器

由于显卡的发热量较大，因此日常要注意散热风扇是否正常转动、散热片与显示芯片是否接触良好等。显卡温度过高，经常会引起系统运行不稳定、蓝屏和死机等现象。其次需注意驱动程序和设备中断两方面的问题，重新安装正确的驱动程序和在 BIOS 中重新为其分配中断一般可以解决该问题。

目前的显示器多为液晶显示器，其日常维护应该注意以下两项。

◎ **保持工作环境的干燥**：启动显示器后，水分会腐蚀显示器的液晶电极，最好准备一些干燥剂（药店有售）或干净的软布，随时保持显示屏的干燥。如果水分已经进入显示器里面，就需要将其放置到干燥的地方，让水分慢慢蒸发。

◎ **避免一些挥发性化学药剂的危害**：无论是何种显示器，液体对其都有一定的危害，特别是化学药剂，其中又以具有挥发性的化学品对液晶显示器的侵害最大。如经常使用的发胶、夏天频繁使用的灭蚊剂等都会对液晶分子乃至整个显示器造成损坏，从而导致显示器使用寿命缩短。

10.2.5 维护机箱和电源

机箱是电脑主机的保护罩，其本身就有很强的自我保护能力。在使用时需注意摆放平稳，同时还需要保持其表面与内部的清洁。机箱和电源的维护主要包括以下几点。

◎ **保证机箱散热**：使用电脑时，不要在机箱附近堆放杂物，以保证空气的畅通，使主机工作时产生的热量能够及时散出。

◎ **保证电源散热**：如发现电源的风扇停止工作，必须切断电源防止电源烧毁甚至造成其他更大的损坏。另外要定期检查电源风扇是否正常工作，一般 3~6 个月检查一次。

◎ **注意电源除尘**：电源在长时间工作中，会积累很多灰尘，造成散热不良。同时灰尘过多，在潮湿的环境中也会造成电路短路的现象，因此为了系统能正常稳定地工作，电源应定期除尘。在使用一年左右时，最好打开电源，用毛刷清除内部的灰尘，同时为电源风扇添加润滑油。

10.2.6 维护鼠标和键盘

键盘和鼠标是电脑最重要、使用最频繁的输入设备，掌握正确使用及维护键盘、鼠标的方法，能够让键盘和鼠标使用起来更加得心应手。

1. 维护鼠标

鼠标要预防灰尘、强光以及拉拽等，内部沾上灰尘会使鼠标机械部件运作不灵，强光会干扰光电管接收信号。因此鼠标的日常维护主要有以下几个方面。

◎ **注意灰尘**：鼠标的底部长期和桌面接触

最容易被污染。尤其是机械式和光学机械式鼠标的滚动球极易将灰尘、毛发、细纤维等带入鼠标中。使用鼠标垫，不但使鼠标移动更平滑，而且可减少污垢进入鼠标的可能性。

◎ 小心拔插：除 USB 接口外，尽量不要对 PS/2 键盘和鼠标进行热插拔。

◎ 保证感光性：使用光电鼠标时，要注意保持鼠标垫的清洁，使其处于更好的感光状态，避免污垢附着在发光二极管和光敏三极管上，遮挡光线接收。光电鼠标勿在强光条件下使用，也不要在反光率高的鼠标垫上使用。

◎ 正确操作：操作时不要过分用力，防止鼠标按键的弹性降低，操作失灵。

2. 维护键盘

键盘使用频率较高，按键用力过大、金属物掉入键盘或茶水等液体溅入键盘内，都可能造成键盘内部微型开关弹片变形或锈蚀，出现按键不灵等现象，因此键盘的日常维护主要有以下几个方面。

◎ 经常清洁：日常维护或更换键盘时，应切断电脑电源。另外还应定期清洁键盘表面的污垢，一般清洁可以用柔软干净的湿布擦拭键盘，对于顽固的污渍可用中性的清洁剂擦除，最后再用湿布擦拭一遍。

◎ 保证干燥：当有液体溅入键盘时，应尽快关机，将键盘接口拔下，打开键盘用干净吸水的软布或纸巾擦干内部的积水，最后在通风处自然晾干即可。

◎ 正确操作：在按键时一定要注意力度适中，动作轻柔，强烈的敲击会缩短键盘的寿命，尤其在玩游戏时更应该注意，不要使劲按键，以免损坏键帽。

第 **10** 章 对多核电脑进行日常维护

前沿知识与流行技巧

1. 日常维护内存

内存是比较"娇贵"的部件，静电对其伤害最大，因此在插拔内存条时一定要先释放自身的静电。在电脑的使用过程中，绝对不能对内存条进行插拔，否则会出现烧毁内存甚至烧毁主板的危险。另外，安装内存条时，应首选和 CPU 插槽接近的插槽，因为内存条被 CPU 风扇带出的灰尘污染后可以清洁，而插座被污染后却极不易清洁。

2. 清理电脑中的灰尘

灰尘对电脑的损坏很大，不仅影响散热，而且一旦遇上潮湿的天气还会导电，可能损毁电脑硬件。在电脑的日常维护中，清理灰尘是非常重要的环节。

清理前，需要准备一些必要的工具，如吹风筒、小毛刷、十字螺丝刀、硬纸皮、橡皮擦、干净布、风扇润滑油、清水和酒精。另外，还可以准备吹气球或硬毛刷。在进行灰尘清理前，还需注意必须在完全断电的情况下工作，即将所有的电脑电源插头全部拔下后再工作。工作前，应先清洗双手，并触摸铁质水龙头释放静电。另外，还没过保修期的硬件建议不要拆卸。下面详细介绍清理电脑灰尘的方法，具体操作步骤如下。

❶ 先用螺丝刀将机箱盖拆开（也有部分可以直接用手拆开），然后拔掉所有插头。

❷ 将内存拆下来，使用橡皮擦轻轻地擦拭金手指，注意不要碰到电子元件；至于电路板

部分，使用小毛刷轻轻将灰尘扫掉即可。

❸ 将 CPU 散热器拆下，将散热片和风扇分离，用水冲洗散热片，然后用吹风筒吹干；风扇可用小毛刷加布或纸清理干净。将风扇的不干胶撕下，向小孔中滴一滴润滑油（注意不要加多），接着转动风扇片以便将孔口的润滑油渗进里面，最后擦干净孔口四周的润滑油，用新的不干胶封好。在清理机箱电源时，其风扇也要除尘加油。

❹ 如果有独立显卡，也要清理金手指并加滴润滑油。

❺ 对于整块主板来说，可用小毛刷将灰尘刷掉（不宜用力过大），再用吹风筒猛吹（如果天气潮湿，最好用热风），最后用吹气球作细微的清理。插槽部分可将硬纸片插进去来回拖动达到除尘的效果。

❻ 光驱和硬盘接口可用硬纸皮清理。

❼ 对于机箱表面、键盘和显示器的外壳，可用带酒精的布进行涂抹。对于键盘的键缝，需要慢慢地用布抹，也可用棉签清理。

❽ 显示器最好用专业的清洁剂进行清理，然后用布抹干净；对于电脑中的各种连线和插头，最好都用布抹干净。

3. 笔记本电脑的日常维护

笔记本电脑比普通电脑的寿命短，更加需要进行维护。笔记本电脑能否保持一个良好的状态，与使用环境以及个人的使用习惯有很大的关系，好的使用环境和习惯能够减少笔记本电脑维护的复杂程度，并且能最大限度发挥其性能。笔记本电脑的维护主要需注意以下几点。

◎ 注意环境湿度：潮湿的环境对笔记本电脑有很大的损伤，在潮湿的环境下存储和使用会导致笔记本电脑内部的电子元件遭受腐蚀，加速氧化，从而加快笔记本电脑的损坏。同时不能将水杯和饮料放在笔记本电脑旁，一旦液体流入，笔记本电脑可能瞬间报废。

◎ 保持清洁度：笔记本电脑应尽可能在少灰尘的环境下使用，使用环境灰尘过多会堵塞笔记本电脑的散热系统，容易引起内部零件之间的短路，从而使笔记本电脑的使用性能下降甚至损坏。

◎ 防止震动和跌落：笔记本电脑应避免跌落、冲击、拍打和放置在震动较大的平台上使用，系统在运行时，外界的震动会使硬盘受到伤害甚至损坏，震动同样会导致外壳和屏幕的损坏。此外，不宜将电脑放置在床、沙发、桌椅等软性设备上使用，容易造成断折和跌落。

第3部分

第 11 章

保护多核电脑的安全

/ 本章导读

随着网络的发展，电脑和 Internet 几乎时刻结合在一起，但网络环境的复杂性使电脑面临的各种安全威胁也越来越严重。所以，对电脑使用人员来说，电脑的安全维护已经成为一项非常重要的工作，其重要性甚至超过了硬件的日常维护。

11.1　查杀各种电脑病毒

病毒已成为威胁电脑安全的主要因素之一，而且随着网络的不断普及，这种威胁也变得越来越严重。因此，防范病毒是保障电脑安全的首要任务，电脑操作人员必须及时发现病毒，从而做好必要的防范措施。

11.1.1　电脑感染病毒的各种表现

电脑病毒本身也是一种程序，由一组程序代码构成。不同之处在于，电脑病毒会对电脑的正常使用造成破坏。

1. 直接表现

虽然病毒入侵电脑的过程通常在后台，并在入侵后潜伏于电脑系统中等待机会，但这种入侵和潜伏的过程并不是毫无踪迹的。当电脑出现异常现象时，就应该使用杀毒软件扫描电脑，确认是否感染病毒。这些异常现象包括以下几方面。

◎ 系统资源消耗加剧：硬盘中的存储空间急剧减少，系统中基本内存发生变化，CPU的使用率保持在 80% 以上。

◎ 性能下降：电脑运行速度明显变慢，运行程序时经常提示内存不足或出现错误；电脑经常在没有任何征兆的情况下突然死机；硬盘经常出现不明的读写操作，在未运行任何程序时，硬盘指示灯不断闪烁甚至长亮不熄。

◎ 文件丢失或被破坏：电脑中的文件莫名丢失、文件图标被更换、文件的大小和名称被修改以及文件内容变成乱码，原本可正常打开的文件无法打开。

◎ 启动速度变慢：电脑启动速度变得异常缓慢，启动后在一段时间内系统对用户的操作无响应或响应变慢。

◎ 其他异常现象：系统时间和日期无故发生变化；自动打开 IE 浏览器链接到不明网站；突然播放不明的声音或音乐，经常收到来历不明的邮件；部分文档自动加密；电脑的输入 / 输出端口不能正常使用等。

2. 间接表现

某些病毒会以"进程"的形式出现在系统内部，这时我们可以通过打开系统进程列表来查看正在运行的进程，通过进程名称及路径判断是否产生病毒，如果有则记下其进程名，结束该进程，然后删除病毒程序即可。

电脑的进程一般包括基本系统进程和附加进程，了解这些进程所代表的含义，可以方便用户判断是否存在可疑进程，进而判断电脑是否感染病毒。基本系统进程对电脑的正常运行起着至关重要的作用，因此不能随意将其结束。常用进程主要包括如下几项。

◎ explorer.exe：用于显示系统桌面上的图标以及任务栏图标。

◎ spoolsv.exe：用于管理缓冲区中的打印和传真作业。

◎ lsass.exe：用于管理 IP 安全策略及启动 ISAKMP/Oakley（IKE）和 IP 安全驱动程序。

◎ servi.exe：指系统服务的管理工具，包含很多系统服务。

◎ winlogon.exe：用于管理用户登录系统。

◎ smss.exe：指会话管理系统，负责启动用户会话。

第 3 部分

◎ csrss.exe：指子系统进程，负责控制 Windows 创建或删除线程以及 16 位的虚拟 DOS 环境。

◎ svchost.exe：系统启动时，svchost.exe 将检查电脑来创建需要加载的服务列表，如果多个 svchost.exe 同时运行，则表明当前有多组服务处于活动状态，或者是多个 ".dll" 文件正在调用它。

◎ system Idle Process：该进程是作为单线程运行的，并在系统不处理其他线程时分派处理器的时间。

知识提示

附加进程

Wuauclt.exe（自动更新程序）、systray.exe（系统托盘中的声音图标）、ctfmon.exe（输入法）及 mstask.exe（计划任务）等属于附加进程，可以按需取舍，不会影响到系统的正常运行。

11.1.2 电脑病毒的防治方法

病毒具有强大的破坏能力，不仅会造成资源和财产的损失，随着波及范围的扩大，还有可能造成社会性的灾难。用户在日常使用电脑的过程中，应做好防治工作，将感染病毒的概率降到最低。

1. 预防病毒

电脑病毒固然猖獗，但只要用户加强病毒防范意识和防范措施，就可以降低电脑被病毒感染的概率。电脑病毒的预防主要包括以下几个方面。

◎ 安装杀毒软件：电脑中应安装杀毒软件，开启软件的实时监控功能，并定期升级杀毒软件的病毒库。

◎ 及时获取病毒信息：通过登录杀毒软件的官方网站、查看电脑报刊和相关新闻，获取最新的病毒预警信息，学习最新病毒的防治和处理方法。

◎ 备份重要数据：使用备份工具软件备份系统，以便在电脑感染病毒后可以及时恢复。同时，重要数据应利用移动存储设备或光盘进行备份，减少病毒造成的损失。

◎ 杜绝二次传播：当电脑感染病毒后，应及时使用杀毒软件清除和修复，注意不要将电脑中感染病毒的文件复制到其他电脑中。若局域网中的某台电脑感染了病毒，应及时断开网线，以免其他电脑被感染。

◎ 切断病毒传播渠道：使用正版软件，拒绝使用盗版和来历不明的软件；网上下载的文件要先杀毒再打开；使用移动存储设备时也应先杀毒再使用；同时注意不要随便打开来历不明的电子邮件和 QQ 好友传送的文件等。

2. 检测和清除病毒

目前，电脑病毒的检测和消除办法主要有以下两种。

◎ 自动方法：该方法是针对某一种或多种病毒使用专门的反病毒软件或防病毒卡自动对病毒进行检测和清除处理。它不会破坏系统数据，操作简单，运行速度快，是一种较为理想，也是目前较为通用的检测和消除病毒的方法。

◎ 人工方法：是指借助于一些 DOS 命令和修改注册表等方法来检测与清除病毒。这种方法要求操作者对系统与命令十分熟悉，且操作复杂，容易出错，有一定的危险性，一旦操作不慎就会导致严重的后果。这种方法常用于自动方法无法清除的新病毒。

3. 病毒查杀的注意事项

普通用户一般都是使用反病毒软件查杀电

脑病毒，为了得到更好的杀毒效果，在使用反病毒软件时需注意以下几个方面。

◎ 不要频繁操作：对电脑不可频繁地进行查杀病毒操作，这样不但不能取得很好的效果，有时可能会导致硬盘损坏。

◎ 在多种模式下杀毒：当发现病毒后，一般情况下都是在操作系统的正常登录模式下杀毒，当杀毒操作完成后，还需启动到安全模式下再次查杀，以便彻底清除病毒。

◎ 选择全面的杀毒软件：病毒软件不仅应包括常见的查杀病毒功能，还应该同时包括实时防毒功能、实时监测和跟踪功能，一旦发现病毒，立即报警，只有这样才能最大程度地减少被病毒感染的概率。

知识提示

日常病毒预防手段

在安装新的操作系统时，要注意安装系统补丁；在上网和玩网络游戏时，要打开杀毒软件或防火墙实时监控，以便防止病毒通过网络进入电脑，防止木马病毒盗窃资料；随时升级防病毒软件。

11.1.3 使用杀毒软件查杀电脑病毒

通常在使用杀毒软件查杀病毒前，最好先升级软件的病毒库，再进行病毒查杀。本例将使用 360 杀毒软件查杀病毒，具体操作步骤如下。

微课：使用杀毒软件查杀
电脑病毒

STEP 1 检查更新

在桌面上单击 360 杀毒实时防护图标，打开主界面窗口，单击最下面的"检查更新"超链接，如图 11-1 所示。

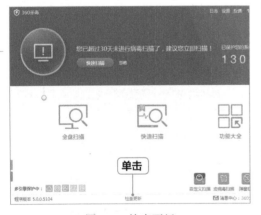

图11-1　检查更新

STEP 2 升级病毒库

打开"360 杀毒 – 升级"对话框，连接到网络检查病毒库是否为最新，如果非最新状态，下载并安装最新的病毒库，如图 11-2 所示。

图11-2　升级病毒库

STEP 3 完成升级

弹出对话框提示病毒库升级完成，单击"关闭"按钮，如图 11-3 所示，返回 360 杀毒主界面，单击"快速扫描"按钮。

STEP 4 病毒扫描

360 杀毒软件开始对电脑中的文件进行病毒扫描，按照系统设置、常用软件、内存活跃程序、开机启动项和系统关键位置的顺序进行，如果在扫描过程中发现对电脑安全有威胁的项目，就会将其显示在界面中，如图 11-4 所示。

图11-3　完成升级

图11-4　病毒扫描

扫描完成后，360 杀毒将显示所有扫描到的威胁情况，单击"立即处理"按钮，如图 11-5 所示。

图11-5　完成扫描

360 杀毒对扫描到的威胁进行处理，并显示处理结果，单击"确认"按钮即可完成病毒的查杀操作，如图 11-6 所示。

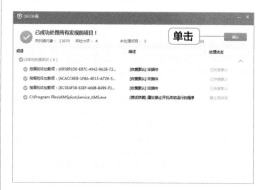

图11-6　完成查杀

知识提示

重新启动电脑

　　在使用360杀毒软件对电脑病毒进行查杀后，由于一些电脑病毒会严重威胁电脑系统的安全，所以从安全的角度出发，需针对一些威胁项进行处理，处理完成后需要重新启动电脑才能生效，同时软件会给出图11-7所示的提示。

图11-7　提示重新启动电脑

11.2 防御黑客攻击

　　电脑需要防御的另外一种安全威胁是来自黑客（Hacker）的攻击，黑客最常见的攻击方式是利用木马程序。黑客是对电脑系统非法入侵者的称呼，黑客攻击电脑的手段各式各样，如何防止黑客的攻击是电脑用户最关心的电脑安全问题之一。

11.2.1　黑客攻击的 5 种常用手段

　　黑客通过一切可能的途径来达到攻击电脑的目的，常用的手段主要有以下 5 种。

◎　网络嗅探器：使用专门的软件查看 Internet 的数据包，或使用侦听器程序对网络数据流进行监视，从中捕获口令或相关信息。

◎　文件型病毒：通过网络不断向目标主机的内存缓冲器发送大量数据，以摧毁主机控制系统或获得控制权限，并致使接受方运行缓慢或死机。

◎　电子邮件炸弹：电子邮件炸弹是匿名攻击方式之一，主要表现为不断地、大量地向同一地址发送电子邮件，从而让攻击者耗尽接受者网络的带宽。

◎　网络型病毒：真正的黑客拥有非常强的电脑技术，他们可以通过分析 DNS 直接获取 Web 服务器等主机的 IP 地址，在没有障碍的情况下完成侵入的操作。

◎　木马程序：木马的全称是"特洛伊木马"，它是一类特殊的程序，一般以寻找后门、窃取密码为主要入侵方式。对于普通电脑用户而言，防御黑客主要是防御木马程序。

11.2.2　6 招预防黑客攻击

　　黑客攻击用的木马程序一般是通过绑定在其他软件、电子邮件上或感染邮件客户端软件等方式进行传播，因此，用户可从以下 6 个方面来进行预防。

◎　不要执行来历不明的软件：木马程序一般通过绑定在其他软件上进行传播，一旦运行了这个被绑定的软件，电脑就会被感染，因此在下载软件时，推荐去一些信誉比较好的站点。在软件安装之前用反病毒软件进行检查，确定无毒后再使用。

◎　不要随意打开邮件附件：有些木马程序是通过邮件来进行传递，而且还会连环扩散，因此在打开邮件附件时需要注意。

◎　重新选择新的客户端软件：很多木马程序主要感染的是 Outlook 邮件客户端软件，因为这款软件全球使用量最大，黑客们对它们的漏洞已经洞察得比较透彻。如果选用其他的邮件软件，受到木马程序攻击的可能性就会减小。

◎　少用共享文件夹：如因工作需要，必须将电脑设置为共享，则最好把共享文件放置在一个单独的共享文件夹中。

◎　运行反木马实时监控程序：在上网时最好运行反木马实时监控程序（如 The Cleaner 软件），一般都能实时显示当前所有运行程序，并有详细的描述信息，另外再安装一些专业的最新杀毒软件、个人防火墙等进行监控。

◎　经常升级操作系统：许多木马都是通过系统漏洞来进行攻击的，Microsoft 公司发现这些漏洞之后都会在第一时间内发布补丁，用户可通过给系统打补丁防止攻击。

11.2.3　启动防火墙来防御黑客攻击

微课：启动防火墙来防御
黑客攻击

目前比较常用的防御黑客攻击的软件有：杀毒软件、木马专杀软件、网络防火墙 3 种类型，对于普通电脑用户而言，最简单、最常用的是通过启动木马墙来防御黑客的攻击。

◎　杀毒软件：常见的杀毒软件都可以对木马进行查杀，这些杀毒软件包括江民杀毒软件、360 杀毒和金山毒霸等，这些软件查杀其他病毒很有效，对木马的检查也比较有效，但不能很彻底地清除。

◎　木马专杀软件：对木马不能只采用防范手段，还要将其彻底清除，专用的木马查杀软件一般都带有这些特性，如 The Cleaner、木马克星和木马终结者等。

◎　网络防火墙：常见的网络防火墙软件有如国外的 Lockdown、国内的天网和金山网镖等。一旦有可疑的网络连接或木马对电脑进行控制，防火墙就会报警，同时显示出对方的 IP 地址、接入端口等提示信息，通过手动设置可以使对方无法进行攻击。

下面利用 360 安全卫士设置木马防火墙和查杀木马，具体操作步骤如下。

STEP 1　启动 360 安全卫士

启动 360 安全卫士，在主界面左下侧单击"防护中心"按钮，如图 11-8 所示。

图11-8　启动360安全卫士

STEP 2　启动防火墙

在打开的"360 安全防护中心"界面中设置需要的各种网络防火墙，如图 11-9 所示。

图11-9　启动防火墙

STEP 3　查杀木马

❶返回"360 安全卫士"主界面，单击"木马查杀"按钮；❷进入 360 安全卫士的查杀修复界面，单击"快速扫描"按钮，如图 11-10 所示。

图11-10　查杀木马

STEP 4 完成查杀

360 安全卫士开始进行木马扫描，并显示扫描进度和扫描结果，如果电脑中没有发现木马，将显示电脑安全，如图 11-11 所示。

图11-11 完成查杀

知识提示

扫描到木马程序

若360安全卫士显示扫描到木马程序或危险项，将提供处理方法，单击"立即处理"按钮即可自动处理木马程序或危险项，完成后会提示用户重启电脑，单击"好的，立即重启"按钮重启电脑，即可完成查杀操作。

11.3 修复操作系统漏洞

几乎所有操作系统都存在漏洞，修复系统漏洞的操作最好在安装完系统后进行。任何操作系统都可能存在漏洞，这些漏洞容易让电脑病毒或黑客入侵，要保护电脑的安全，仅靠杀毒软件是不够的，还可以通过安装补丁来修复操作系统的漏洞。

11.3.1 3 个因素导致系统漏洞产生

操作系统漏洞指操作系统本身在设计上的缺陷或在编写时产生的错误，这些缺陷或错误可以被不法者或电脑黑客利用，通过植入木马或病毒等方式来攻击或控制整台电脑，从而窃取其中的重要资料和信息，甚至破坏用户的电脑。操作系统漏洞产生的主要原因如下。

◎ 原因一：受编程人员的能力、经验和当时安全技术所限，在程序中难免会有不足之处，轻则影响程序功能，重则导致非授权用户的权限提升。

◎ 原因二：由于硬件原因，使编程人员无法弥补硬件的漏洞，从而使硬件的问题通过软件表现了出来。

◎ 原因三：人为因素，程序开发人员在程序编写过程中，为实现某些目的，在程序代码的隐蔽处保留了后门。

11.3.2 使用 360 安全卫士修复系统漏洞

除了通过操作系统自身升级修复系统漏洞外，最常用的方法就是通过软件进行修复，下面以使用 360 安全卫士修复操作系统漏洞为例讲解具体操作步骤。

微课：使用 360 安全卫士
修复系统漏洞

STEP 1 开始漏洞修复

❶在"360 安全卫士"主界面中单击"系统修复"按钮；❷在界面中撤销勾选"常规修复""软件修复""驱动修复"复选框，保持选中"漏

洞修复"复选框；❸单击"立即扫描"按钮，如图11-12所示。

图11-12　开始漏洞修复

STEP 2 **选择修复的漏洞**

程序将自动检测系统中存在的各种漏洞，并将漏洞按照不同的危险程度和功能进行分类，保持默认选中漏洞，单击"一键修复"按钮，如图11-13所示。

图11-13　一键修复

STEP 3 **下载并安装漏洞补丁**

此时360安全卫士开始下载漏洞补丁程序，并

显示下载进度，下载完一个漏洞的补丁程序后，360安全卫士将继续下载下一个漏洞的补丁程序，并安装下载完的补丁程序，如果安装补丁程序成功，将在该选项的"状态"栏中显示"已修复"字样，如图11-14所示。

图11-14　下载并安装漏洞补丁

STEP 4 **完成漏洞修复**

待全部漏洞修复完成后，将显示修复结果，单击"完成修复"超链接，如图11-15所示。

图11-15　完成漏洞修复

11.4　为多核电脑进行安全加密

无论是办公还是生活，电脑中都存储了大量的重要数据，对这些数据进行安全加密，也是防止数据的泄露，保证电脑安全的措施之一。

11.4.1　操作系统登录加密

除了可以在 BIOS 中设置操作系统登录密码外，还可以在 Windows 7 操作系统的"控制面板"中设置操作系统登录密码，下面以在 Windows 7 操作系统中设置登录密码为例介绍具体操作步骤。

微课：操作系统登录加密

STEP 1　打开"控制面板"窗口

单击"开始"按钮，在打开的菜单中选择"控制面板"命令，打开"控制面板"窗口，单击"用户账户和家庭安全"超链接，如图 11-16 所示。

图11-16　打开"控制面板"窗口

STEP 2　更改密码

打开"用户账户和家庭安全"窗口，在"用户账户"栏中单击"更改 Windows 密码"超链接，如图 11-17 所示。

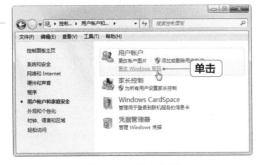

图11-17　更改密码

STEP 3　创建密码

打开"用户账户"窗口，在"更改用户账户"栏中单击"为您的账户创建密码"超链接，如图 11-18 所示。

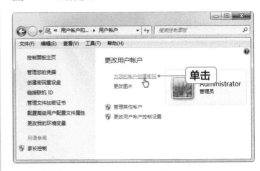

图11-18　创建密码

STEP 4　输入密码

❶打开"创建密码"窗口，在 3 个文本框中分别输入密码和密码提示；❷单击"创建密码"按钮，如图 11-19 所示。

图11-19　输入密码

11.4.2　文件夹加密

文件夹加密的方法很多，除了使用 Windows 系统的隐藏功能外，还可使用应用软件对文件夹进行加密。目前使用较多且最简单的文件夹加密方式是使用压缩软件加密，下面使用 360 压缩软件为文件夹加密，具体操作步骤如下。

微课：文件夹加密

❶在操作系统中找到需要加密的文件夹，在其图标上单击鼠标右键；❷在弹出的快捷菜单中选择"添加到压缩文件"命令，如图 11-20 所示。

图11-20　选择操作

打开 360 压缩的对话框，单击"添加密码"超链接，如图 11-21 所示。

图11-21　添加密码

❶打开"添加密码"对话框，在两个文本框中输入密码；❷单击"确认"按钮，如图 11-22 所示，再单击"立即压缩"按钮即可将文件夹压缩并添加密码。

图11-22　输入密码

11.4.3　隐藏硬盘驱动器

有时为了保护硬盘中的数据和文件夹，可以对某个硬盘驱动器进行隐藏，下面将隐藏驱动器 D，具体操作步骤如下。

微课：隐藏硬盘驱动器

❶在 Windows 7 操作系统界面中单击"开始"按钮；❷在弹出菜单中的"计算机"命令上单击鼠标右键；❸在弹出的快捷菜单中选择"管理"命令，如图 11-23 所示。

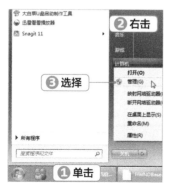

图11-23　选择菜单命令

❶打开"计算机管理"窗口，在左侧的任务窗格中选择"磁盘管理"选项；❷在中间的"磁盘 0"列表框中的"软件 (D:)"驱动器项上单击鼠标右键；❸在弹出的快捷菜单中选择"更改驱动器号和路径"命令，如图 11-24 所示。

图11-24　选择操作

第 11 章　保护多核电脑的安全

STEP 3　删除驱动器号

打开更改驱动器号的对话框，单击"删除"按钮，如图 11-25 所示。

图11-25　删除驱动器号

STEP 4　确认操作

在打开的提示框中确认删除驱动器号的操作，单击"是"按钮，如图 11-26 所示。

STEP 5　完成操作

返回"计算机"窗口，已经看不到驱动器 (D:)，如图 11-27 所示。

图11-26　确认操作

图11-27　完成操作

前沿知识与流行技巧

1. 恢复隐藏的驱动器

在更改驱动器号的对话框中单击"添加"按钮，打开添加驱动号的对话框，单击选中"指派以下驱动器号"单选项，并在右侧的下拉列表中选择一个驱动器号，单击"确定"按钮，即可恢复隐藏的驱动器。

2. 电脑日常安全防御技巧

用户应该尽可能地提高电脑的安全防御水平，下面介绍一些常用的个人电脑安全防御知识。

◎ 杀（防）毒软件不可少：要为电脑安装一套正版的杀毒软件，安装杀毒软件的实时监控程序，定期升级杀毒软件，给操作系统修复相应补丁、升级引擎和病毒定义码。

◎ 分类设置密码并使密码设置尽可能复杂：在不同的场合使用不同的密码，以免因一个密码泄露导致所有资料外泄。对于重要的密码（如网上银行的密码）一定要单独设置，并且不要与其他密码相同。可能的话，定期修改自己的上网密码，至少一个月更改一次。

◎ 不下载来路不明的软件及程序：选择信誉较好的下载网站下载软件，将下载的软件及程序集中放在非引导分区的某个目录中，使用前最好用杀毒软件查杀病毒。不要打开来历不明的电子邮件及其附件，以免遭受病毒邮件的侵害。

◎ 防范间谍软件：通常有以下 3 种方法，一是把浏览器调到较高的安全等级；二是安装防止间谍软件的应用程序；三是对将要在电脑上安装的共享软件进行分类选择。

◎ 定期备份重要数据：对重要的数据进行日常备份操作。

第4部分

第12章

恢复硬盘中丢失的数据

/ 本章导读

对于普通电脑用户来说，硬盘中存储的数据基本是电脑中最重要的物品，所以恢复硬盘中丢失的数据，是一项非常重要的电脑维修技能。本章将介绍硬盘数据恢复的一些基础知识，让普通电脑用户能够学会基本的数据恢复操作。

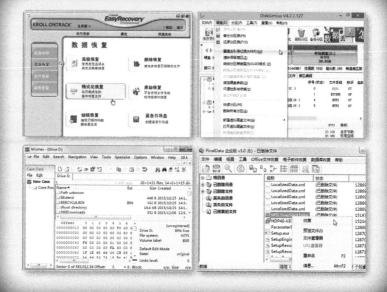

12.1 数据恢复的必备知识

硬盘数据恢复是一项非常重要的电脑维修操作，要想掌握这项操作，首先应该了解数据丢失的原因，然后了解丢失的数据是否能够恢复、哪些类型的数据能够恢复；接着还需要认识比较常用的数据恢复软件，并能够熟练操作这些软件；最后再熟悉硬盘数据恢复的基本流程，不能做一些盲目的无用操作，以免造成数据被覆盖而无法恢复。

12.1.1 造成数据丢失的 4 大原因

造成硬盘数据丢失的原因主要有以下 4 种。

◎ 硬件原因：是指由于电脑存储设备的硬件故障（如硬盘老化、失效）、磁盘划伤、磁头变形、芯片组或其他元器件损坏等造成数据丢失或破坏。通常表现为无法识别硬盘、启动电脑时伴有"咔嚓、咔嚓"或"哐当、哐当"的杂音或电机不转、通电后无任何声音造成读写错误等现象。

◎ 软件原因：是指由于受病毒感染、硬盘零磁道损坏、系统错误或瘫痪造成数据丢失或破坏。通常表现为操作系统丢失、无法正常启动系统、磁盘读写错误、找不到所需要的文件、文件打不开或打开乱码、提示某个硬盘分区没有格式化等。

◎ 自然原因：是指由于自然灾害造成的数据

被破坏（如水灾、火灾、雷击等导致存储数据被破坏或完全丢失），或由于断电、意外电磁干扰造成数据丢失或破坏。通常表现为硬盘损坏或无法识别、找不到文件、文件打不开或打开后乱码等。

◎ 人为原因：是指由于人员的误操作造成的数据被破坏（如误格式化或误分区、误删除或覆盖、不正常退出、人为地摔坏或磕碰硬盘等）。通常表现为操作系统丢失、无法正常启动、找不到所需要的文件、文件打不开或打开后乱码、提示某个硬盘分区没有格式化、硬盘被强制格式化、硬盘无法识别或发出异响等。

12.1.2 哪些硬盘数据可以恢复

由于硬盘数据丢失的原因不同，所以并不是所有丢失的数据都能恢复，想了解哪些硬盘数据可以恢复，就需要了解硬盘数据恢复的原理。

文件是保存在硬盘中的，读取文件时，从硬盘的目录区 DIR 读取了文件的相关信息，如文件名、文件大小、文件的修改日期等，然后就能定位数据的位置，再进行读取。硬盘在记录文件时，先要将文件的这些信息（不包括文件的位置）记录到 DIR 区，之后在 DATA 区选择空间进行放置，并在 DIR 区记录位置。删除文件时，则把 DIR 区文件的第一个字符改为 E5（常规删除，如果用软件覆盖，数据也不能

恢复了），也就是说，文件的数据并没有被删除，这样的数据就能够进行恢复。简单来说就是，删除的数据并没有被删除，只是标记为此处空闲，可以再次写入数据。

总之，通常可以恢复的数据是误删或硬盘逻辑损坏的，数据可能还存在在硬盘上，只是无法访问到而已。如果硬盘是物理损坏、安全擦除，硬盘数据就永远找不回来了。

第 4 部分

12.1.3 6 大常用数据恢复软件

对于普通电脑用户而言，目前有 6 大常用的数据恢复软件可以用来进行数据恢复，使用这些软件也能提高数据恢复的成功率。

◎ EasyRecovery：它是世界著名数据恢复公司 Ontrack 的技术杰作，是一款功能非常强大的硬盘数据恢复工具，能够恢复丢失的数据以及重建文件系统。无论是因为误删除，还是格式化，甚至是硬盘分区丢失导致的文件丢失，EasyRecovery 都可以很轻松地将其恢复，如图 12-1 所示。

图12-1　EasyRecovery

◎ FinalData：FinalData 数据恢复软件能够恢复完全删除的文件和目录，也可以对数据盘中的主引导扇区和 FAT 表损坏丢失的数据进行恢复，还可以对一些病毒破坏的数据文件进行恢复，如图 12-2 所示。

图12-2　FinalData

◎ R-Studio：R-Studio 是一款强大的撤销

删除与数据恢复软件，它有面向恢复文件的最为全面的数据恢复解决方案，适用于各种数据分区；可针对严重毁损或未知的文件系统，也可以用于已格式化、毁损或删除的文件分区的数据恢复，如图 12-3 所示。

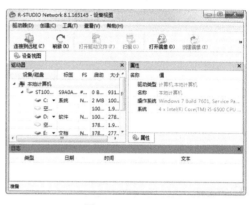

图12-3　R-Studio

◎ WinHex：WinHex 是一款专门用来解决各种日常紧急情况的工具软件，可以用来检查和修复各种文件、恢复删除文件、恢复硬盘损坏造成的数据丢失等。同时它还可以让用户看到其他程序隐藏起来的文件和数据，如图 12-4 所示。

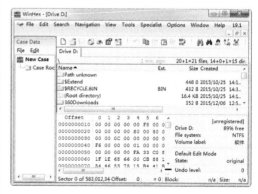

图12-4　WinHex

◎ DiskGenius：DiskGenius 是一款具备基本的分区建立、删除、格式化等磁盘管理功能的硬盘分区软件，同时，它也是一款数据恢复软件，提供了强大的已丢失分区搜索功能、误删除文件恢复功能、误格式化及分区被破坏后的文件恢复功能、分区镜像备份与还原功能、分区复制功能、硬盘复制功能、快速分区功能、整数分区功能、分区表错误检查与修复功能及坏道检测与修复功能。

◎ Fixmbr：Fixmbr 主要用于解决硬盘无法引导的问题，具有重建主引导扇区的功能。Fixmbr 工具专门用于重新构造主引导扇区，只修改主引导区，对其他扇区不进行写操作。有了 Fixmbr 就可以轻松修复硬盘，成功进入系统了。

12.2 恢复丢失的硬盘数据

对于丢失的硬盘数据，普通用户需要进行恢复的对象主要包括各种文件和图片、硬盘的主引导记录扇区、格式化的硬盘分区等，下面就利用不同的数据恢复软件来恢复这些丢失的数据。

12.2.1 使用 FinalData 恢复删除的文件

对于丢失的文件和图片，普通数据恢复软件都具有恢复功能，下面将利用 FinalData 来恢复已经删除的一个图片，具体操作步骤如下。

微课：使用 FinalData 恢复删除的文件

STEP 1　选择驱动器

❶ 启动 FinalData，在工作界面窗口中单击"打开"按钮；❷ 打开"选择驱动器"对话框，在"逻辑驱动器"选项卡中选择"文档（E：）"选项；❸ 单击"确定"按钮，如图 12-5 所示。

图12-5　选择驱动器

STEP 2　设置搜索范围

打开"选择要搜索的簇范围"对话框，设置丢失文件的搜索范围，这里保持默认设置，单击"确定"按钮，如图 12-6 所示。

图12-6　设置搜索范围

STEP 3　选择恢复的文件

❶ FinalData 搜索所有丢失的文件，在左侧的任务窗格中选择"已删除文件"选项；❷ 在右侧的列表框中选择需要恢复的文件，在其上单击鼠标右键；❸ 在弹出的快捷菜单中选择"恢复"命令，如图 12-7 所示。

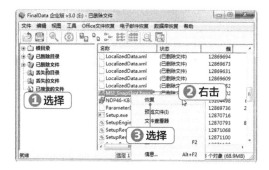

图12-7　选择恢复的文件

STEP 4　选择保存的位置

❶打开"选择要保存的文件夹"对话框，在左侧的列表框中选择保存的位置；❷单击"保存"按钮，如图 12-8 所示。

选择不同的保存位置

　　恢复文件时，通常需要将恢复的文件保存在其他位置（最好是不同的逻辑驱动器），这样可以增加文件恢复成功的几率，防止因为选择相同的保存位置而导致数据无法恢复或恢复失败的情况。

图12-8　选择保存位置

STEP 5　查看恢复的文件

完成恢复后，打开所保存的文件夹，即可看到恢复的文件，如图 12-9 所示。

图12-9　查看恢复的文件

12.2.2 使用 DiskGenius 修复硬盘的主引导记录扇区

　　MBR 是磁盘的主引导记录扇区，如果 MBR 出现错误，就无法进入系统，如开机后屏幕左上角光标一直闪动的情况一般都是主引导记录扇区损坏造成的，需要修复后才能重新进入系统。下面使用 DiskGenius 修复硬盘的主引导记录扇区，具体操作步骤如下。

微课：使用 DiskGenius 修复硬盘的主引导记录扇区

STEP 1　启动 DiskGenius

❶使用 U 盘启动电脑，进入 Windows PE 操作系统，启动 DiskGenius，选择"硬盘"命令；❷在打开的菜单中选择"重建主引导记录（MBR）"命令，如图 12-10 所示。

STEP 2　确认操作

弹出提示对话框，询问用户是否为当前硬盘创建主引导记录，单击"是"按钮，如图 12-11所示。

图12-10　选择命令

图12-11　确认操作

弹出提示对话框，单击"确定"按钮，如图 12-12 所示。

STEP 3　完成修复操作

DiskGenius 开始修复主引导记录，完成后

图12-12　完成修复操作

12.2.3 │ 使用 EasyRecovery 修复 Office 文档

　　Office 软件是目前使用最广泛的文档编辑软件，一旦 Office 文档出现错误无法打开时，就可以利用数据恢复软件进行修复。下面就利用 EasyRecovery 修复 Word 文档，具体操作步骤如下。

微课：使用 EasyRecovery 修复 Office 文档

STEP 1　启动 EasyRecovery

❶启动 EasyRecovery，在工作界面窗口左侧单击"文件修复"选项卡；❷在右侧的列表框中单击"Word 修复"按钮，如图 12-13 所示。

在其中选择文件的保存位置；❸单击"确定"按钮；❹单击"下一步"按钮，如图 12-15 所示。

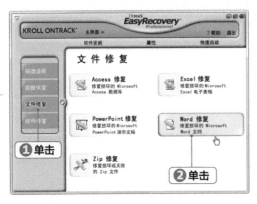

图12-13　启动EasyRecovery

STEP 2　选择修复的文件

❶打开选择修复文件的窗口，在"要修复的文件"栏中单击"浏览文件"按钮；❷打开"打开"对话框，在其中选择需要修复的文件；❸单击"打开"按钮，如图 12-14 所示。

STEP 3　设置文件保存位置

❶在"已修复文件文件夹"栏中单击"浏览文件夹"按钮；❷打开"浏览文件夹"对话框，

图12-14　选择要修复的文件

图12-15　设置文件的保存位置

STEP 4 显示摘要

在打开的窗口中显示修复进程，并打开"摘要"提示框显示修复摘要，单击"确定"按钮，如图 12-16 所示。

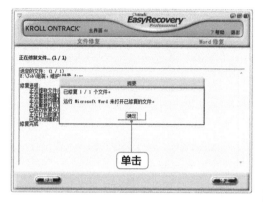

图12-16　显示摘要

STEP 5 完成修复

完成修复后，将在修复窗口中显示修复报告，单击"完成"按钮完成 Word 文档的修复操作，如图 12-17 所示。

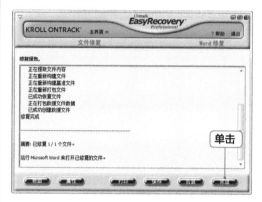

图12-17　完成修复

12.2.4 | 使用 EasyRecovery 恢复被格式化的文件

数据恢复软件还能恢复被格式化的文件，下面就利用 EasyRecovery 恢复被格式化的文件，具体操作步骤如下。

微课：使用 EasyRecovery
恢复被格式化的文件

STEP 1 启动 EasyRecovery

❶启动 EasyRecovery，在工作界面窗口左侧单击"数据恢复"选项卡；❷在右侧的列表框中单击"格式化恢复"按钮，如图 12-18 所示。

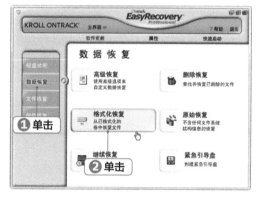

图12-18　启动EasyRecovery

STEP 2 目的地警告

在打开的提示框中进行数据恢复的提示，单击"确定"按钮，如图 12-19 所示。

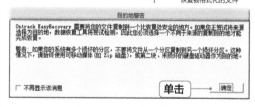

图12-19　目的地警告

STEP 3 选择分区

❶在窗口左侧的列表框中选择格式化数据的分区；❷单击"下一步"按钮，如图 12-20 所示。

STEP 4 扫描数据

EasyRecovery 开始扫描所选分区的数据，这需要较长的时间。

STEP 5 选择恢复的文件

❶扫描完成后，在窗口左侧的列表框中勾选恢复文件对应文件夹前的复选框；❷在右侧的列表框中勾选恢复文件前的复选框；❸单击"下一步"按钮，如图 12-21 所示。

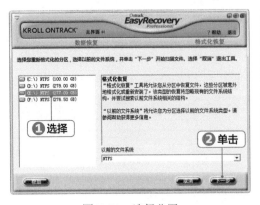

图12-20　选择分区

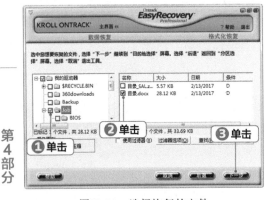

图12-21　选择恢复的文件

STEP 6　设置文件保存位置

❶在"恢复目的地选项"栏中单击"浏览"按钮；❷打开"浏览文件夹"对话框，在其中选择文件的保存位置；❸单击"确定"按钮；❹单击"下

一步"按钮，如图 12-22 所示。

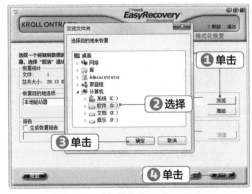

图12-22　设置文件的保存位置

STEP 7　完成恢复

完成恢复后，将显示恢复报告，单击"完成"按钮，如图 12-23 所示。

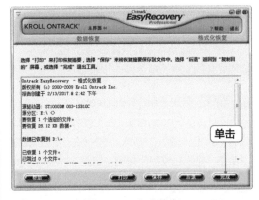

图12-23　完成恢复

第4部分

前沿知识与流行技巧

1. 数据恢复软件使用技巧

使用数据恢复软件的时候需谨慎，选择适合自己使用的、适合当时情况使用的软件，不能一味盲目地使用多个软件进行多次重复操作，尽量避免在数据丢失后进行硬盘的读写操作。

2. 数据备份的重要性

数据恢复并不能保证 100% 完全恢复，所以，对于一些重要的文件还是要进行备份，网络上有很多云网盘，可以选择自己喜欢的网盘，对重要文件进行备份，以防万一，常做备份，也不用担心数据丢失。

第4部分

第13章

多核电脑维修基础

/ 本章导读

　　学习电脑维修首先需要了解电脑维修的基础知识，如电脑故障产生的常见原因，确认和排除电脑故障的方法等，本章将具体介绍这些基础知识。

13.1 导致电脑故障产生的 5 大因素

要排除故障，应先找到产生故障的原因，电脑故障指电脑在使用过程中，遇到的系统不能正常运行或运行不稳定以及硬件损坏或出错等现象。电脑故障是由各种各样的因素引起的，主要包括电脑部件质量差、硬件之间的兼容性差、被病毒或恶意软件破坏、工作环境恶劣和在使用与维护时的错误操作等。

13.1.1 硬件质量问题

生产厂商如果使用一些质量较差的电子元件（甚至使用假冒产品或伪劣部件），很容易引发硬件故障。电脑硬件问题通常表现为以下几个方面。

◎ 电子元件质量较差：有些硬件厂商为了追求更高的利润，使用一些质量较差的电子元件，或减少其数量，导致硬件达不到设计要求，影响产品的质量，甚至造成故障。如一些劣质主板，不但使用劣质电容，做工差，甚至没有散热风扇。

◎ 电路设计缺陷：硬件的电路设计也应该遵循一定的工业标准，如果电路设计有缺陷，在使用过程中很容易导致故障。图 13-1 所示的圆圈部分的飞线显然是由于产品已经生产，无法重新对 PCB 电路进行处理，只有通过飞线来掩盖问题。

图13-1 电路缺陷设计

◎ 假冒产品：不法商家为了获取暴利，用质量很差的元件仿制品牌产品，图 13-2 所示为真假 U 盘的内部对比，下面的假冒产

品不但使用了质量很差的元件，而且偷工减料，如果用户购买到这种产品，轻则引起电脑故障，重则直接损坏硬件。

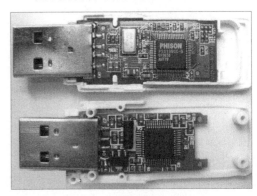

图13-2 真假U盘对比

 知识提示

注意假冒产品

假冒产品有一个很显著的特点就是价格比正常产品便宜很多，因此用户在选购时一定不要贪图便宜，应该多进行对比。选购时应该注意产品的标码、防伪标记和制造工艺等。

13.1.2 | 兼容性问题

兼容性指硬件与硬件、软件与软件以及硬件与软件之间能够相互支持并充分发挥性能的特性。无论是组装的兼容机，还是品牌机，其中的各种软件和硬件都不是由同一厂商生产的，这些厂商虽然都按照统一的标准进行生产，并尽量相互支持，但仍有不少厂商的产品存在兼容性问题。如果兼容性不好，虽然有时也能正常工作，但是其性能却不能很好地发挥出来，还容易引起故障。兼容性问题主要有以下两种表现。

◎ 硬件兼容性：硬件都是由许多不同部件构成的，硬件之间出现兼容性问题，其结果往往是不可调解的。如果存在硬件兼容性问题，通常在电脑组装完成后第一次启动时就会出现故障（如系统蓝屏），解决的方法是更换硬件。

◎ 软件兼容性：软件兼容性问题相对容易解决，下载并安装软件补丁程序即可。软件的兼容性问题主要是由于操作系统因为自身的某些设置而拒绝运行某些软件中的某些程序而引起的。

13.1.3 | 工作环境的影响

电脑中各部件的集成度很高，因此对环境的要求也较高，当所处的环境不符合硬件正常运行的标准时就容易引发故障，其主要因素有如下 5 个。

◎ 灰尘：灰尘附着在电脑元件上，妨碍了元件在正常工作时产生的热量的散发。电路板上的芯片故障，很多都是由灰尘引起的。

◎ 温度：如果电脑的工作环境温度过高，就会影响其散热，甚至引起短路等故障。特别是夏天温度太高时，一定要注意散热。另外，还要避免日光直射到电脑和显示屏上。图 13-3 所示为因温度过高造成的耦合电容烧毁，主板彻底报废。

◎ 电源：交流电的正常范围为 220V ± 10%，频率范围为 50Hz ± 5%，并且应具有良好的接地系统。电压过低，不能供给足够的功率，数据可能被破坏；电压过高，设备的元器件又容易损坏。如果经常停电，应用 UPS 电源保护电脑，使电脑在电源中断的情况下能从容关机。图 13-4 所示为电压过高导致的芯片烧毁。

图13-4 电压过高导致故障

◎ 电磁波：电脑对电磁波的干扰较为敏感，较强的电磁波干扰可能会造成硬盘数据丢

图13-3 温度过高导致故障

失、显示屏抖动等故障。图 13-5 所示为电磁波干扰下颜色失真的显示器。

图13-5　电磁波导致故障

◎　湿度：电脑正常工作对环境湿度有一定的要求，湿度太高会影响电脑配件的性能，

甚至引起一些配件的短路；湿度太低又易产生静电，损坏配件。图 13-6 所示为湿度过低产生静电导致的电容爆浆。

图13-6　湿度过低导致故障

13.1.4　使用和维护不当

有些硬件故障是由于用户操作不当或维护失败造成的，主要有以下 6 个方面。

◎　带电拔插：除了 SATA 和 USB 接口的设备外，电脑的其他硬件都不能在未断电时拔插，带电拔插很容易造成短路，将硬件烧毁。另外，即使按照安全用电的标准，也不应该带电拔插硬件，否则可能对人身造成伤害。图 13-7 所示为带电拔插导致的 I/O 芯片损坏。

图13-7　带电拔插导致故障

◎　带静电触摸硬件：静电有可能造成电脑中

各种芯片的损坏，在维护硬件前应当将自己身上的静电释放掉。另外，在安装电脑时应该将机壳用导线接地，也可起到很好的防静电效果。图 13-8 所示为静电导致主板电源插槽被烧毁。

图13-8　静电导致故障

◎　安装不当：安装显卡和声卡等硬件时，需要将其用螺丝固定到适当位置，如果安装不当，可能导致板卡变形，最后因为接触不良导致故障。

◎ 安装错误：电脑硬件在主板中都有其固定的接口或插槽，如果安装错误，则可能因为该接口或插槽的额定电压不对而造成短路等故障。

◎ 板卡被划伤：电脑中的板卡一般都是分层印刷的电路板，如果被划伤，可能将其中

的电路或线路切断，导致短路故障，甚至烧毁板卡。

◎ 安装时受力不均：电脑在安装时，如果将板卡或接口插入到主板中的插槽时用力不均，可能损坏插槽或板卡，导致接触不良，致使板卡不能正常工作。

13.1.5 电脑病毒破坏

病毒是引起大多数软件故障的主要原因，它们利用软件或硬件的缺陷控制或破坏电脑，使系统运行缓慢、不断重启或使用户无法正常操作电脑，甚至可能造成硬件的损坏。病毒的危害主要有以下几个方面。

◎ 破坏内存：病毒破坏内存的方式主要包括占用大量内存、禁止分配内存、修改内存容量和消耗内存 4 种。病毒在运行时将占用和消耗系统大量的内存资源，导致系统资源匮乏，不能正常地处理数据，进而导致死机。

◎ 破坏文件：病毒破坏文件的方式主要包括重命名、删除、替换内容、颠倒或复制内容、丢失部分程序代码、写入时间空白、分割或假冒文件、丢失文件簇和丢失数据文件等。如果不及时杀毒，受到病毒破坏的文件将不能再次使用。

◎ 影响电脑的运行速度：病毒在电脑中一旦被激活，就会不停地运行，占用电脑大量的系统资源，使电脑的运行速度明显减慢。

◎ 影响操作系统的正常运行：电脑病毒还会破坏操作系统的正常运行，主要表现方式包括自动重启、无故死机、不执行命令、干扰内部命令的执行、打不开文件、虚假报警、占用特殊数据区、强制启动软件和扰乱各种输出 / 输入接口等。

◎ 破坏硬盘：电脑病毒攻击硬盘的主要表现包括破坏硬盘中存储的数据、不能读 / 写磁盘、数据不能交换和不完全写盘等。

◎ 破坏操作系统数据区：由于硬盘的数据区中保存了很多系统的重要数据，电脑病毒对其进行破坏通常会引起毁灭性的后果。病毒主要攻击的是硬盘主引导扇区、BOOT 扇区、FAT 表和文件目录等区域，当这些位置被破坏后，只能通过专业的数据恢复软件来还原数据。

13.2 确认电脑故障的常用方法

在发现电脑出现故障后，首先应确认电脑的故障类型，然后再根据故障类型进行处理，确认电脑故障的常用方法主要有以下几种。

13.2.1 直接观察法

直接观察法是指通过用眼睛看、耳朵听、鼻子闻和手指摸等方法来判断产生故障的位置和原因。

◎ 看：看就是观察，目的是找出故障产生的原因，其主要表现在 5 个方面，一是观察是否有杂物掉进电路板的元件之间，元件上是否有氧化或腐蚀的地方；二是观察各元件的电阻、电容引脚是否相碰、断裂或歪斜；三是观察板卡的电路板上是否有虚焊、元件短路、脱焊和断裂等现象；四是观察各板卡插头与插座的连接是否正常，是否歪斜；五是观察主板或其他板卡的表面是否有烧焦的痕迹、印刷电路板上的铜箔是否断裂、芯片表面是否开裂、电容是否爆开等。

◎ 摸：用手触摸元件表面的温度来判断元件是否正常工作、板卡是否安装到位以及是否出现接触不良等现象，其主要表现在 3 个方面，一是在设备运行时触摸或靠近有关电子部件，如 CPU、主板等的外壳（显示器、电源除外），根据温度粗略判断设备运行是否正常；二是摸板卡，看是否有松动或接触不良的情况，若有应将其固定；三是触摸芯片表面，若温度很高甚至烫手，说明该芯片可能已经损坏了。

◎ 听：用耳朵听是指当电脑出现故障时，很可能会出现异常的声音。通过听电源和 CPU 的风扇、硬盘和显示器等设备工作时产生的声音，也可以判断是否产生故障及产生故障的原因。另外，如果电路发生短路，也会发出异常的声音。

◎ 闻：有时电脑出现故障，并且有烧焦的气味，这种情况说明某个电子元件已被烧毁，应尽快寻找气味源确定故障区域，并排除故障。

13.2.2 POST 卡测试法

POST 卡测试法是指通过 POST 卡、诊断测试软件及其他一些诊断方法来分析和排除电脑故障的方法，使用这种方法判断电脑故障具有快速而准确的优点。

◎ 诊断测试软件：诊断测试软件很多，如常用的 Windows 优化大师、超级兔子和专业图形测试软件 3DMark 等。例如，PCMark 是由 PC Magazine 的 PC Labs 公司出版的一款系统综合性测试软件，PCMagazine 是美国最大的 IT 杂志，每年都对笔记本电脑、台式机和一些电脑的周边设备进行测试，具有很好的口碑。

多学一招

其他可以检测故障的软件

各种安全防御软件，如病毒查杀软件和木马查杀软件也可以作为测试软件的一种，因为电脑安全受到威胁，同样也会出现各种故障，通过它们也能对电脑是否存在故障进行检查和判断。

◎ 诊断测试卡：诊断测试卡也叫 POST 卡

（Power On Self Test，加电自检），如图 13-9 所示，其工作原理是利用主板中 BIOS 内部程序的检测结果，通过主板诊断卡代码显示出来，结合诊断卡的代码含义速查表就能快速了解电脑故障所在。尤其在电脑不能引导操作系统、黑屏、喇叭不响时使用诊断测试卡，更能体现其优点。

图13-9　POST卡

13.2.3 | 清洁灰尘法

电脑在使用过程中，机箱内部容易积聚灰尘，影响主机部件的散热和正常运行。通过对机箱内部的灰尘进行清理，也可确认并清除一些故障。另外，显卡和内存条的金手指很容易发生氧化并导致故障，通过清洁可轻松排除氧化故障。

◎ 清洁灰尘：灰尘可能引起电脑故障，所以保持电脑的清洁，特别是机箱内部各硬件的清洁是很重要的。清洁时可用软毛刷刷掉主板上的灰尘，也可使用吹气球清除机箱内各部件上的灰尘，或使用清洁剂清洁主板和芯片等精密部件上的灰尘。

◎ 去除氧化：用专业的清洁剂先擦去表面氧化层，如果没有清洁剂，用橡皮擦也可以。重新插接好后开机检查故障是否排除，如果故障依旧存在，则证明是硬件本身出现了问题。这种方法对解决元件老化、接触不良和短路等造成的故障相当有效。

13.2.4 | 拔插法

拔插法是一种比较常用的判断故障的方法，其主要是通过拔插板卡后观察电脑的运行状态来判断故障产生的位置和原因。如果拔出其他板卡，使用主板、CPU、内存和显卡的最小化系统仍然不能正常工作，那么故障很有可能是由主板、CPU、内存或显卡引起的。通过拔插法还能解决一些由板卡与插槽接触不良所造成的故障。

13.2.5 | 对比法

对比法是指同时运行两台配置相同或类似的电脑，比较正常电脑与故障电脑在执行相同操作时的不同表现，或对比各自的设置来判断故障产生的原因。这种方法在企业或单位电脑出现故障时比较常用，因为企业或单位的电脑通常配置相同，使用这种方法检测故障比较方便快捷。

13.2.6 | 万用表测量法

在故障排除中，对电压和电阻进行测量也可以判断相应的部件是否存在故障。对电压和电阻的测量需要使用万用表，如果测量出某个元件的电压或电阻不正常，说明该元件可能存在故障。用万用表测量电压和电阻的最大优点是不需要将元件取下或仅需要部分取下就可以判断元件是否正常，所以应用十分普遍。

13.2.7 | 替换法

替换法是一种通过使用相同或相近型号的板卡、电源、硬盘和显示器以及外部设备等部件替换原来的部件以分析和排除故障的方法，替换部件后如果故障消失，就表示被替换的部件存在问题。替换法主要有以下两种。

◎ 将电脑硬件替换到另一台运行正常的电脑上试用，正常则说明该硬件没有问题；如果不正常，说明该硬件可能存在故障。

◎ 用正常的同型号的电脑部件替换电脑中可能出现故障的部件，如果电脑使用正常，说明该部件有故障；如果故障依旧，则问题不在该部件上。

13.2.8 | 最小系统法

最小系统就是由最少的部件组成的能正常运行的电脑系统。最小系统法是指在电脑启动时只安装最基本的部件，包括 CPU、主板、显卡和内存，连接上显示器和键盘，如果电脑能够正常启动，表明核心部件没有问题，然后逐步安装其他设备，这样可快速找出产生故障的部件。使用最小系统法如果不能启动电脑，则表示核心部件存在故障，可根据发出的报警声来分析和排除故障。

13.3 电脑维修基础

在确认电脑的故障之后，可根据排除故障的基本步骤来排除故障，在排除故障之前，还需要了解排除故障的基本原则和一些注意事项。

13.3.1 | 电脑维修的 8 大基本原则

电脑维修时，应遵循正确的处理原则，切忌盲目动手，以免造成故障的扩大化。电脑维修的基本原则大致有以下 8 点。

◎ 仔细分析：在动手处理故障之前，应先根据故障的现象分析该故障的类型，确定应用哪种方法进行处理。切忌盲目动手，扩大故障。

◎ 先软后硬：电脑故障包括硬件故障和软件故障，而排除软件故障比硬件故障更容易，所以排除故障应遵循"先软后硬"的原则，即首先分析操作系统和软件是否是故障产生的原因，通过检测软件或工具软件排除软件故障的可能，然后再开始检查硬件的故障。

◎ 先外后内：指首先检查外部设备是否正常（如打印机、键盘、鼠标等是否存在故障），然后查看电源、信号线的连接是否正确，再排除其他故障，最后再拆卸机箱检查内部的主机部件是否正常，尽可能不盲目拆卸部件。

◎ 多观察：即充分了解电脑所用的操作系统和应用软件，以及产生故障部件的工作环境、要求和近期所发生的变化等情况。

◎ 先假后真：有时候电脑并没有出现真正的故障，只是由于电源没开或数据线没有连接等原因造成故障"假象"，排除故障时应先确定该硬件是否确实存在故障，检查各硬件之间的连线是否正确、安装是否正确，在排除假故障后才将其作为真故障处理。

◎ 归类演绎：在处理故障时，应善于运用已掌握的知识或经验将故障进行分类，然后寻找相应的方法进行处理。在故障处理之后还应认真记录故障现象和处理方法，以便日后查询，并借此不断提高自己的故障处理水平。

◎ 先电源后部件：主机电源是电脑正常运行的关键，遇到供电等故障时，应先检查电源连接是否松动、电压是否稳定、电源工作是否正常等，再检查主机电源功率能否使各硬件稳定运行，然后检查各硬件的供电及数据线连接是否正常。

◎ 简单后复杂：先对简单易修的故障进行排除，再对困难的、较难解决的故障进行排除。有时将简单故障排除之后，较难解决的故障也会变得容易排除。但是如果是电路虚焊和芯片故障，就需要专业维

修人员进行维修，贸然维修可能导致硬件 | 报废。

13.3.2 | 判断电脑故障的一般步骤

在电脑出现故障时，首先需要判断问题出在哪个方面，如系统、内存、主板、显卡和电源等问题，如果无法确定，则需要按照一定的顺序来确认故障。图 13-10 所示为一台电脑从开机到使用的过程中判断故障所在部位的基本方法。

图13-10　判断故障的一般步骤

13.3.3 | 电脑维修的注意事项

电脑维修时，还有一些具体的操作需要注意，以保证电脑故障能顺利排除。

1. 保证良好的工作环境

在进行故障排除时，一定要保证良好的工作环境，否则可能会因为环境因素的影响造成故障排除不成功，甚至扩大故障。一般在排除故障时应注意以下两个方面。

◎ 洁净明亮的环境：洁净的目的是避免将拆卸下来的电子元件弄脏，影响故障的判断；保持环境明亮的目的是便于对一些较小的电子元件的故障进行排除。

◎ 远离电磁环境：电脑对电磁环境的要求较高，在排除故障时，要注意远离电磁场较强的大功率电器，如电视和冰箱等，以免这些电磁场对故障排除产生影响。

2. 安全操作

安全性主要是指排除故障时，用户自身的安全和电脑的安全。电脑所带的电压足以对人体造成伤害，要做到安全排除电脑故障，应该注意以下两个安全问题。

◎ 不带电操作：在拆卸电脑进行检测和维修时，一定要先将主机电源断开，然后做好相应的安全保护措施。除 SATA 接口和 USB 接口的硬件外，不要进行热拔插，以保证设备和自身的安全。

◎ 小心静电：为了保护自身和电脑部件的安全，在进行检测和维修之前应将手上的静电释放，最好戴上防静电手套。

3. 小心"假"故障

电脑维修有一条"先假后真"的基本原则，指有时候电脑会出现一些由于操作不当造成的"假"故障。造成这种现象的因素主要有以下4个方面。

◎ 电源开关未打开：有些初学者，一旦显示器不亮就认为出现故障，有时可能是显示器的电源没有打开。电脑许多部件都需要单独供电，如显示器，工作时应先打开其电源。如果启动电脑后这些设备无反应，首先应检查是否已打开电源。

◎ 操作和设置不当：对于初学者来说，操作和设置不当引起的假故障表现得最为明显。对基本操作和设置的细节问题不太注意，很容易导致"假"故障现象的出现，如不小心删除拨号连接不能上网认为是网卡故障，设置了系统休眠认为是电脑黑屏等。

◎ 数据线接触不良：各种外设与电脑之间，以及主机中各硬件与主板之间，都是通过数据线连接的，数据线接触不良或脱落都会导致某个设备工作不正常。如系统提示"未发现鼠标"或"找不到键盘"，那么首先应检查鼠标或键盘与电脑的接口是否有松动的情况。

◎ 对正常提示和报警信息不了解：操作系统的智能化程度逐步提高，一旦某个硬件在使用过程中遇到异常情况，系统就会给出一些提示和报警信息，如果不了解这些正常的提示或报警信息，就会认为设备出了故障。如U盘虽然可以热插拔，但Windows 7 中有热插拔的硬件提示，退出时应该先单击■按钮，在系统提示可以安全地移除硬件时，才能拔去U盘，如果直接拔出U盘，可能因电流冲击损坏U盘。

前沿知识与流行技巧

1. 电脑维修前收集资料

在找到故障的根源后，就需要收集该硬件的相关资料，主要包括电脑的配置信息、主板型号、CPU 型号、BIOS 版本、显卡的型号和操作系统版本等，该操作有利于判断是否是由兼容性问题或版本问题引起的故障。另外，到网上收集该类故障排除的相关方法，借鉴别人的经验，有可能找到更好更快的故障排除方案。

2. 笔记本电脑的正确携带方式

不正确的携带和保存会使得笔记本电脑受到损伤，所以，正确的携带保存也是笔记本电脑日常维护的重要内容。笔记本电脑的正确携带方式介绍如下。

◎ 携带电脑时使用专用电脑包。

◎ 不要与其他部件、衣服或杂物堆放一起，以免电脑受到挤压或刮伤。

◎ 旅行时随身携带请勿托运，以免电脑受到碰撞或跌落。

◎ 待电脑完全关机后再装入电脑包，防止电脑过热损坏。在未完全关机时，直接合上液晶屏可能会造成系统关机不彻底。

◎ 在温差变化较大时（指在内外温差超过10℃时，如室外温度为0℃，突然进入25℃的房间内），建议不要马上开机，温差较大容易引起电脑损坏甚至开不了机。

第 14 章

多核电脑维修实操

/ 本章导读

　　本章将介绍具体的电脑维修实例，帮助大家学习电脑维修的相关知识和操作。

14.1 认识多核电脑 3 大常见故障

要学会排除故障，就需要认识一些常见的电脑故障。电脑常见的故障包括死机、蓝屏和自动重启等，导致这些故障的原因很多，下面进行具体讲解。

14.1.1 死机故障

死机是指由于无法启动操作系统，画面"定格"无反应，鼠标、键盘无法输入，软件运行非正常中断等情况。造成死机的原因一般分为硬件与软件两方面。

1. 硬件原因造成的死机

由硬件引起的死机主要有以下一些原因。

◎ 内存故障：主要是内存条松动、虚焊或内存芯片本身质量所致。

◎ 内存容量不够：内存容量越大越好，最好不小于硬盘容量的 0.5% ~ 1%，过小的内存容量会使电脑不能正常处理数据，导致死机。

◎ 软硬件不兼容：三维设计软件和一些特殊软件可能在有的电脑中不能正常启动或安装，其中可能有软硬件兼容方面的问题，这种情况可能会导致死机。

◎ 硬件资源冲突：声卡或显卡的设置冲突会引起异常错误导致死机。此外，硬件的中断、DMA 或端口出现冲突，会导致驱动程序产生异常，从而导致死机。

◎ 散热不良：显示器、电源和 CPU 在工作中发热量非常大，因此保持良好的通风状态非常重要。工作时间太长容易使电源或显示器散热不畅，从而造成电脑死机，另外，CPU 的散热不畅也容易导致电脑死机。

◎ 移动不当：电脑在移动过程中受到很大震动，常常会使内部硬件松动，从而导致接触不良，引起电脑死机。

◎ 硬盘故障：老化或使用不当可能造成硬盘产生坏道、坏扇区，电脑在运行时就容易死机。

◎ 设备不匹配：如主板主频和 CPU 主频不匹配，就可能无法保证电脑运行的稳定性，因而导致频繁死机。

◎ 灰尘过多：机箱内灰尘过多也会引起死机故障，如软驱磁头或光驱激光头沾染过多灰尘后，会导致读写错误，严重时会引起电脑死机。

◎ 劣质硬件：少数不法商家在组装电脑时使用质量低劣的硬件，甚至出售假冒和返修过的硬件，这样的电脑在运行时很不稳定，发生死机也很频繁。

◎ CPU 超频：超频提高了 CPU 的工作频率，同时，也可能使其性能变得不稳定。其原因是 CPU 在内存中存取数据的速度快于内存与硬盘交换数据的速度，超频使这种矛盾更加突出，加剧了在内存或虚拟内存中找不到所需数据的情况，这样就会"异常错误"，最后导致死机。

2. 软件原因造成的死机

由软件引起的死机主要有以下一些原因。

◎ 病毒感染：病毒可以使电脑工作效率急剧下降，造成频繁死机的现象。

◎ 使用盗版软件：很多盗版软件可能隐藏着病毒，一旦执行，会自动修改操作系统，使操作系统在运行中出现死机故障。

◎ 软件升级不当：在升级软件的过程中通常会对共享的一些组件也进行升级，但是其他程序可能不支持升级后的组件从而导致

第 4 部分

死机。

◎ 非法操作：用非法格式或参数非法打开或释放有关程序，也会导致电脑死机。

◎ 启动的程序过多：这种情况会使系统资源消耗殆尽，个别程序需要的数据在内存或虚拟内存中找不到，也会出现异常错误。

◎ 非正常关闭电脑：不要直接使用机箱上的电源按钮关机，否则可能造成系统文件损坏或丢失，使电脑在自动启动或运行中死机。

◎ 滥用测试版软件：软件与软件之间很容易发生故障，最好安装最新版本软件；如果是与操作系统发生冲突，则可安装软件所需的操作系统或从网上下载软件的补丁。

◎ 误删系统文件：如果系统文件遭破坏或被误删除，即使在 BIOS 中各种硬件设置正确无误，也会造成死机或无法启动。

◎ 应用软件缺陷：这种情况非常常见，如在 Windows 8 操作系统中运行在 Windows XP 中运行良好的 32 位系统的应用软件，Windows 8 是 64 位的操作系统，尽管兼容 32 位系统的软件，但有许多地方无法与 32 位系统的应用程序协调，所以可能导致死机。还有一些情况，如在 Windows XP 中正常使用的外设驱动程序，当操作系统升级到 64 位的 Windows 系统后，可能会出现问题，使系统死机或不能正常启动。

◎ 非法卸载软件：删除软件时不要把软件安装所在的目录直接删除，因为这样就不能删除注册表和 Windows 目录中的相关文件，系统也会因不稳定而引起死机。

◎ BIOS 设置不当：该故障现象很普遍，硬盘参数设置、模式设置、内存参数设置不当会导致电脑无法启动。如将无 ECC 功能的内存设置为具有 ECC 功能，这样就会因内存错误而造成死机。

◎ 内存冲突：有时电脑会突然死机，重新启动后运行这些应用程序又十分正常，这是一种假死机现象，原因大多是内存资源冲突。通常应用软件是在内存中运行，而关闭应用软件后即可释放内存空间。但是有些应用软件由于设计原因，即使在软件关闭后也无法彻底释放内存，当下一软件需要使用这一块内存地址时，就会出现冲突。

3. 预防死机故障的方法

对于系统死机的故障，可以通过以下一些方法进行处理。

◎ 在同一个硬盘中不要安装多个操作系统。

◎ 在更换电脑硬件时一定要插好，防止接触不良引起系统死机。

◎ 在运行大型应用软件时，不要在运行状态下退出之前运行的程序，否则会引起系统死机。

◎ 在应用软件未正常退出时，不要关闭电源，否则可能会造成系统文件损坏或丢失，引起自动启动或者运行中死机。

◎ 设置硬件设备时，最好检查有无保留中断号（IRQ），不要让其他设备使用该中断号，否则可能会引起中断冲突，从而造成系统死机。

◎ CPU 和显卡等硬件不要超频过高，要注意散热和温度。

◎ 最好配备稳压电源（UPS），以免电压不稳引起死机。

◎ BIOS 设置要恰当，虽然建议将 BIOS 设置为最优，但所谓最优并不是最好的，有时最优的设置反倒会引起电脑自动启动或者运行死机。

◎ 来历不明的移动存储设备不要轻易使用；对电子邮件中所带的附件，要用杀毒软件检查后再使用，以免感染病毒导致死机。

◎ 在安装应用软件的过程中，若出现对话框询问"是否覆盖文件"，最好选择不要覆盖。因为通常当前系统文件是最好的，不能根据时间的先后来决定覆盖文件。

◎ 在卸载软件时，不要删除共享文件，因为某些共享文件可能被系统或者其他程序使用，一旦删除这些文件，会使其他应用软件无法启动而死机。

◎ 在加载某些软件时，要注意先后次序，由于有些软件编程不规范，因此要避免优先运行，建议放在最后运行，这样才不会引起系统管理的混乱。

14.1.2 蓝屏故障

电脑蓝屏又叫蓝屏死机（Blue Screen Of Death，BSOD），指的是 Windows 操作系统无法从一个系统错误中恢复过来时所显示的屏幕图像，是一种比较特殊的死机故障。

1. 蓝屏的处理方法

蓝屏故障产生的原因往往为不兼容的硬件和驱动程序、有问题的软件和病毒等，这里提供了一些常规的解决方案，在遇到蓝屏故障时，应先对照这些方案进行排除，下列内容对安装 Windows Vista、Windows 7、Windows 8 和 Windows 10 的用户都有帮助。

◎ 重新启动电脑：蓝屏故障有时只是某个程序或驱动偶然出错引起的，重新启动电脑后即可自动恢复。

◎ 检测系统日志：运行"EventVwr.msc"命令启动事件查看器，检查其中的"系统日志"和"应用程序日志"中表明"错误"的选项。

◎ 检查病毒：如"冲击波"和"振荡波"等病毒有时会导致 Windows 蓝屏死机，因此查杀病毒必不可少。另外，一些木马也会引发蓝屏，最好用相关工具软件扫描。

◎ 检查硬件和驱动：检查新硬件是否插牢，这是容易被人忽视的问题。如果确认没有问题，将其拔下，然后换个插槽试试，并安装最新的驱动程序，同时还应对照 Microsoft 官方网站的硬件兼容类别检查硬件是否与操作系统兼容。如果该硬件不在兼容表中，那么应到硬件厂商网站进行查询，或者拨打电话咨询。

◎ 新硬件和新驱动：如果刚安装完某个硬件的新驱动，或安装了某个软件，而它又在系统服务中添加了相应项目（如杀毒软件、CPU 降温软件和防火墙软件等），在重启或使用中出现了蓝屏故障，可到安全模式中卸载或禁用该驱动或服务。

◎ 运行"sfc/scannow"：运行"sfc/scannow"命令检查系统文件是否被替换，然后用系统安装盘来恢复。

◎ 安装最新的系统补丁和 Service Pack：有些蓝屏是 Windows 本身存在缺陷造成的，可通过安装最新的系统补丁和 Service Pack 来解决。

◎ 查询停机码：把蓝屏中的内容记录下来，进入 Microsoft 帮助与支持网站输入停机码，有可能找到有用的解决案例。另外，也可在百度或 Google 等搜索引擎中使用蓝屏的停机码搜索解决方案。

◎ 最后一次正确配置：一般情况下，蓝屏都是出现在更新硬件驱动或新加硬件并安装驱动后。这时 Windows 提供的"最后一次正确配置"功能就是解决蓝屏故障的快捷方式，重新启动操作系统，在出现启动菜单时按【F8】键调出高级启动选项菜单，选择"最后一次正确配置"选项进入系统即可。

◎ 检查 BIOS 和硬件兼容性：新组装的电脑容易出现蓝屏问题，应该检查并升级 BIOS 到最新版本，同时关闭其中的内存相关项，如缓存和映射。另外，还应该对照 Microsoft 的硬件兼容列表检查硬件。如果主板 BIOS 无法支持大容量硬盘，也可能导致蓝屏，对其进行升级即可解决。

第 4 部分

2. 预防蓝屏故障的方法

对于系统蓝屏的故障，可以通过以下一些方法进行预防。

◎ 定期升级操作系统、软件和驱动。

◎ 定期对重要的注册表文件进行备份，避免系统出错后因未能及时替换成备份文件而产生不可挽回的损失。

◎ 定期用杀毒软件进行全盘扫描，清除病毒。

◎ 尽量避免非正常关机，减少重要文件的丢失，如 .dll 文件等。

◎ 对普通用户而言，系统能正常运行，可不必升级显卡、主板的 BIOS 和驱动程序，避免升级造成故障。

◎ 如果不是内存特别大，管理程序非常优秀，应尽量避免大程序同时运行。

◎ 定期检查优化系统文件，运行"系统文件检查器"进行文件丢失检查及版本校对。

◎ 减少无用软件的安装，尽量不手动卸载或删除程序，减少非法替换文件和指向错误故障的出现。

14.1.3 | 自动重启故障

自动重启是指在没有进行任何启动电脑的操作时，电脑自动重新启动，诊断和处理方法如下。

1. 由软件原因引起的自动重启

软件原因引起的自动重启比较少见，通常有以下两种。

◎ 病毒控制："冲击波"病毒运行时会提示系统将在 60 秒后自动启动，这是因为木马程序从远程控制了电脑的一切活动，并设置电脑重新启动。排除方法为清除病毒、木马或重装系统。

◎ 系统文件损坏：操作系统文件被破坏，如 Windows 下的 kernel32.dll，系统会在启动时因无法完成初始化而强制重新启动。排除方法为覆盖安装或重装操作系统。

2. 由硬件原因引起的自动重启

硬件原因是引起电脑自动重启的主要因素，通常有以下几种。

◎ 电源因素：组装电脑时选购价格便宜的电源，是引起系统自动重启的最大嫌疑之一，这种电源可能由于输出功率不足、直流输出不纯、动态反应迟钝和超额输出等原因，导致电脑经常性死机或重启。排除方法为更换大功率电源。

◎ 内存因素：通常有两种情况，一种是热稳定性不强，开机后温度一旦升高就死机或重启；另一种是芯片轻微损坏，当运行一些 I/O 吞吐量大的软件（如媒体播放、游戏、平面 /3D 绘图）时就会重启或死机。排除方法为更换内存。

◎ CPU 因素：通常有两种情况，一种是由于机箱或 CPU 散热不良；另一种是 CPU 内部的一二级缓存损坏。排除方法为在 BIOS 中屏蔽二级缓存（L2）或一级缓存（L1），或更换 CPU。

◎ 外接卡因素：通常有两种情况，一种是做工不标准或品质不良；另一种是接触不良。排除方法为重新拔插板卡，或更换产品。

◎ 外设因素：通常有两种情况，一种是外部设备本身有故障或者与电脑不兼容；另一种是热拔插外部设备时抖动过大，引起信号或电源瞬间短路。排除方法为更换设备，或找专业人员维修。

◎ 光驱因素：通常有两种情况，一种是内部电路或芯片损坏导致主机在工作过程中突然重启；另一种是光驱本身的设计不良，会在读取光盘时引起重启。排除方法为更换设备，或找专业人员维修。

◎ RESET 开关因素：通常有 3 种情况，一种是内 RESET 键损坏，开关始终处于闭合位置，系统无法加电自检；一种是当 RESET 开关弹性减弱，按钮按下去不易弹起时，就会出现开关稍有振动就闭合现象，导致系统复位重启；一种是机箱内的 RESET 开关引线短路，导致主机自动重启。排除方法为更换开关。

3. 由其他原因引起的自动重启

还有一些非电脑自身原因也会引起自动重启，通常有以下几种情况。

◎ 市电电压不稳：通常有两种情况，一种是由于电脑的内部开关电源工作电压范围一般为 170~240V，当市电电压低于 170V 时，就会自动重启或关机，排除方法为添加稳压器（不是 UPS）或 130~260V 的宽幅开关电源；另一种是电脑和空调、冰箱等大功耗电器共用一个插线板，在这些电器启动时，供给电脑的电压就会受到很大的影响，往往就表现为系统重启，排除方法为把供电线路分开。

◎ 强磁干扰：既有来自机箱内部 CPU 风扇、机箱风扇、显卡风扇、显卡、主板和硬盘的干扰，也有来自外部的动力线、变频空调甚至汽车等大型设备的干扰，如果主机的抗干扰性能差或屏蔽不良，就会出现主机意外重启或频繁死机的现象。排除方法为远离干扰源，或更换防磁机箱。

14.2 多核电脑故障维修实例

要真正了解电脑故障维修，最好的方法是在实际操作中学习，下面就以排除电脑故障的具体操作为例，讲解排除故障的相关知识。

14.2.1 CPU 故障维修实例

下面介绍如何排除常见的 CPU 故障。

1. 温度太高导致系统报警

故障表现：电脑新升级了主板，在开始格式化硬盘时，系统喇叭发出刺耳的报警声。

故障分析与排除：打开机箱，用手触摸 CPU 的散热片，发现温度不高，主板的主芯片也只是微温。仔细检查一遍，没有发现问题。再次启动电脑，在 BIOS 的硬件检测里查看 CPU 的温度为 95℃，但是用手触摸 CPU 的散热片却没有一点温度，说明 CPU 有问题。通常主板测量的是 CPU 的内核温度，而有些没有使用原装风扇的 CPU 的散热片和内核接触不好，造成内核的温度很高，而散热片却是正常的温度。拆下 CPU 的散热片，发现散热片和芯片之间贴着一片像塑料的东西，清除粘在芯片上的塑料，然后涂一层硅脂，再安装好散热片，重新插到主板上检查 CPU 温度，一切正常。

2. CPU 使用率高达 100%

故障表现：在使用 Windows 7 操作系统时，系统运行变慢，查看"任务管理器"发现 CPU 占用率达到 100%。

故障分析与排除：经常出现 CPU 占用率达 100% 的情况，主要可能是由以下原因引起。

◎ 防杀毒软件造成故障：很多杀毒软件都加入了对网页、插件和邮件的随机监控功能，这无疑增大了操作系统的负担，造成 CPU 占用率达到 100% 的情况。应使用最少的实时监控服务，或升级硬件配置，如增加内存或使用更好的 CPU。

◎ 驱动没有经过认证造成故障：现在网络中有大量测试版的驱动程序，安装后会引起难以发现的故障，尤其是显卡驱动要特别注意。排除这种故障，建议使用 Microsoft 认证的或由官方发布的相应驱动程序进行替换，并且严格核对型号和版本。

◎ 病毒或木马破坏造成故障：如果大量的蠕虫病毒在系统内部迅速复制，很容易造成 CPU 占用率居高不下的情况。解决办法是用可靠的杀毒软件彻底清理系统内存和本地硬盘，并且打开系统设置软件，查看有无异常启动的程序。

◎ "svchost" 进程造成故障："svchost.exe" 是 Windows 操作系统的一个核心进程，在 Windows XP 中，svchost.exe 进程的数目一般为 4 个或 4 个以上，Windows 7 中则更多，最多可达 17 个。如果该进程过多，很容易使 CPU 的占用率提高。要解决这一问题，只需将多余的进程关闭即可。

14.2.2 | 主板故障维修实例

下面介绍如何排除常见的主板故障。

1. 主板变形导致无法工作

故障表现：在对一块主板进行维护清洗后，发现主板电源指示灯不亮，电脑无法启动。

故障分析与排除：由于进行了主板清洗，所以怀疑是水没有清除干净，导致电源损坏。更换电源后，故障仍然存在，于是怀疑电源对主板供电不足，导致主板不能正常通电工作。换一个新的电源后，故障仍然没有排除，最后怀疑安装主板时螺丝拧得过紧引起主板变形。将主板拆下，仔细观察后发现主板已经发生了轻微变形，主板两端向上翘起，而中间相对下陷，这很可能就是引起故障的原因。将变形的主板矫正，再将其装入机箱，通电后故障排除。

2. 电容故障导致无法开机

故障表现：有一块主板，使用两年多后突然指示灯不亮，表现为打开电源开关后，电源风扇和 CPU 风扇都在工作，但是光驱、硬盘没有反应，等上几分钟后电脑才能加电启动，启动后一切正常。重新启动也没有问题，但是一关闭电源，重新启动后，又会重复以上情况。

故障分析与排除：开始认为是电源问题，替换后故障依旧，更换主板后一切正常，说明是主板有问题。从故障现象分析，主板在加电后可以正常工作，说明主板芯片正常，问题可能出在主板的电源部分。但是电源风扇和 CPU 风扇运转正常，说明总供电正常。加电运行几分钟后断电，经闻无异味，手摸电源部分的电子元件（主要是电容、电感、电源稳压 IC），发现 CPU 旁的几个电容、电感温度极高。因为电解电容长期在高温下工作会造成电解质变质，从而使容量发生变化，所以判断是这两个电容有问题导致故障。排除故障的方法是仔细地将损坏的电容焊下，将新的电容重新焊上去，焊好电容后，不要安装 CPU，应该先加电测试，几分钟后温度正常。再装上 CPU 后加电，屏幕立刻就亮了。多试几次，并注意电容的温度，连续开机几小时也没出现问题，即表示故障排除。

3. CMOS 电压不足导致 BIOS 设置无法保存

故障表现：一台某品牌电脑在添加了专业设备后，需要进入 BIOS 中对一些设置进行改动，修改参数后保存退出。重新启动电脑，发现新增加的设备无法使用。随即又进入 BIOS，发现刚才改动的设置又恢复为初始值。再次对这些参数进行设置，确认并保存操作后才出 BIOS，但 BIOS 设置还是无法保存。

故障分析与排除：怀疑是主板故障，仔细检查所有部件后也没发现问题。最后用万用表测量主板上的电池，发现电池电压不足，更换

电池后重新启动电脑，进入 BIOS 进行一些改动后保存退出。进入 Windows 检查，新增的设备能够正常运行。

14.2.3　内存故障维修实例

下面介绍如何排除常见的内存故障。

1. 金手指氧化导致文件丢失

故障表现：一台电脑安装的是 Windows 7 操作系统，一次在启动电脑的过程中提示"pci.sys"文件损坏或丢失。

故障分析与排除：首先怀疑是操作系统损坏，准备利用 Windows 7 的系统故障恢复控制台来修复，可是用 Windows 7 的安装光盘启动进入系统故障恢复控制台后系统死机。由于曾用 Ghost 给系统做过镜像，所以用 U 盘启动进入 DOS，运行 Ghost 将以前保存在 D 盘上的镜像恢复，重启后系统还是提示文件丢失。最后只能格式化硬盘重新安装操作系统，但是在安装过程中，频繁地出现文件不能正常复制的提示，安装不能继续。最后进入 BIOS，将其设置为默认值（此时内存测试方式为完全测试，即内存每兆容量都要进行测试）后重启准备再次安装，但是在进行内存测试时发出报警声，

内存测试没有通过。将内存取下后发现内存条上的金手指已有氧化痕迹，用橡皮擦将其擦除干净，重新插入主板的内存插槽中，启动电脑自检通过，再恢复原来的 Ghost 镜像文件，重新启动，故障排除。

2. 散热不良导致死机

故障表现：为了更好地散热，将 CPU 风扇更换为超大号，结果使用一段时间后就死机，格式化并重新安装操作系统后故障仍然存在。

故障分析与排除：由于重新安装过操作系统，确定不是软件方面的原因，打开机箱后发现，CPU 风扇离内存太近，其散出的热风直接吹向内存条，造成内存工作环境温度太高，导致内存工作不稳定，以致死机。将内存重新插在离 CPU 风扇较远的插槽上，重启后死机现象消失。

14.2.4　硬盘故障维修实例

下面介绍如何排除常见的硬盘故障。

1. 硬盘受潮不能使用

故障表现：电脑正常自检完成后，读取硬盘时声音大而沉闷，并显示"1701 Error.Press F1 key to continue"，按【F1】键后出现"Boot disk failure type key to retry"提示，当按任意键重试时死锁。用光盘启动时，也显示"1701 Error.Press F1 key to continue"，按【F1】键后光盘启动成功，却无法进入硬盘，并显示"Invalid drive specification"。

故障分析与排除：系统提示"1701"错误

代码，表示在通电自检过程中已经检测到硬盘存在故障，用高级诊断盘测试硬盘，但系统不承认已装入硬盘。根据上述情况初步判断故障是由硬件引起的，拆开机箱，将连接硬盘驱动器的信号电缆线插头和控制卡等插紧，重新启动电脑重试，故障仍然存在。考虑到长时间未启动电脑使用，硬盘及硬盘适配器等部件受潮损坏的可能性比较大，于是关掉电源开关，用电吹风对各部件进行加热吹干，加热后重新启动电脑，故障现象消失。

第4部分

2. Command.com 损坏使电脑无法启动

故障表现： 电脑自检后引导操作系统时失败，系统提示"Bad or missing command interpreter"信息。

故障分析与排除： 此故障应该是 DOS 系统的"Command.com"文件丢失或出错引起的。如果该文件损坏，则不能解释相应的命令，会造成系统启动失败。只需用 Windows 系统启动盘启动电脑后，在 DOS 环境下运行"sys c:"命令恢复该文件即可解决故障。

14.2.5 | 显卡故障维修实例

下面介绍如何排除常见的显卡故障。

1. 显示花屏

故障表现： 电脑日常使用中由于显卡造成的故障主要表现为显示花屏，任意按键无反应。

故障分析与排除： 产生花屏的原因包括以下 3 种，一是显示器或者显卡不能够支持高分辨率，显示器分辨率设置不当，解决办法为切换启动模式到安全模式，重新设置显示器的显示模式；二是显卡的主控芯片散热效果不良，解决办法为调节改善显卡风扇的散热效能；三是显存损坏，解决办法为更换显存，或者直接更换显卡。

2. 死机

故障表现： 电脑在启动或运行过程中突然死机。

故障分析与排除： 导致电脑突然死机的原因有很多，就显卡而言，常见的是和主板不兼容、接触不良或者和其他扩展卡不兼容，甚至是驱动问题等。如果是在玩游戏、处理 3D 时出现死机的故障，在排除散热问题后，可以先尝试更换显卡驱动（最好是通过 WHQL 认证的驱动）。如果一开机就死机，则需要先检查显卡的散热问题，用手摸一下显存芯片的温度，检

3. 进行磁盘碎片整理时出错

故障表现： 在对硬盘进行磁盘碎片整理时系统提示出错。

故障分析与排除： 磁盘碎片整理实际上是把存储在硬盘中的文件通过移动、调整位置等操作，使操作系统在查找文件时更快速，提升系统性能。如果硬盘有坏簇或坏扇区，在进行磁盘碎片整理时就会提示出错，解决方法就是先对硬盘进行一次完整的磁盘扫描，以修复硬盘的逻辑错误或标明硬盘的坏道。

查显卡的风扇是否停转。再看看主板上的显卡插槽中是否有灰尘，金手指是否被氧化，然后根据具体情况清理灰尘，用橡皮擦擦拭金手指，把氧化部分擦亮。如果确定散热有问题，就需要更换散热器或在显存上加装散热片。如果是长时间停顿或死机，一般是电源或主板插槽供电不足引起的，建议可更换电源排除故障。

3. 开机无显示

故障表现： 电脑开机后无任何显示，显示器提示"未检测到信号"，并发出一长两短的蜂鸣声。

故障分析与排除： 此类故障一般是因为显卡与主板接触不良或主板插槽有问题造成的。对于使用集成显卡的主板，如果显存共用主内存，则需注意内存条的位置，一般在第一个内存条插槽上应插有内存条。解决办法是打开机箱，把显卡重新插好。另外，应检查显卡插槽内是否有异物，以免显卡不能插接到位。如果以上办法处理后还报警，就可能是显卡的芯片损坏，需更换或修理显卡。如果开机后听到"嘀"一声自检通过，显示器正常但没有图像，可把该显卡插在其他主板上，如果使用正常，那就是显卡与主板不兼容，需更换显卡。

14.2.6 | 鼠标故障维修实例

下面介绍常见的鼠标故障的排除方法和步骤。

故障表现：鼠标的常见故障一般为在使用过程中出现光标"僵死"的情况。

故障分析与排除：鼠标故障可能是因为死机、与主板接口接触不良、鼠标开关设置错误、在 Windows 中选择了错误的驱动程序、鼠标硬件故障、驱动程序不兼容或与另一串行设备发生中断冲突等引起的。在出现鼠标光标"僵死"现象时，一般可按以下步骤检查和处理。

STEP 1 检查电脑是否死机，死机则重新启动，如果没有拔插鼠标与主机的接口，直接重新启动。

STEP 2 检查设备管理器中鼠标的驱动程序是否与所安装的鼠标类型相符。

STEP 3 检查鼠标底部是否有模式设置开关，如果有，试着改变其位置，重新启动系统。如果还没有解决问题，仍把开关拨回原来的位置。

STEP 4 检查鼠标的接口是否有故障，如果没有，可拆开鼠标底盖，检查光电接收电路系统是否有问题，并采取相应的措施。

STEP 5 检查设备管理器中是否存在与鼠标设置及中断请求（IRQ）发生冲突的资源，如果存在冲突，则重新设置中断地址。

STEP 6 检查鼠标驱动程序与另一串行设备的驱动程序是否兼容，如不兼容，需断开另一串行设备的连接，并删除驱动程序。

STEP 7 用替换法将另一只正常的相同型号的鼠标与主机相连，重新启动系统查看鼠标的使用情况。

STEP 8 如果以上方法仍不能解决，则怀疑主板接口电路有问题，只能更换主板或找专业维修人员维修。

14.2.7 | 键盘故障维修实例

下面介绍常见的键盘故障的排除方法和步骤。

故障表现：键盘的常见故障就是系统不能识别键盘，开机自检后系统显示"键盘没有检测到"或"没有安装键盘"的提示。

故障分析与排除：这种故障可能是由接触不良、键盘模式设置错误、键盘的硬件故障、感染病毒或主板故障等引起的，可按照以下步骤逐步排除。

STEP 1 用杀毒软件对系统进行杀毒，重新启动后，检查键盘驱动程序是否完好。

STEP 2 用替换法将另一个正常的相同型号的键盘与主机连接，再开机启动查看。

STEP 3 检查键盘是否有模式设置开关，如果有，试着改变其位置，重新启动系统。若没解决问题，则把开关拨回原位。

STEP 4 拔下键盘与主机的接口，检查接触是否良好，然后重新启动查看。

STEP 5 拔下键盘的接口，换一个接口插上去，并把 CMOS 中对接口的设置做相应的修改，重新开机启动查看。

STEP 6 如还不能使用键盘，说明是键盘的硬件故障引起的，检查键盘的接口和连线有无问题。

STEP 7 检查键盘内部的按键或无线接收电路系统有无问题。

STEP 8 重新检测或安装键盘及驱动程序后再试。

STEP 9 检查 BIOS 是否被修改，如被病毒修改应重新设置，然后再次开机启动。

STEP 10 若以上检查后故障仍存在，则可能是主板线路有问题，只能找专业人员维修。

第4部分

14.2.8 操作系统故障维修实例

操作系统出现故障的概率比较大，下面介绍最常见的几种。

1. 关闭电脑时自动重启

在 Windows 7 操作系统中关闭电脑时，电脑出现重新启动的现象，产生此类故障一般是由于用户在不经意间或利用一些设置系统的软件时使用了 Windows 系统的快速关机功能。排除故障的具体操作步骤如下。

STEP 1 在 Windows 7 操作系统界面中单击"开始"按钮，打开"开始"菜单，在文本框中输入"gpedit.msc"，按【Enter】键，打开"本地组策略编辑器"窗口，依次展开"计算机配置→管理模板→系统→关机选项"选项，双击"关闭会阻止或取消关机的应用程序的自动终止功能"选项，如图 14-1 所示。

图14-1　选择组策略

STEP 2 打开"关闭会阻止或取消关机的应用程序的自动终止功能"对话框，单击选中"已启用"单选项，单击"确定"按钮，如图 14-2 所示。

图14-2　设置选项

2. 进入安全模式排除系统故障

Windows 7 的很多系统故障可以通过安全模式来排除，进入安全模式的方式有两种，一是在进入 Windows 系统启动画面之前按【F8】键；另一种是启动电脑时按住【Ctrl】键，调出操作启动菜单，按方向键选择"安全模式"选项，按【Enter】键即可，如图 14-3 所示，进入安全模式排除系统故障。

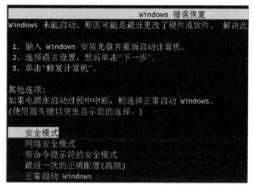

图14-3　进入安全模式

◎ 删除顽固文件：在 Windows 正常模式下删除一些文件或者清除回收站时，系统可能会提示"文件正在被使用，无法删除"，此时即可在安全模式下将其删除。因为在安全模式下，Windows 会自动释放这些文件的控制权。

◎ 病毒查杀：在 Windows 系统中进行杀毒时，有很多病毒清除不了，而在 DOS 系统下杀毒软件则无法运行。这个时候可以启动安全模式，Windows 系统只会加载必要的驱动程序，即可把病毒彻底清除。

◎ 解除组策略的锁定：Windows 中组策略限制是通过加载注册表特定键值来实现的，而在安全模式下并不会加载这个限制。在打开的多重启动菜单窗口中，选择"带命令提示符的安全模式"选项，进入该安全模式后，在命令提示符后输入"C：WindowsSystem32XXX.exe（启动的程序）"，启动控制台，再按照如上操作即可解除限制。组策略的很多限制在安全模式下都无法生效，如果碰到无法解除的限制，可以考虑上面这种解决办法。

◎ 修复系统故障：如果 Windows 运行起来不太稳定或无法正常启动，可以试着重新启动电脑并切换到安全模式来排除，特别是由注册表问题而引起的系统故障可用此种方法解决。

◎ 恢复系统设置：如果用户是在安装了新的软件或者更改了某些设置后导致系统无法正常启动，也可以进入安全模式下解决。如果是安装了新软件引起的，可在安全模式中卸载该软件；如果是更改了某些设置，比如显示分辨率设置超出显示器显示范围导致了黑屏，也可进入安全模式将其更改回来。

◎ 找出恶意的自启动程序或服务：如果电脑出现一些莫明其妙的错误，比如上不了网，按常规思路又查不出问题，可启动到带网络连接的安全模式下查看，如果在该模式中网络连接正常，则说明是某些自启动程序或服务影响了网络的正常连接。

◎ 卸载不正确的驱动程序：显卡和硬盘的驱动程序一旦出错，可能一进入 Windows 界面就死机；一些主板的补丁程序也是如此。这种情况下，可以进入安全模式来删除不正确的驱动程序。

前沿知识与流行技巧

1. 常见电脑维修网站

现在是网络时代，电脑一旦发生故障，可直接在网络中搜索相关的故障信息和排除方法。下面推荐电脑发生故障时可以求助的网站，通过它们可以快速找到需要的信息。

◎ 电脑维修之家：提供全国各地的电脑上门维修服务，以及各种电脑故障的咨询，并设置了专门的电脑维修论坛供各地电脑用户进行技术交流，同时还为电脑维修提供了各种资料，如图14-4所示。

图14-4　电脑维修之家网站主页

◎ 91修：主要提供各种电器的上门维修服务，其中最主要的一项就是电脑维修，包括各种软件和硬件的维修等。

◎ 红警（中国）维修连锁：红警（中国）维修连锁是集电脑硬件维修、数据恢复、维修技术培训、工具设备研发、电脑配件销售、建立全国加盟连锁店和提供IT产品全国联保服务于一体的具有强大品牌优势的电脑维修服务连锁机构，如图14-5所示。

图14-5　红警（中国）维修连锁网站主页

◎ 电脑维修知识：为初学电脑维修的人员提供了自学入门知识，其中有详尽的电脑维修文字教程，并配有形象生动的维修图解，是学习电脑维修知识的好地方，如图14-6所示。

图14-6　电脑维修知识网站主页

2. Windows 7 操作系统自带的故障处理功能

在电脑或者操作系统出现问题时，可以利用 Windows 7 操作系统自带的故障检测和处理功能来检测和排除故障，具体操作步骤如下。

❶ 在 Windows 7 操作系统界面中单击"开始"按钮，在打开的菜单中选择"控制面板"命令。

❷ 打开"控制面板"窗口，在"系统和安全"选项中单击"查找并解决问题"超链接。

❸ 打开"疑难解答"窗口，在其中单击需要处理的故障对应的超链接，例如在"网络和 Internet"选项中单击"连接到 Internet"超链接。

❹ 打开"Internet 连接"对话框，单击"下一步"按钮。

❺ Windows 7 操作系统开始检测 Internet 连接的相关问题，如果出现故障，会打开"解决方案"对话框，用户根据该对话框中的提示排除故障即可。

3. 检测电脑硬件设备

目前检测硬件故障的软件不多，检测硬盘的主要有 HDTune 软件，或者在 DOS 下使用 MHDD 软件也可以检测。检测内存的主要软件是 MenTest 软件。检测硬件整体兼容性的软件是 PCMark 软件，检测显卡的有 3DMark 软件。但这些软件多是收费软件，常用的免费软件有鲁大师、360 硬件大师、驱动精灵等。下面使用鲁大师检测电脑中各硬件的情况，然后对比设备管理器中各硬件的情况，具体操作步骤如下。

❶ 下载并安装鲁大师，启动软件，对电脑硬件进行检测，分别查看各个硬件的相关信息，包括型号、生产日期和生产厂商等。

❷ 单击"温度管理"选项卡，对硬件的温度进行检测，并进行温度压力测试。

❸ 单击"性能测试"选项卡，对电脑性能进行测试，并得出分数。

❹ 在 Windows 7 操作系统界面的"开始"按钮上单击鼠标右键，在弹出的快捷菜单中选择"属性"命令。

❺ 打开"系统"窗口，在左侧的任务窗格中单击"设备管理器"超链接，打开"设备管理器"对话框，单击各硬件对应的选项，对比前面检测的结果。